크레이지 호르몬

크레이지 호르몬

초판 1쇄 펴낸날 2019년 4월 5일
초판 5쇄 펴낸날 2023년 8월 25일

지은이 랜디 허터 엡스타인
옮긴이 양병찬
펴낸이 이건복
펴낸곳 동녘사이언스

편집 구형민 김다정 이지원 김혜윤 홍주은
디자인 김태호
마케팅 임세현
관리 서숙희 이주원

등록 제406-2004-000024호 2004년 10월 21일
주소 (10881) 경기도 파주시 회동길 77-26
전화 영업 031-955-3000 편집 031-955-3005 **전송** 031-955-3009
홈페이지 www.dongnyok.com **전자우편** editor@dongnyok.com
페이스북 · 인스타그램 @dongnyokpub
인쇄 · 제본 새한문화사 **라미네이팅** 북웨어 **종이** 한서지업사

ISBN 978-89-90247-69-8 (03400)

크레이지 호르몬

Aroused

랜디 허터 엡스타인 지음 양병찬 옮김

동녘사이언스

일러두기

1. 단행본·학술지·잡지·일간지 등은 《 》안에, 논문·방송 프로그램·영화·법률·연구명 등은 〈 〉안에
   넣어 표기했다.

2. 본문의 각주에서 지은이 주는 '◇', 옮긴이 주는 '◆'로 구분했다.

3. 외래어는 국립국어원의 외래어 표기법에 따라 표기했다. 단, 일부 관용적 표기는 그대로 사용했다.
   (예: 크로이츠펠트-야콥, 소울메이트 등)

목차

들어가는 말

1968년 여름, 나는 뉴욕주 용커스시의 스프레인브룩 컨트리클럽에 있는 할머니 소유의 수영장에서 많은 시간을 보냈다. 할머니 마서Martha는 항상 붙어 다니는 친구 세 명과 그늘에 앉아 카나스타(두 벌의 카드로 두 팀이 하는 카드놀이의 일종)를 하며 뜨거운 커피를 마시고 켄트 담배를 피웠다. 나는 간혹 오빠 언니와 함께 수영을 하기도 했지만, 대부분 언니와 함께 일광욕을 했다. 우리 자매는 온몸에 존슨즈 베이비 오일을 듬뿍 바르고, 머리에는 햇빛을 가리기 위해 알루미늄 호일로 감싼 앨범 커버를 뒤집어썼다.

언니와 나는 집으로 돌아오는 길에 나란히 팔짱을 끼곤 했다. 언니의 피부는 늘 가무잡잡하게 그을었지만, 빨강머리의 나는 완숙 토마토처럼 화상을 입어 다음날 아침 허물이 벗겨졌다. 그에 반해 할머니의 피부는 멋진 구릿빛이었다. 마치 일광욕에 소질이 있어, 아무런 노력을 하지 않아도 피부가 알아서 햇빛을 적당히 흡수하는 것처럼.

그로부터 5년 후, 우리는 할머니가 일광욕에 특별한 소질이 있는 게 아니라는 사실을 알게 되었다. 할머니는 애디슨병Addison's disease이라는 호르몬 관련 질병을 앓고 있었던 것이다. 할머니의 몸은 코르티솔cortisol을 충분히 생성하지 못했는데, 코르티솔이란 혈압을 건강하게 유지하고 면역계를 강화하는 데 도움이 되는 호르몬이다. 애디슨병 환자들은 극심한 피로, 구역질, 저혈압을 경험하며, 간혹 혈압이 위험한 수준으로 떨어질 수도 있다. 그리고 피부가 까맣게 변할 수도 있다. 하지만 일단 애디슨병으로 진단받으면 치료 방법은 별로 어렵지 않다. 할머니는 매일 코르티손cortisone이라는 알약을 복용했다. 코르티손 속에는 (할머니에게 부족한) 코르티솔과 화학적으로 비슷한 호르몬이 함유되어 있다.

할머니가 세상에 태어난 1900년에는 호르몬이라는 단어 자체가 존재하지 않았다. 호르몬이라는 용어가 1905년에 처음 생겼으니 말이다. 그러나 할머니가 아프기 시작한 1970년대에는 세상이 달라져 있었다. 의사들은 호르몬 결핍을 진단하고 호르몬 수준을 10억 분의 1그램까지 측정하는 도구를 보유하고 있었으며, 호르몬 결핍증을 치료하는 알약까지도 처방할 수 있었다.

::

1855년, 유명한 생리학자 클로드 베르나르는 문득 '간이 혈당의 불규칙한 변화를 억제할지도 모른다'는 예감이 들었다. 다년간 소화를 연구해온 그는 이미 '췌장이 즙을 분비함으로써 음식을 분해한다'는 사실을 발견한 터였다. 자신의 예감을 증명하기 위해, 베르나르는 개에게 고기만 듬뿍 들어 있고 당분은 전혀 포함되지 않은 먹이를 먹였다. 그리고 즉시 개를 해부해 따뜻한 간을 적출한 다음, 즉시/몇 분

후/몇 시간 후에 당분을 체크했다. 아니나 다를까, 당분 수치는 처음에 거의 0이었지만, 지속적으로 상승하는 것이 아닌가! (개는 이미 죽었지만, 간은 다른 장기와 마찬가지로 며칠 동안 기능을 계속 수행한다. 장기이식이 가능한 이유가 바로 이 때문이다.)

베르나르는 동료들에게 "간에는 당분의 저장 및 생성 기능을 수행하는 화학물질이 들어 있는 게 틀림없다"고 주장했다. 그는 또한 "간과 췌장뿐 아니라 모든 장기에서 분비되는 화학물질들이 신체의 원활한 작동을 유지해준다"고 주장하며, 이 화학물질들을 내분비물internal secretion이라고 불렀다. 이는 신체에 대한 새로운 사고방식이었다.

많은 역사가들은 베르나르를 '내분비학endocrinology의 아버지'로 간주하지만, 내 생각은 다르다. 베르나르는 진정한 선각자로, 그 화학물질들이 단순한 내분비물이 아님을 인식했다. 장기에서 분비되는 화학물질들은 더욱 중요한 역할을 수행한다. 바로 '뭔가를 흥분시키는 것'이다. 그리고 표적세포target cell 표면의 흥분한 수용체가 스위치를 켜면서 일련의 연쇄반응이 일어난다.

내가 이 책에서 호르몬의 역사를 파헤치려고 하는 이유는, 지난 20세기가 '믿기 어려운 발견'의 시기인 동시에 '터무니없는 주장'의 시기였기 때문이다. 1920년대에 인슐린이 발견되어 치료제로 사용되자, 당뇨병은 '사형선고'에서 '만성질환'으로 전환되었다. 1970년대에는 신생아에 대한 갑상샘호르몬 기능 검사가 개발되어, 수천 명의 어린이들이 지적 장애자로 성장하는 것을 예방할 수 있게 되었다. 하지만 이와 동시에 얼토당토 않은 헛발질도 난무했다. 정관수술vasectomy은 1920년대 중반부터 '노년 남성을 회춘시키는 수술'이라는 이름으로 선전되며 근 10년 동안 계속되었다. 뒤이어 한 의사가 문학가들을 치료한 후, 난데없이 '사람의 얼굴을 연구하면 호르몬 관련 질병을 탐지할 수 있다'고 주장하며 호르몬 기반 치료법을 처방했다. 이 치료법은 강력하면서도 매우 위험했고, 간교한 말장난이기도 했다.

이 책은 대담한 과학자들에 관한 이야기인 동시에, 필사적인 부모들에 관한 이야기이기도 하다. 예컨대 정교한 영상화 기법이 개발되기 전인 20세기 초, 신경외과의들은 호르몬 과잉으로 인해 초래되는 질병을 치료한다는 생각으로 뇌수술을 통해 분비샘 하나를 제거했다. 1960년대에 한 부부는 키 작은 아들을 위해 병리학 연구실과 영안실을 샅샅이 뒤져 성장호르몬을 구했다. 또한 이 책은 호기심 많은 쇼핑객에 관한 이야기이기도 하다. 어떤 사람들은 조금 더 오래 살거나 더 기분이 좋아지기 위해, 호르몬에 대한 과장 광고만 들으면 사족을 못쓴다(문자 그대로 사족을 못 쓰게 되는 경우도 있다). 나는 1800년대 후반의 의사들에 대한 이야기부터 시작하려고 한다. 그들은 시신에서 분비샘을 공짜로 얻었는데, 그 시신 중에는 무덤에서 훔쳐온 것도 있었다. 맨 마지막 장에서는, 호르몬 경로를 추적한 끝에 '호르몬 생성 유전자'를 찾아낸 과학자들에 대한 이야기로 대단원의 막을 내릴 것이다.

과학자들은 성장호르몬이 단지 성장을 위한 것만이 아님을 어떻게 알게 되었을까? 고환과 난소가 뇌의 똑같은 호르몬에 의해 제어된다는 것을 언제 알았을까? 최근 공복호르몬hunger hormone이 발견되었다는 것은, 폭식이 의지박약 때문이 아니라 호르몬 화학에 떠밀렸기 때문임을 의미하는 것일까? 만약 후자가 옳다면 나는 식생활이 아니라 화학 반응에 지배되는 셈이다. 그리고 최신 연구 결과들은 요즘 사용되고 있는 호르몬들(예: 나이 든 남성들 사이에서 유행하는 테스토스테론 젤 gel, 폐경 여성들에게 처방되는 호르몬대체요법)에 대해 뭐라고 말할까?

《크레이지 호르몬》은 호르몬 탄생기의 속편에서 시작된다. 19세기의 개업의들은 '화학물질을 분비하는 샘'이 전신에 산재한다는 사실에 주목하기 시작했다. 그들의 연구 결과는 1900년대 초에 호르몬 개념의 성립으로 귀결되었다. 1920년대에 이르러, 내분비학 분야는 '미천한 과학'에서 '가장 널리 논의되는 전문의학 중 하나'로 비약했다. 인슐린이 발견된 데 이어, 에스트로겐과 프로게스테론도 분리되었다. 그와 동시에 온갖 돌팔이 치료법을 선전하는 건강 서적들이 범람했다.

내분비학이 다사다난한 과학적 사건이 많았던 20세기 초에 데뷔해 '실제 치료법'과 '돌팔이 치료법' 모두에서 인기를 얻었다면, 1930년대에는 '진지한 과학'으로서 입지를 굳혔다고 할 수 있다. 생화학에서 이루어진 세 가지 핵심적 진보가 과학계의 해묵은 도그마를 뒤집었다. 그 내용은 에스트로겐과 테스토스테론에 관한 것이었다. 첫째로, 에스트로겐과 테스토스테론은 크게 다른 물질이라는 것이 과학계의 통설이었는데, 그 시기의 연구자들은 "에스트로겐과 테스토스테론은 겨우 히드록실기hydroxyl基(-OH) 하나만 다를 뿐"이라는 사실을 발견했다. 즉 두 가지 호르몬은 기본적으로 '다른 옷을 입은 쌍둥이'였던 것이다. 둘째로, 마침내 말의 오줌에서 분리된 에스트로겐은 암컷만의 것이 아니라 수컷의 것이기도 했다. 이 발견 덕에 과학자들은 '암컷과 수컷 모두 에스트로겐을 만든다'는 사실을 깨달았다. 마지막으로, 연구자들은 에스트로겐과 테스토스테론이 마치 시소의 양쪽에 앉아 오르락내리락하는 아이들처럼 서로 길항拮抗하는 화학물질이라고 생각했었다. 그러나 두 화학물질은 전혀 길항하지 않으며, 종종 한통속이 되어 행동하는 파트너인 것으로 밝혀졌다.

이러한 세 가지 발견은 호르몬을 바라보는 복잡한 시각의 시발점이 되었다. 과학자들이 호르몬을 한 번에 하나씩 연구하지 않고, 그들 간의 상호작용 메커니즘을 분석하기 시작한 것이다.

20세기 후반은 승전가가 울려 퍼지면서 시작되었다. 호르몬은 미세한 꾸러미 단위로 돌아다니기 때문에 강력한 효능에도 불구하고 측정할 수 없었다. 그래서 '호르몬은 너무 희귀해서 측정이 불가능하다'고 간주되었지만, 과학자들은 마침내 측정 방법을 알아냈다. 뒤이어 먹는 피임약이 승인되었고, 신속한 가정용 임신 진단 키트가 느려터진 구식 방법을 대체했으며, 폐경기 증상을 가라앉히는 호르몬이 병에 담겨 판매되었다. 그러나 신바람은 오래 지속되지 않았다. 호르몬 치료제가 널리 유행하면서 부작용이 나타나기 시작했기 때문이다. 먹는 피임약은 치명적인 뇌졸중과 관련이 있고, (한때 만성적인 노년기 증상을 모조리 예방해준다고 간주되었던) 호르몬대체요법은 효과가 그리 크지 않은 것으로 밝혀졌다. 오늘날 의사들은 호르몬 치료법에 좀 더 신중하게 접근하고 있지만, 아직도 해결되지 않은 문제들이 수두룩하다.

호르몬의 이점과 잠재적 위험을 어떻게 저울질해야 할까? 첫째로,

'젊음을 영원히 유지하는 새로운 방법'에 현혹되지 말아야 한다. 영원한 청춘에 대한 속설은 유행을 많이 타며, 지속적으로 다시 쓰여지고 있다. 둘째로, '자연스러운 것은 안전하다'고 맹신하는 경향에서 벗어나야 한다. 요컨대 호르몬은 우리 몸을 구성하는 물질이며, 우리의 몸속에서 자연스러운 화학 반응을 일으킨다. 그러나 과유불급이란 말이 있듯, 천연물질인 호르몬도 오남용하면 탈이 나기 마련이다. 이와 관련해 이 책은 독자들에게 새로운 지침을 제시할 것이다. 독자들로 하여금 '인체 내에 존재하는 호르몬들 간의 복잡한 상호작용'과 '인간과 호르몬의 관계'를 재평가하도록 도와줄 것이다.

::

어머니는 최근에 와서야 할머니의 병에 관한 자초지종을 알려줬다. 할머니와 카드놀이를 하던 친구들에게 들은 바에 의하면, 할머니는 애디슨병으로 진단받기 몇 주 전부터 눈에 띄게 탈진하는 기색을 보였다고 한다. 심지어 카드놀이를 하는 동안에 잠이 드는 경우도 있었다. 1974년 추수감사절 직전 월요일, 할머니는 뉴저지주에 있는 우리 집을 방문했다. 식탁에 앉아 수프를 맛있게 먹는 대신, 코를 찡그리며 조곤조곤한 말투로 "소금이 좀 더 필요해"라고 중얼거리고는 소파로 가서 푹 파묻혀 있었다. 우리가 알던 할머니의 전형적인 모습이 아니었다. (곧 알게 된 사실이지만, 소금을 갈망하는 것은 애디슨병의 또 다른 징후였다.) 할머니는 음식에 대해 더 이상 가타부타 하지 않았고, 심지어 뒷베란다로 나가 담배를 피우지도 않았다. 그러자 불안해진 어머니는 내과의사를 불렀다.

의사는 아무런 이상을 발견하지 못했지만, 이상한 성격 변화를 감안해 큰 병원에 가서 정밀 검사를 받는 게 좋겠다고 말했다. 병원에 입원한 할머니는 휠체어에 앉아 병상으로 이동했다. 식사를 할 때는 기력이 없어서 포크를 들지 못했고, 어머니의 도움으로 간신히 식사를 마쳤다. 그때 할머니의 혀가 까만색으로 변한 것이 발견되었다. (돌이켜보면, 내과의사가 할머니를 제대로 진단했는지 의구심이 든다. 구강 검사만 했어도 애디슨병을 바로 진단할 수 있었을 텐데.)

병리학자인 나의 아버지는 몇 가지 단서들(까만 혀, 구릿빛 피부, 극심한 피로)을 종합해 애디슨병을 의심했다. 그래서 의료진에게 호르몬 검사를 요구했고, 그 결과 코르티솔이 부족한 것으로 판명되었다.

그 당시 내가 애디슨병에 대해 알았던 것은, 존 F. 케네디가 같은 질병을 앓았다는 사실이 전부였다. 그래서 애디슨병이라고 하면 단박에 대통령이 연상되었다. 내 어린 시절의 기억은 온통 "엄마, 코르티손 알약 먹는 거 잊지 말아요"라는 어머니의 목소리로 가득 차 있다. 할머니는 코르티손을 하루에 두 번, 즉 아침에 한 알 오후에 한 알씩 복용했다. 나는 심지어 애디슨병이 호르몬과 관련된 질환인지조차 몰랐다. 내게 호르몬이란 유방, 월경, 섹스를 의미했다. 간단하지만 그거면 충분했다.

그러나 호르몬은 그보다 훨씬 더 복잡하다. 호르몬은 사춘기와 섹스뿐만 아니라 대사, 행동, 수면, 기분 변화, 면역계, 투쟁, 도피를 조절하는 화학물질이다. 그러므로 어떤 의미에서 보면, 이 책은 '살며 호흡하며 감정을 표현하는 존재'의 생화학에 관한 이야기다. 다른 의미에서 보면, 호르몬의 역사는 발견, 잘못된 방향, 집념, 희망에 관한 이야기이기도 하다. 호르몬의 기본적인 과학과 그것을 연구한 과학자들을 모두 고려할 때,《크레이지 호르몬》은 '무엇이 인간을 인간답게 만드는지'를 내부에서부터 외부로 차근차근 살펴보는 책이다.

1장   뚱뚱한 신부

팻브라이드Fat Bride라 불린 신부新婦가 사망해 땅에 묻힌 후 하루도 채 안 지나, 시체 도둑들이 과학자들에게 뒷돈을 받고 그녀의 시신을 파헤치기 시작했다. 최초의 시체 도굴 시도는 1883년 10월 27일 자정쯤, 볼티모어에 있는 올리벳산 공동묘지에서 이루어졌다. 공동묘지의 야간 경비원이 총을 발사하자, 화들짝 놀란 도둑들은 삽과 곡괭이를 들고 줄행랑을 쳤다. 그로부터 한 시간 후, 똑같은 무덤에서 도망치는 다른 도굴범들을 향해 여러 발의 총성이 울렸다. 신문에는 상반되는 기사들이 실렸다. 어떤 신문은 "묘지 도굴범 두 명이 관통상을 입었다"고 보도했고, 다른 신문은 "다친 사람은 아무도 없었다"고 보도했다. 좌우지간 모든 사람들의 생명에는 지장이 없었다. 물론 신부만 빼고.

범인이 누구였든, 230킬로그램이나 되는 블랜치 그레이(예명: 팻브라이드)의 시신을 훔쳐갈 생각을 했다는 것 자체가 놀라운 일이었다. 첫째로, 시신을 나무 판자에 묶은 다음 들어올려, 계단 세 칸을 내려와 인수자의 마차 바닥(깊이 2미터)에 싣고 건초로 위장하는 데만 10여 명의 건장한 남성들이 필요했다. 게다가 나중에 밧줄을 이용해 그녀를 들어올리는 데도 최소한 10여 명의 장정들이 필요했을 것이다. 둘째로, 그녀의 시신은 많은 사람들이 탐내는 의학 상품이었기 때문에 경

시체 도굴자들. from Healy Collection, New York Academy of Medicine. Courtesy of the New York Academy of Medicine Library.

비가 삼엄했다. 경비원이 초소 2층 창문을 통해 무덤을 주시하고 있었는데, 실탄이 장전된 총을 겨눈 채 번갈아가며 철야 근무를 했으므로 빈틈이 전혀 없었다.

불쌍한 블랜치 그레이! 그녀는 디트로이트에서 5.5킬로그램의 초우량아로 태어나, 열두 살 때 무려 110킬로그램으로 성장했다. 그녀의 어머니는 딸을 낳은 지 며칠 만에 세상을 떠났다. 아버지와 두 오빠는 그녀를 바라보며 "아무에게도 청혼을 받지 못할 테니, 평생 집안에 틀

크레이지 호르몬

어박혀 있겠군"이라고 푸념했다. 그러나 그레이의 생각은 달랐다. 그녀는 가능한 한 먼 곳으로 떠나, 까다로운 가족의 간섭이나 호기심 많은 의사들의 시선에서 벗어나 새로운 인생을 시작하려고 작정했다. 이유 여하를 막론하고 만인의 주목을 받는 직업을 선택하고 싶었다.

그녀는 열일곱 살 때 프릭쇼freak show◆ 전문 서커스단에 들어가기 위해 버스를 타고 맨해튼으로 갔다. 그녀는 '뚱녀' 역할을 맡아 다른 기인들(이를 테면 난쟁이, 거인, 수염 난 여자)과 나란히 무대에 설 생각이었다. 기인들은 때로는 동굴 같은 방에, 때로는 놀이공원의 롤러코스터 뒤에 아무렇게나 배치되었다. 돈벌이에 능숙한 기업가들은 그런 관음증 쇼를 '교육적 가치가 있는 구경거리'라고 대대적으로 선전했다.

그렇게 다양한 기인들을 한 장소에 몰아넣고 보여주는 쇼는 변태 성욕자들을 즐겁게 할 뿐 아니라, 생리학자, 신경과학자, 생화학자 등 다방면에 걸친 과학자들의 호기심을 자극했다. 과학자들은 "기인들의 용모가 특이한 것은 신체 결함 때문이며, 흔히 생각하는 것처럼 도덕적으로 타락했거나 천벌을 받았기 때문이 아니다"라는 점을 증명하고 싶어 했다. 그들의 모습이 극단적으로 달라진 원인을 이해할 수 있다면, 나머지 사람들이 정상적인 모습을 한 이유도 이해할 수 있으리라 생각했다.

만약 그레이가 100년 후에 태어나 19세기가 아닌 20세기 후반에

◆ 기형인 사람이나 동물을 보여주는 쇼.

살았다면, 의사들은 호르몬 검사를 통해 비만과 관련된 다양한 호르몬(예를 들면 갑상샘호르몬과 성장호르몬)의 결함을 찾아냈을 것이다. 만약 그녀가 서기 2000년쯤에 태어났다면, 내분비 전문의들을 만나 렙틴leptin과 그렐린grehlin 호르몬 검사를 받았을 것이다. 신생아 때 그녀를 검사한 의사들은 어머니가 당뇨병 환자인지 여부를 확인했을 것이다. 비만아 출산의 가능성을 높이는 호르몬 관련 질병이 당뇨병이기 때문이다. 의사들은 다른 질병과 관련된 호르몬도 검사했을 것이다. 예컨대 신생아의 갑상샘호르몬 결핍을 치료하지 않을 경우, 체중이 증가하는 것은 물론 인지결핍cognitive deficiency과 피부건조증이 발생할 수 있기 때문이다. 그러나 그레이는 과학적 발견과 완전히 동떨어진 세상에 살았다.

그렇다고 해서 과학적 단서가 전혀 발견되지 않은 건 아니었다. 그레이가 사망하기 40년 전인 1840년, 비만으로 사망한 여성의 시신을 검사한 결과 종양이 뇌의 분비샘을 침식한 것으로 밝혀졌다. 그 후 얼마 지나지 않아 열 살짜리 뚱뚱한 발달 지체아의 시신을 검사한 결과, 목구멍의 분비샘이 없는 것으로 나타났다. 그렇다면 분비샘 관련 질병이 그레이의 목숨을 앗아갔던 건 아닐까?

그레이는 뉴욕에 도착한 지 얼마 후, 일주일에 25달러씩 받기로 하고 보워리가街 210번지의 박물관에 취직했다. 그녀는 팻레이디Fat Lady라는 예명을 가진 안내양으로 일했다. (이 박물관은 1930년대에 빈민가의 부랑자들을 위한 먼로호텔로 변신했다가, 2012년에는 증축과 리모델링을 통해 럭셔리한 고층빌딩으로 재탄생했다.) 그녀는 곧 데이비드 모제스라는 남자의 눈에 들었는데, 그는 겨우 주급 5달러를 받는 매표소 직원이었다. 그는 그녀와 몇 번 데이트한 후, 남편 또는 매니저로 받아달라고 제안했다. 그녀는 두 제안을 모두 받아들였다. 그녀는 열일곱 살이었지만 열여덟 살이라고 속였고, 그는 스물다섯 살이었다. 상술이 뛰어난 모제스는 '뉴욕 다임박물관에서 열리는 결혼식'의 관람권을 판매했다. 박물관 입구에는 "전 세계에서 가장 풍만한 소녀, 블랜치 그레이가 오늘 밤 9시 무대에서 결혼식을 올립니다!"라는 커다란 현수막이 걸렸다. 모제스는 관람권 판매를 위해 지역 신문에 기사를 게재했다. 그리고 블랜치를 "19세기의 경이로운 인물"이라고 추켜세우는 광고를 실었다.

《볼티모어선》에는 "육중한 신부", 《뉴욕타임스》에는 "반쪽 이상의 아내"라는 제목의 기사가 실렸다. 《타임스》 기자는 그녀를 지방질 기형adipose monstrosity이라고 부르며 다음과 같이 썼다. "블랜치 그레이의 체중은 230킬로그램이다. 중력의 법칙에 의하면, 조그만 소년이 커다란 소녀에게 끌려가는 것은 당연하다."

결혼식이 끝나자마자, 모제스는 또 다른 제안을 했다. 그 내용인즉 그레이의 예명을 '팻레이디'에서 '팻브라이드'로 바꾸자는 것이었다. 동종업자들 간의 경쟁이 치열해지고 있는 현실을 감안할 때 '팻레이디'보다 '팻브라이드'가 더 유리하다는 것이 이유였다. 그도 그럴 것이, 미혼녀인 '팻걸'과 '팻레이디'는 흔하지만, 기혼녀인 '팻브라이드'는 드물므로 희소가치가 있었다. 한편 모제스는 박물관에서 전시회를 여는 사람들에게 "결혼식의 여파로 유료 관람객들이 미어터질 것"이라고 호언장담했다. 왜냐하면 블랜치의 약혼식과 결혼식이 언론에서 센세이션을 일으킨 덕분에 박물관의 지명도가 상승했기 때문이다. 그는 성대한 허니문 기념 행사장에서 엄청난 예약 실적을 과시했다. 리셉션이 열린 다음 날 아침, '모제스 여사'는 북적거리는 코니아일랜드 해변의 판자길에서 퍼포먼스 행사를 열었다. 그녀의 남편은 그 자리에서 볼티모어 다임박물관과 필라델피아 헤이거&캠벨 카지노의 예약을 접수했다.

처음에는 모든 일이 일사천리로 진행되는 것처럼 보였다. 볼티모어 다임박물관은 신혼부부는 물론 들러리들(팔 없는 난쟁이, 수염 난 여자, 피부가 하얀 무어인)을 위해 기숙사의 빈 방을 무료로 제공했다. (지역 신문에서는 박물관의 기숙사를 '기형아 숙소'라고 불렀다.) 유일한 문제는 그들의 허니문 스위트룸이었다. 블랜치가 3층으로 올라가는 데 무진 애를 먹자, 박물관 측에서는 인부들과 크레인을 동원해 그녀를 3층으로 끌어올리는 데 동의했다. 그녀의 '수직 여행' 관람권도 연일 매진을 거듭했다.

수일 내에 불길한 징후가 나타났다. 관람객들은 팻브라이드가 눈을 뜨지 못한다고 불만을 토로했다. '수염 난 여자'는 블랜치의 피부가 붉으락푸르락한 것 같다고 걱정했다. 블랜치의 남편은 나중에 "그녀를 유심히 지켜봤지만, 아픈 기색은 보이지 않았다"고 회고했을 게 뻔하다. 누가 봐도 병색이 완연함에도 불구하고, 《볼티모어선》은 이렇게 보도했다. "블랜치는 마냥 즐겁고 행복해 보인다. 말라깽이 관람객들이 그녀에게 연신 윙크를 해대는 바람에, 질투한 남편이 눈살을 찌푸린다."

그로부터 며칠 후 블랜치가 세상을 떠나자, 모제스는 소스라치게 놀랐다. 밤새도록 자고 아침 일곱 시쯤에 눈을 떴을 때 아내는 굶아떨어져 있었다. 그녀는 숨을 크게 쉬고 있었으므로, 그는 가벼운 키스를 한 후 다시 잠을 청했다. 한 시간 후 매니저가 방문 두드리는 소리를 듣고 깜짝 놀라 일어났다. 그가 정신을 차리기도 전에, 매니저는 블랜치를 들여다보고 절명했음을 알아차렸다.

그녀의 죽음은 결혼만큼이나 신문의 헤드라인을 장식했다.《볼티모어선》은 "전 세계에서 가장 뚱뚱한 신부 사망"이라고 보도했고,《시카고데일리트리뷴》은 "그녀의 엄청난 지방질이 그녀를 죽였다"고 보도했다. 심지어《아이리시타임스》도 그녀의 사망을 다뤘다. "뚱뚱한 여성 갑작스레 사망"

그레이는 많은 군중이 지켜보는 가운데 공동묘지로 실려갔다. 쇼핑을 마치고 돌아오던 여성들은 바구니를 떨구고 그녀를 응시했다. 소녀들은 맨 앞 줄에서 보기 위해 인파를 헤치고 앞으로 나아갔다. 소년들은 전신주에 기어올라갔고, 인근의 거주자들은 창가에 기대 고개를 내밀었다. 비만한 여성이 기형아 숙소에서 실려나올 때, 구경꾼들은 '외팔이 여성', '수염 난 여자' 등의 서커스 단원들이 눈물을 글썽이며 나란히 걷는 모습을 무료로 관람했다. "길가의 군중은 불쌍한 여성의 죽음을 애도하는 친구들의 행동을 서커스로 간주하는 것 같았다"라고《볼티모어선》은 보도했다. "그들은 서로 쿡쿡 찌르며 키득키득 웃었다."

그레이의 비극적인 스토리는 미국 도금시대Gilded Age◆의 전형적인 특징을 보여준다. 프릭쇼, 비정상인에 대한 경멸(이에 따른 경제적 착취), 선정주의적 언론. 한 언론 보도에 따르면, 모제스는 그레이의 죽음에서 상업적 이익을 얻기 위해 그녀의 시신이 담긴 사진을 한 장당 10센트에 판매했다고 한다. 저널리즘보다는 우화에 가까운 기사가 범람함에도 불구하고, '그레이의 사망이 삶과 똑같은 방식으로 취급된다'고 지적하는 사람은 아무도 없었다. 난리법석을 떠는 언론들은 그녀를 인간으로 여기지 않았다. 그녀는 오지랖 넓은 대중과 상업 언론의 관심을 끌기 위한 수단에 불과했던 것이다.

그러나 우리가 블랜치의 삶에서 주목해야 할 것은 '찰나적 명성'과 '안타까운 불운'뿐만이 아니다. 블랜치의 이야기는 19세기 말 의학의 현실을 적나라하게 보여준다. 블랜치가 사망한 직후, 과학자들은 내분비계와 내분비물(호르몬)에 얽힌 수수께끼를 풀기 시작했다. 어떤 사람들은 왜 뚱뚱할까? 왜 털이 많을까? 왜 키가 클까? 왜 키가 작을까? 그녀가 사망한 지 몇 년 후 발견된 호르몬이 그 해답을 알려줬다. 뒤이어 호르몬을 이해함으로써 생명을 살리는 치료법, 즉 당뇨병을 치료하는 인슐린이 개발되었다.

과학자들의 연구는 '인간을 인간답게 만드는 것'의 화학적 기초를 해명하는 데도 도움이 되었다. 인간의 신체 발달뿐 아니라 정신 발달

◆ 1865년 남북전쟁이 끝나고, 불황이 오는 1893년까지 미국 자본주의가 급속하게 발전한 28년간의 시대를 말한다. 문학가 마크 트웨인과 찰스 두들리 워너가 1873년 발표한 동명의 풍자소설《도금시대: 오늘날 이야기》에서 유래한다.

까지도 말이다. 분노를 유도하는 것은 뭘까? 모성애를 자극하는 것은 뭘까? 인체 내에서 일어나는 화학 반응이 미움이나 사랑이나 욕망을 설명할 수 있을까? 아마도 내분비학, 즉 호르몬 연구만큼 광범위한 문제를 다루는 의학 분야는 없을 것이다.

화학적으로 말하면, 호르몬이란 '아미노산으로 이루어진 이상한 사슬', 또는 '흔들거리는 곁가지가 매달린 탄소원자 고리'라고 할 수 있다. 그러나 디자인의 관점에서 보면, 길이 100미터 운동장에서 이리 저리 차이고 날아다니는 타원형 가죽 덩어리, 즉 럭비공과 비슷하다. 그렇게 작은 덩어리가 가공할 만한 힘과 복잡성을 갖고 있다니!

당신의 몸을 광대한 정보의 고속도로(이리저리 전달되는 메시지의 집합체)라고 한다면, 당신의 신경계는 아날로그 시대 전화 교환원의 수동식 교환대처럼 작동한다. 신호를 보내려면 와이어를 송신 측과 수신 측에 모두 연결해야 한다. 그러나 호르몬은 완전히 다르다. 호르몬의 두드러진 점은, (당신의 몸 속에 존재하는 다른 물질들과 대조적으로) 마치 요술을 부리는 것처럼 작동한다는 것이다. 호르몬은 인체의 한 부분에 있는 세포에서 출발해 멀리 떨어진 목적지에 도착하는데, 연결선 따위는 전혀 필요 없다. 마치 무선 통신망과 같다. 예컨대 뇌에서 호르몬 한 방울이 발사되면, 고환이나 난소에서 반응이 일어난다. (다른 화학물질들도 먼 거리를 여행한다. 예컨대 산소도 혈액 안에서 여행한다. 그러나 산소는 호르몬과 달리 분비샘에서 분비되지 않으며, 특정한 표적을 겨냥하지도 않는다.)

머리에서부터 생식기에 이르기까지, 인체 내에는 아홉 가지 핵심

분비샘이 존재한다. 뇌에는 시상하부hypothalamus, 솔방울샘pineal gland◆, 뇌하수체pituitary gland가 있고, 목구멍에는 갑상샘thyroid gland과 그 이웃인 부갑상샘parathyroid gland이 있고, 췌장에는 랑게르한스섬Langerhans islets이 있고, 신장 위에는 부신adrenal gland이 있고, 생식기에는 난소ovary와 고환 testis이 있다. 1900년대 초 과학자들은 개의 뇌에서 호르몬을 만드는 샘을 적출해 그 즙을 아무 신체 부위에나 주입해보고, 모든 것을 정상 으로 되돌릴 수 있음을 발견했다. 정말로 놀라운 일이었다. 또한 과학 자들은 우리의 모든 세포에는 마치 컴퓨터의 라우터처럼 표시기가 달 려 있어서, 호르몬 신호를 필요한 곳에 정확히 보낼 수 있다는 것을 알 게 되었다.

또한 호르몬이 좀처럼 단독으로 작용하지 않는다는 것 역시 깨달 았다. 즉, 한 호르몬의 양이 감소하면 다른 호르몬의 작용이 방해되어, 마치 잇따라 쓰러지는 도미노 패처럼 일련의 신체 기능들이 저하된 다. 분비샘에서 나오는 호르몬들은 어떤 면에서는 다르지만 대동소이 하다. 마치 형제지간처럼 말이다. 아니, 어쩌면 사촌이라고 하는 게 더 나을지도 모르겠다.

분비샘의 역할은 간단하다. 그저 호르몬을 분비하기만 하면 되니 까 말이다. 그러나 일단 분비된 호르몬의 역할은 매우 까다롭다. 신체 의 균형을 유지한다는 게 보통 어려운 일이 아니기 때문이다.

호르몬은 성장, 대사, 행동, 수면, 수유lactation, 스트레스, 기분 변화,

◆ 척추동물의 뇌 속에 위치하고 있는 작은 내분비기관이다. 흔히 송과선이라고도 부른다.

수면-각성 주기, 면역계, 짝짓기, 투쟁-도피, 사춘기, 자녀 양육, 섹스를 통제한다. 호르몬의 목적은, 단적으로 말하면 신체가 제대로 작동하지 않을 때 정상으로 되돌리는 것이다. 하지만 호르몬은 소란의 원인이 될 수도 있다.

다른 의학적 발견들이 상당히 이루어진 19세기 말까지도 내분비학은 등장하지 않았다. 17세기 말, 과학자들은 혈액이 앞뒤로 왔다 갔다 하는 게 아니라 순환한다는 사실을 깨닫고, 제법 그럴 듯한 인체 해부도를 완성했다. 호르몬의 발견은 생리학과 화학이 탄생한 1800년대 중반까지 미뤄졌다. 생리학과 화학은 인체를 연구하는 새로운 방법을 제시했다. 연구자들은 인체를 더 이상 (지도 제작자들이 신세계를 향해 돌진하는 것처럼) 지형을 탐사하는 방식으로 연구하지 않았다. 또한 그들은 혈액과 신경의 경로를 조사하는 데만 집중하지도 않았다. 그들은 인체의 화학물질들을 서투르게 만지작거리며, 그것이 건강과 질병에 미치는 영향을 이론화하기 시작했다. 의학은 더욱 과학적인 학문이 되었다. 1894년, 현대 의학의 아버지로 간주되는 윌리엄 오슬러는 이렇게 선언했다. "화학과 생리학을 모르는 내과의사는 방향 없이 허둥대다 질병의 개념을 정확히 파악하지 못하고 돌팔이 약장수가 된다."

20세기 후반 동안, 과학자들은 호르몬이 면역계와 (뇌에서 나오는) 화학 전령에 의존하며, 그 반대도 성립한다는 사실을 알게 되었다. 즉, 면역세포와 뇌세포는 적절히 기능하기 위해 호르몬에 의존한다는 것이다. 이러한 복잡한 시스템은 과거에 생각했던 것보다 훨씬 더 복잡한 것으로 밝혀졌으며, 과학자들은 아직까지도 이를 완전히 이해하지 못하고 있다.

::

블랜치 그레이가 살았던 시대로 다시 돌아가보자. 연구자들은 그제야 자욱한 안개를 헤쳐나가기 시작했다. 청소년기에 머물러 있었던 의학은 대담하고 오만하고 순진하기 그지없었다. 윤리위원회나 고지에 입각한 사전동의informed consent는 물론, 20세기 후반에 등장해 의학 연구의 틀을 바꾼 그밖의 개념들은 일절 존재하지 않았다. 탐험의 세계를 방불케 하는 의학계에서는 용감한 과학 탐정들이 무더기로 나타나, '어디로 갈 것인가'와 '무엇을 할 것인가'에 대한 나름의 사고방식으로 무장하고 자신만의 새로운 방법을 모색했다. 그들의 가장 대담한 시도 덕분에, 그 시기의 의학은 오늘날보다 신속히 발달했다. 이와 대조적으로 요즘 의학계는 환자의 권리를 침해하지 않기 위해 신중을 기하고 있다.

그러나 실험이 빨리 진행되든 좌충우돌하든, 새로운 아이디어가 갑자기 분출하는 경우는 거의 없다. 새로운 아이디어는 모락모락 피어나며, 간혹 수십 년이 걸리기도 한다. 진화론은 찰스 다윈이 1859년 《종의 기원》을 발표하기 한참 전부터 논의되었다. 로베르트 코흐가 확실한 증거를 수집해 질병에 대한 이론인 배종설germ theory을 발표한 것은 1880년이지만, 이 이론은 이전에도 유럽의 실험실에서 떠돌고 있었다. 호르몬의 발견도 마찬가지다. (호르몬 이론과 배종설이 동시에 등장한 것은 전혀 놀랍지 않다. 왜냐하면 두 이론은 분야가 완전히 다르지만 '강력한 힘을 가진 미세한 것'에 초점을 맞추기 때문이다.)

치유사healer들은 수 세기 동안 난소와 고환에서 분비되는 체액의 힘에 주목해왔다. 그들은 목에 있는 갑상샘과 신장 위에 있는 부신에 대해서도 의문을 품었다. "저것들이 필시 무슨 쓸모가 있을 텐데, 대체 그게 뭘까?"

진정한 의미의 과학적 호르몬 연구는 1848년 8월 2일 최초로 실시되었다. 독일의 의사 아놀트 베르톨트는 괴팅겐의 뒷마당에서 수탉 여섯 마리를 대상으로 실험을 했다. 당시 많은 과학자들은 고환에 호기심을 품었다. "저 속에 일종의 활력제가 들어 있을까? 만약 들어 있다면 어떻게 작용할까? 고환을 신체의 다른 곳에 이식해도 본래 역할을 수행할까?" 베르톨트는 두 마리 수탉의 고환을 각각 하나씩 떼어내고, 다른 두 마리에서는 양쪽 고환을 모두 떼어냈다. 그리고 나머지 두 마리에서는 '특이한 고환 바꿔치기'를 시도했다. 즉, 두 마리 모두 고환 한 쌍을 제거한 다음, 그중 하나를 다른 수탉의 배에 이식했다. 그리하여 두 마리 모두 남의 고환을 엉뚱한 곳에 이식받는 괴상망측한 일이 벌어졌다.

베르톨트가 얻은 결론은 다음과 같았다. 첫째, 고환이 전혀 없는 수탉은 뚱뚱하고 게으르고 소심해졌다. 그의 말을 빌리면, 고환이 없는 닭들은 암탉처럼 행동했다. 반짝이던 빨간 벼슬은 퇴색하고 위축되었으며, 암탉의 꽁무니를 쫓던 행동을 멈췄다. 둘째, 고환이 하나만 있는 수탉은 전과 다름없이 수탉처럼 행동했다. 가슴을 잔뜩 부풀리고 거들먹거리며 걸으며, 암탉의 꽁무니를 쫓았다. 해부를 해보니 고환이 하나만 있는 수탉의 고환은 부풀어 있었다. 그는 부푼 이유가 상실된 고환을 보상하기 위해서일 것이라고 생각했다.

그러나 가장 놀라운 발견은 뭐니뭐니해도 고환 연구 분야를 발칵 뒤집은 발견, 즉 생식샘 자리바꿈gonad-switching의 결과였다. 베르톨트는 고환을 신체의 아무 부위에나 이식해도 정상적인 기능을 발휘할 수 있을지 궁금해했다. 결론은 Ja(독일어로 Yes라는 의미)였다. 그는 거세되어 뚱뚱하고 게을러진 수탉의 배(소장 틈)에 고환을 하나 이식했다. 그 닭은 생후 3개월 된 젊은 수탉으로, 양다리 사이에는 아무것도 없고 오로지 소장에만 고환 하나가 달라붙어 있었다. 그러나 수탉은 빨간 벼슬을 하고 가슴을 잔뜩 부풀린 채 보무도 당당하게 암컷을 맹추격했다. 다른 한 마리도 결과는 똑같았다. "두 마리는 활발하게 어울리고, 종종 서로(또는 다른 젊은 수탉들과) 싸움을 했다. 그리고 암탉에 대한 반응은 여느 때와 같았다"라고 그는 적었다.

베르톨트는 당초 "닭을 해부하면, 번짓수가 틀린 고환을 신체에 연결해주는 신경망을 발견할 것"이라고 가정했었다. 그러나 웬걸. 고환은 혈관으로 둘러싸여 있었다. 그는 네 쪽짜리 연구 보고서에서 호르몬의 작용 메커니즘을 사상 최초로 설명하고, "고환이 어떤 물질을 혈액으로 분비하고, 그 물질이 혈액을 통해 전신으로 퍼져나가 특정한 목적지에 도달하는 것으로 밝혀졌다"고 썼다. 그의 말이 옳았다. 호르몬은 신체의 한 부분에서 분비되어, 마치 명궁의 시위를 떠난 화살처럼 특정한 표적에 도달한다. (그는 호르몬이라는 단어를 사용하지는

크레이지 호르몬

않았다. 그 용어는 그로부터 반 세기 후에 만들어졌기 때문이다.) 그러나 아무도 그의 말에 귀를 기울이지 않았다. 호르몬 과학이라는 전문 분야가 그때 그 자리에서 바로 시작될 수도 있었지만, 안타깝게도 그러지 못했다.

과학이란 실험만 한다고 되는 게 아니라, 결과를 지속적으로 관리해야 한다. 단서를 잡고, 의미를 이해하며, 추론을 거듭해야 한다. 베르톨트가 뒷마당에서 수행한 수탉 실험은 패러다임을 바꾸는 실험이 될 수 있었고, 내분비를 바라보는 과학적 방법을 완전히 바꿀 수 있었다. 그는 자신의 통찰을 《뮐러 해부학/생리학 기록》에 〈고환의 이식〉이라는 제목으로 기고했다. 그러고는 팡파르를 울리지 못한 채 곧 다른 프로젝트에 몰두했다. 앨버트 Q. 마이셀이 《호르몬 탐색》에서 쓴 것처럼, 컬럼버스가 아메리카를 발견한 후 고향으로 돌아와 마드리드 거리를 배회하며 여생을 보낸 것과 유사했다.

베르톨트 이후에 몇몇 사람들이 나타나, 언젠가 내분비학의 꽃으로 활짝 피어날 씨앗을 뿌렸다. 첫 번째 사람은 런던의 외과의사 토머스 블리자드 컬링이다. 그는 두 명의 비만한 지적 장애 소녀들의 시신을 검사했는데(한 명은 여섯 살, 다른 한 명은 열 살에 사망했다), 주된 목적은 내적인 신체 결함이 있는지 여부를 확인하는 것이었다. 그는 두 명 모두 갑상샘이 없음을 확인하고, 갑상샘 결함과 지적 장애의 관련성을 추론하는 논문을 발표했다. 또 다른 런던 사람인 토머스 애디슨은 부신 결함을 일련의 증후군(특이한 갈색 반점과 피로감 포함)과 연관시켰는데, 이 증후군은 이윽고 애디슨병으로 명명되었다. 북잉글랜드의 내과의사 조지 올리버는 자신의 아들에게 시험 삼아 (정육점 주인에게서 얻은) 양과 소의 부신을 먹이고 무슨 일이 일어나는지 살펴봤다. 아들의 혈압이 급등한 것을 발견한 그는 신바람이 나서, 런던의 과학자들과 팀을 꾸려 개 연구를 수행했다. 개 연구에서도 아들과 똑같은 결과가 나왔고, 부신에서 분비되는 신비로운 액체는 나중에 아드레날린 adrenaline으로 명명되었다.

이상과 같은 다양한 실험들에도 불구하고, 19세기에 커다란 청사진을 그린 과학자는 아무도 없었다. 그들은 다양한 화학물질을 분비하는 샘들이 유사한 특징을 공유한다는 사실을 깨닫지 못했다. 그러므로 당시에는 다양한 분비샘들을 포괄하는 분야가 존재하지 않았고, 개별적인 분비샘을 제각기 연구하는 과학자들이 뒤죽박죽 섞여 있을 뿐이었다. 부신을 연구하는 사람들은 고환을 연구하는 사람들에게 말을 걸지 않았고, 고환을 연구하는 사람들은 갑상샘을 연구하는 사람들에게 말을 걸지 않았다.

이처럼 다양한 연구들을 하나의 범주에 넣고 공통적인 작용 방식을 이해해 하나의 이름으로 부르려면, '날카로운 통찰'과 '동반자 관계'가 필요했다. 블랜치 그레이와 같은 사람들을 더욱 많이 연구해야 하므로, 그런 사람들을 많이 발굴해 볼티모어, 뉴욕, 보스턴, 런던에 있는 과학 연구실로 데려와야 했다. 생리학자, 신경과학자, 화학자들은 분비샘을 조사하고 분비샘에서 분비되는 액체를 연구하기 위해 시험 대상자(시신 포함)가 필요했다. 그리고 그들은 통합된 연구 분야, 즉 아이디어와 발견을 공유하는 과학자와 의사의 그룹을 형성해야 했다.

크레이지 호르몬

그리고 치료법을 테스트해, 이를 필요로 하는 사람들을 돕고 때로는 치료해야 했다. 이 모든 사건들이 20세기의 여명기에 일어났다.

많은 시체 도둑들의 시도에도 불구하고, 블랜치의 육중한 시신은 끝내 볼티모어 연구실로 운반되지 않았다. 만약 그곳으로 보내졌다면, 통통한 황금색 지방 방울들이 마치 노란 낙엽 더미처럼 그녀의 장기를 뒤덮고 있는 모습이 적나라하게 드러났을 것이다. 호기심 많은 연구자들은 지방 방울을 거둬내고, 뇌에서 뇌하수체를 꺼내거나 목에서 갑상샘을 적출했을 것이다. 그들은 분비샘이 너무 크거나 작은지를 확인했을 것이다. 뚱뚱한 그녀는 '유별나게 키 큰 사람들'의 골격과 나란히 과학적 호기심을 유발해 후속 연구의 대상이 되었겠지만, 아쉽게도 많은 해답을 제공해주지는 않았을 것이다.

2장 　호르몬과 내분비학의 탄생

1907년 11월 20일 밤, 영국 의대생 한 무리가 개 동상을 파괴하기 위해 배터시Battersea◆로 향했다. 런던의 평균적인 기상 조건을 감안하더라도 그날 밤에는 안개가 유난히 자욱했으므로, 나쁜 짓을 해도 처벌을 면할 수 있을 거라 생각했다.

2.5미터 남짓한 높이의 기념물은 분수대이기도 해서, 사람용 높은 분출구와 애완동물용 낮은 분출구가 하나씩 달려 있었다. 갈색 테리어의 동상은 높은 화강암 기단 위에 걸터앉아 있었다. 학생들의 비위를 거스른 것은 주춧돌 위에 새겨진 글씨였다.

1903년 2월 유니버시티칼리지의 연구실에서 사망한 갈색 테리어의 명복을 빈다. 2개월여 동안 진행된 생체해부를 견뎌낸 후 한 실험자에서 다른 실험자에게로 인계되었고, 죽음이 그를 해방시킬 때까지 연구실을 벗어나지 못했다. 또한 1902년 한 해 동안 같은 장소에서 해부된 232마리 실험견들의 명목을 빈다. 영국의 신사숙녀들이여, 언제까지 이런 짓을 계속할 텐가!

◆ 런던 남서부에 있는 자치구의 하나.

19세기가 막을 내리고 20세기가 시작될 무렵, 동물권익 운동가들은 자신들의 분노를 상징하기 위해 '갈색 반려견The Brown Dog'이라는 이름의 동상을 세웠다. 의대생들이 분노한 이유는, 구체적인 이름을 거명하지는 않았지만 그 동상이 유니버시티칼리지런던(UCL) 소속의 의사 두 명을 모욕한다고 여겼기 때문이었다. 그들의 이름은 윌리엄 베일리스와 어니스트 스탈링으로, 갈색 테리어를 실험에 사용한 장본인들이었다.

수백 명의 동급생들이 동상 파괴 현장에 나타나기로 되어 있었지만, 마지막 순간에 대부분 몸을 사렸다. 겨우 청년 일곱 명이 런던 중심부의 대학을 출발해, 템즈강을 건너 노동자 계층이 거주하는 배터시로 향했다. 한 역사가는 이렇게 지적했다. "노동자들에게 보탬이 되지 않는다면, 그곳을 피하는 게 좋다."

학생들은 런던 남부에 도착해 동상을 향해 살금살금 다가갔다. 그러나 가까이 접근할수록 사명 완수에 대한 불안감이 커지며, 인근의 노동자들이나 경찰이 추격해올지 모른다는 생각이 고개를 들었다. 갈색 반려견에 도착했을 때는 벤치와 덤불 뒤에 몸을 숨겼다. 잠시 후 아돌프 맥길커디가 덤불 속에서 용수철처럼 튀어나오더니, 외부인의 감시 여부를 확인하기 위해 주변을 면밀히 살폈다. 그런 다음 쇠몽둥이를 손에 움켜쥐고, 있는 힘을 다해 높이 점프해 갈색 테리어의 앞발을 후려쳤다. 이윽고 땅바닥에 착지하는 순간 어디선가 발자국 소리가 들려왔다. '경찰이다!' 그는 공원 밖으로 줄행랑을 쳤다.

바로 그때 또 한 무리의 의대생 스물다섯 명이 배터시에 도착했다.

크레이지 호르몬

래치미어 가든 부지에 자리잡고 있었던 오리지널 갈색 반려견 동상.
Courtesy of the Wellcome Library, London.

마지막 순간에 머뭇거렸던 맥길커디의 동급생들이었는데, 장소는 정확했지만 타이밍이 좋지 않았다. 첫 번째 그룹이 가능한 한 조용히 살금살금 움직였던 데 반해, 두 번째 그룹은 마치 자신들의 도착을 확성기로 알리는 것처럼 시끌벅적했다. 두 번째 그룹의 리더인 던컨 존스가 망치로 갈색 테리어를 한 차례 후려갈긴 후 두 번째 동작을 취하려는 순간, 정복경찰관 두 명이 달려와 그를 체포했다. 다들 뿔뿔이 흩어지고 학생 아홉 명만 존스를 따라 줄줄이 경찰서로 연행되었다. 벌금형을 간절히 바랐지만, 경찰은 열 명 모두 감방에 처넣었다.

UCL 측에서 보석금을 대신 지불했고, 학생들은 다음날 아침 '호평 받는 UCL의 명예를 지켰다'고 목소리를 높이기도 전에 '공공 기념물을 악의적으로 손상시켰다'는 유죄를 인정했다. 그 동상에 새겨진 글씨의 의도는 분명했으니, 연구자들을 동물학대자로 묘사한 것이었다. 데이비드 그림이 자신의 저서 《반려견 시민》에서 말한 것처럼, "개와 고양이의 영혼에 대한 우려감이 수 세기 동안 누적되어 극에 달한 상태였다."

개 실험을 지지하는 사람들조차 공공 기념물에 대한 학생들의 반달리즘vandalism◆을 용납하지 않았다. 한 지방신문에는 이런 기사가 실렸다. "돈 많은 부모 덕분에 벌금을 낼 여력이 있는 의대생들의 행동과 평범한 사람들의 행동에 동일한 잣대를 들이대서는 안 된다." 의대생들은 일인당 5파운드의 벌금형을 선고받고, "갈색 반려견 동상 근처에 다시 얼씬거릴 경우 2개월의 감옥 생활과 노역을 각오하라"는 훈계를 들었다. 기념물은 워낙 높은 곳에 버티고 서 있었으므로, 위풍당당하고 자부심 강한 반려견의 모습은 전혀 손상되지 않았다.

하지만 이러한 낭패가 학생들의 십자군 전쟁을 잠재울 수는 없었

◆ 문화·예술 및 공공시설을 파괴하는 만행을 말한다. 5세기 유럽의 민족 대이동 때 북아프리카 반달족이 지중해 연안과 로마를 무자비하게 파괴했다는 헛소문에서 유래한 말이다.

다. 되레 그들의 분노에 기름을 부었다. 그날 저녁, 한 떼의 청년들이 트라팔가 광장에 모여 "갈색 개 타도!"를 외쳤다. 그들은 런던 한복판을 가로지르며 (일부러 보기 흉하게 만든) 개의 모형들을 마구 휘둘렀다. 이번에는 동조 세력을 규합하는 데 어려움이 없었다. 그도 그럴 것이, 채링크로스병원, 가이즈병원, 킹스칼리지런던, 미들섹스병원 소속의 의대생들이 우르르 몰려나와 가세했기 때문이다.

우연히 런던 한복판을 걷던 노신사가, 뭔가가 자신의 어깨를 비비는 느낌이 들어 주변을 둘러봤다. 그랬더니 지팡이 끝에 매달린 장난감 개가 그를 툭툭 건드리고 있는 게 아닌가! 그는 그제서야 배불뚝이 개 모형을 들고 행진하는 성난 군중을 유심히 바라보며 중얼거렸다. "도대체 무슨 일이 벌어지고 있는 거지?"

"저건 갈색 반려견이라는 동상을 흉내 내는 겁니다"라고 한 경찰관이 설명했다. "저 청년들은 개 동상을 언짢게 생각하고 있습니다. 그들의 교수가 개에게 소위 생체해부라는 걸 했더니, 동물보호 단체가 배터시에 개 동상을 세우고 '교수가 개를 고문함으로써 법을 위반했다'고 비난했기 때문입니다. 저 청년들은 모욕을 느낀 나머지 살찐 개 모형에 불을 지르고 있습니다."

의대생들의 웅성거리는 소리는 시민들을 향해 '기득권 층에 반기를 들라'고 부르짖는 사회주의자들의 소요처럼 그럭저럭 넘어갈 수도 있었다. 그러나 후세의 역사가들은 '당대의 어떤 사건보다도 과학에 커다란 영향력을 행사했다'며, 소위 '갈색 반려견 사건'을 높이 평가하고 있다.

::

20세기 여명기에 윌리엄 베일리스와 어니스트 스탈링은 아무도 진가를 알아보지 못한 사실을 증명했다. 그 내용인즉, 전신에 산재한 분비샘이라는 세포 덩어리들이 모두 동일한 메커니즘에 따라 작동한다는 것이었다. 그들은 이렇게 주장했다. "췌장, 부신, 갑상샘, 난소, 고환, 전립샘을 각각 상이한 독립체로 취급해서는 안 된다. 이 모든 것들은 하나의 커다란 시스템의 일부일 뿐이다."

이 가설을 검증하기 위해, 그들은 동시대의 여느 과학자들과 마찬가지로 개를 이용한 생체실험을 수행했다. 1903년 어느 날 오후, 그들은 테리어 잡종 한 마리를 실험 대상으로 이용했다. 그 개는 학생들에게 새로운 이론을 가르침과 동시에 호르몬이라는 과학 용어를 소개하기 위한 수단이었지만, 얼마 후 갈색 반려견 동상에 빌미를 제공했다. 그 동상은 해부학 시간에 실습용으로 사용된 개를 형상화한 것으로, 과학이 저지른 온갖 잘못을 상징하기 위해 주조되었다. 그러나 돌발적인 사건들과 이상하게 엮이는 바람에 본의 아니게 중대한 과학적 발견을 기념하게 되었다. 즉, 베일리스와 스탈링은 동물실험을 반대하는 행동주의의 불길에 기름을 부었지만, 다른 한편으로 내분비학이라는 신생학문 분야가 탄생하는 길을 열었다.

스탈링과 베일리스는 호흡이 잘 맞았지만 스타일이 전혀 딴판이었다. 스탈링은 노동자계급 출신인 반면, 베일리스는 부유층 가정에서 성장했다. 스탈링은 영화배우처럼 짙은 금발머리에 깎아놓은 듯한 이목구비와 사람을 꿰뚫어보는 푸른 눈을 갖고 있었다. 베일리스는 떠돌이처럼 후줄근한 복장에 길고 좁은 얼굴과 꾀죄죄한 수염을 갖고 있었다. (아들의 말에 따르면, 그는 면도를 하지 않는다고 했다.) 스탈링은 낙관적이고 외향적이고 충동적이었으며, 결과를 중요하게 여기는 사람이었다. 베일리스는 신중하고 내성적이고 디테일을 중시했으며, 과정을 즐기는 사람이었다. 전해지는 이야기에 따르면, 베일리스는 연구에 몰두한 나머지 '생리학 모임과 시간이 겹친다'는 이유로 버킹엄 궁전의 작위 수여 제의를 거절했다고 한다. 두 사람은 공교롭게도 인척관계에 있었다. 베일리스는 스탈링의 여동생 거트루드와 결혼했는데, 그녀는 오빠만큼이나 아름다웠다. 스탈링은 돈을 보고 플로렌스 울드리지와 결혼했다. 그녀는 그의 멘토였던 레너드 울드리지의 부유한 미망인이었다.

운명적인 호르몬 연구를 시작하기 오래전부터, 두 사람은 이미 뛰어난 생리학자였다. 그들은 심장을 연구하고, 나중에 스탈링 법칙 Starling's Law으로 명명된 이론에 대한 증거를 수집하고, 기관의 수축력을 팽창력과 연관시켰다. 그들은 면역세포가 인체 내에서 여행하는 과정을 탐구하는 한편, 음식물을 장 속에서 통과시키는 파상적 추진력wave-like propulsion을 연구해 연동운동peristalsis이라고 명명했다. (연동운동은 그리스어에서 유래하며, '주위'라는 뜻을 가진 페리peri와 '짜낸다'는 뜻을 가진 스탈시스stalsis의 합성어다.)

그러던 중 두 생리학자는 러시아의 동료 이반 파블로프에게서 영감을 얻어, '인체 내의 힘'에서 '인체의 분비'로 탐구 주제를 바꿨다. 그리하여 '내분비 연구'와 '개를 이용한 실험 및 증명'에 몰두하다가 결국에는 법정 소송에 휘말렸다. 스탈링과 베일리스는 파블로프가 얼마 전 제시한 가설을 검증하고 싶어 했다. 그 가설은 '소장의 메시지가 신경을 통해 췌장에 배달되어 화학물질 분비를 유도한다'는 것이었다.

1902년 1월 16일, 스탈링과 베일리스는 지극히 간단한 실험을 수행했다. 갈색 테리어 한 마리를 마취한 후, 소화관 근처의 신경들을 모조리 절단한 것이다. 그렇게 해도 췌장에서 소화액이 분비될까? 만약 그렇다면, 소화관에서 췌장으로 발송되는 메시지는 신경 말고 다른 경로를 통해 배달된다는 것을 의미한다. 만약 췌장에서 소화액이 분비되지 않는다면, 파블로프의 가설대로 소화관의 메시지가 신경을 통해 운반된다는 것을 뜻한다.

베일리스와 스탈링은 소화된 음식물을 모방하기 위해, 산성 곤죽한 덩어리를 개의 소장 속에 투입했다. 그러자 놀라운 일이 일어났다. 소장과 연결된 신경이 없는데도 불구하고, 췌장에서 소화액이 분비되는 게 아닌가! 그들은 "췌장에 신호를 보내는 것은 신경이 아니라, 어떤 불가사의한 화학물질이다"라는 결론을 내렸다.

다음으로, 그들은 개의 소장 내벽을 조금 절단해 산酸과 혼합했다. 처음 실험과 마찬가지로 이 역시 소화된 음식물을 모방하기 위한 방법이었다. 그러나 이번에는 소장과 산의 혼합물을 소장이 아닌 혈관에 주입했다. 그들의 의도는, 그 혼합물을 췌장 근처의 모든 신경에서 멀리 떨어진 곳에 주입하는 것이었다.

아니나 다를까, 그들이 바라던 대로 결과가 나왔다. 그들은 1차 실험과 2차 실험 결과를 재확인한 다음, '췌장을 특이적으로 자극하는 물질'을 소장에서 분리해냈다. 또한 그들은 "췌장이 소화액을 분비하는 과정은 신경과 전혀 무관한 화학적 반사다"라고 선언했다. 스탈링은 소장의 분비물을 세크레틴secretin이라고 명명했고, 세크레틴은 나중에 '세계 최초로 분리된 호르몬'으로 인정받았다.

이반 파블로프도 영국 연구팀과 비슷한 실험을 했다. 그 역시 자신의 추론을 확인할 요량으로 개의 신경을 절단했다. 예상과 달리 췌장에서 소화액이 분비되자, 그는 뭔가 누락된 게 틀림없다고 생각하며 이렇게 주장했다. "소장에서 발송된 신호는 은폐된 신경을 통해 전달되는 것 같다. 단, 신경이 너무 가늘어서 내 눈에 보이지 않을 뿐이다." 동일한 연구에서 동일한 결과가 나왔지만, 해석은 정반대였다.

대부분의 연구자들과 마찬가지로, 파블로프는 오랫동안 간직해왔던 '인체 내의 신호는, 외견상 아닌 것처럼 보일 수도 있지만 반드시 신경을 따라 전달된다'는 믿음을 버릴 수 없었다. 소장이 췌장에 신호를 보낸다는 생각은 팩트지만, 그 신호가 오로지 신경을 통해서만 전달된다는 생각은 허구였다. 그럼에도 불구하고 그는 '소화에 관한 연구'로 1904년 노벨생리의학상을 수상했다. 또한 그는 개에게 종소리를 들려줌으로써 침을 흘리게 했는데(이를 파블로프의 반응이라고 한다), 이 덕분에 '잘못 받은 노벨상'에도 불구하고 오랜 명성을 유지하고 있다.

1902년, 스탈링과 베일리스는 자신들의 새로운 아이디어를 왕립학회에서 발표했다. "우리는 지금껏 목구멍과 배를 굽이굽이 연결하는 미주신경vagus을 자극해봤지만 췌장에서 소화액이 분비되도록 하는

데 실패했다. 따라서 미주신경에 췌장과 연결되는 분비-운동섬유 secreto-motor fiber가 존재한다는 주장은 심히 의심스럽다.”

파블로프를 의심한다고? 이는 존경받는 러시아 과학자를 비난하는 것이나 마찬가지였다. 화학 신호가 신경을 통해 전달된다는 것은 널리 인정된 이론이었다. 만약 신경이 없다면 메시지를 전달하는 것은 도대체 뭐란 말인가? 다른 왕립학회 회원들은 '어떤 불가사의한 화학물질이 신경 트랙을 달리지 않고 메시지를 전달할 수 있다'는 사실을 이해하지 못했다. 그건 마치 폴 리비어◆에게 “당신은 언젠가 대중에게 이메일로 경고 사항을 전달할 수 있게 될 거요”라고 말하는 것이나 마찬가지였다. 회의론자들은 “아주 가느다란 신경 가닥이 메시지를 전달하는 게 틀림없다'고 생각했다. 마치 공장 근로자들이 손에 손을 잡고 긴밀히 연결되어, 조립 라인을 따라 설치된 '정체불명의 좁은 장치'를 통과하는 것처럼 말이다. 20세기 초의 과학자들이 사물을 바라보는 방식에 어울리는 것은 고작해야 이런 산업혁명 스타일의 이미지였다.

파블로프는 자신의 개념이 의심받는다는 데 큰 충격을 받았지만, 결국 영국 연구팀의 아이디어를 정중하게 받아들였다. 그는 스탈링과 베일리스의 가설을 풍문으로 듣고 이렇게 말한 것으로 알려져 있다. “물론 그들이 옳다. 진실을 발견하는 게 나의 전매특허는 아니지 않은

◆ 미국 독립혁명 당시의 우국지사이자 은銀세공업자. 미국 독립혁명이 발발한 1775년 4월 18일 새벽, 지금의 찰스타운, 서머빌, 메드퍼드, 알링턴을 달리며 영국군의 침공 소식을 전했다.

크레이지 호르몬

가!" 하지만 그는 노벨상 수상 연설에서 스탈링과 베일리스가 자신의 이론을 뒤집었음을 언급하지 않았다.

베일리스는 의학 저널《랜싯》에 기고한 논문에서 이렇게 밝혔다. "선행 연구자들이 제안했던 것과 달리, 신경은 물론 산도 췌장 효소의 분비를 유도하지 않는다. 산의 영향력하에 소장 점막에서 모종의 물질이 생성되어, 혈류를 타고 췌장에 도착해 분비샘을 자극하는 게 분명하다." 이윽고 효소 분비는 '신경이냐 화학물질이냐'의 문제가 아니라 '신체 반응을 조절하는 신경과 화학물질들 간의 복잡한 밀당push and pull'임이 밝혀지면서 논쟁은 점입가경으로 빠져들었다. 예컨대 침샘 문제만 해도 그렇다. UCL의 '개 실험 시대' 이후 신경에 의해 촉발된다고 여겨졌던 것이, 최근에는 호르몬의 영향도 받는 것으로 밝혀졌으니 말이다. 21세기에 수행된 몇몇 연구들은 "폐경 후 에스트로겐 및 프로게스테론 수치가 저하됨에 따라 구강건조증이 생긴다"고 제안했다.

베일리스와 스탈링은 내분비학이라는 전문 분야가 존재하기 전에 자신들의 이론을 발표했다. 그들의 아이디어는 무모하리만큼 대담했다. 그들은 도그마를 해체하고, 수십 년간 지배해온 신경 이론을 뒤엎었다. 예일대학교의 위장병 전문의 어윈 모들린은 21세기의 관점에서 그들의 놀라운 통찰을 되돌아보며, "두 사람은 순식간에 하나의 학문 분야를 만들었다"고 말했다. 그들이 100년 전 기술했던 내용은 오늘날까지 받아들여지고 있다. 과학자들은 세크레틴이 (음식물이 소화될 때 위장에서 쏟아져 나오는) 산을 중화시킨다는 사실을 알고 있다. 정확히 말하면, 세크레틴은 위장의 위산 분비를 멎게 하고, 췌장의 중탄산염

bicarbonate 분비를 촉진한다. 2007년 과학자들은 세크레틴이 혈류를 드나드는 전해질을 조절한다는 사실도 발견했다. 간단히 말하면, 세크레틴은 '소화를 돕는 호르몬'이다.

반대론자들의 끈질긴 트집에도 불구하고, 스탈링과 베일리스는 새로운 개념으로 '인체를 인식하는 과학적 방법'을 바꾸고 있었다. 극소수의 내과의사들은 수년 전부터 '멀리 떨어진 신체 부위들 간의 화학적 의사소통'을 궁금하게 여겨왔다. 예컨대, 의사들은 어머니가 수유를 시작할 때 자궁이 수축한다는 데 주목했다. 스탈링과 베일리스는 소화관 실험을 통해, 그동안의 궁금증을 해결할 만한 몇 가지 증거를 발견했다. 베일리스는 1902년 왕립학회에서 이렇게 발표했다. "몇몇 의사들은 종종 상이한 기관들, 예컨대 자궁과 젖샘 사이에서 화학적 교감이 이루어진다고 가정했었다. 그러나 우리는 실험을 통해 그런 관계(화학적 교감)들에 대한 직접적 증거를 최초로 찾아냈다."

그들의 핵심적인 연구는 왕립학회에서 발표하기 직전에 완료되었다. 그러나 갈색 반려견 동상에 빌미를 제공한 것은, 1903년 2월 2일 베일리스가 예순 명의 UCL 학생들을 가르칠 때 개 한 마리를 이용해 자신의 이론을 증명한 사건이었다.

베일리스는 동물실험에 반대하는 운동가 두 명이 자신의 강의에 숨어든 것을 알지 못했다. 리쉬 린드 아프 하게뷔와 레이사 카테리나 샤르타우는 스웨덴에서 영국으로 이주해, UCL 인근의 여대에 청강생으로 등록했다. 베일리스의 강의에 숨어든 데는 생리학을 더 많이 배우고 싶다는 바람도 있었지만, 생체해부 반대운동을 위한 정보를 수집하려는 목적의식이 더 강했다. 그들이 다니는 여대에서는 살아 있는 동물을 이용한 실험을 허락하지 않았으므로, 만약 생체실험 과정을 관찰하고 싶다면 남자대학교의 교수에게 허락을 받고 강의를 참관해야 했다. 나중에 법정에서 진술한 바에 따르면, 두 여학생은 (방청석에서 항의하는) 대다수의 동물권익 운동가들처럼 보이지 않기 위해 의대생을 가장했다. 그리고 신분을 숨기기 위해 운동가들이 사용하지 않는 과학 용어를 사용하려고 애썼다.

두 여학생들은 생체해부 반대운동 대열의 선봉에 서 있었다. 그 운동은 19세기 중반 이후 점차 격화되었는데, 공교롭게도 실험 의학의 등장과 시기적으로 맞물렸다. 더 많은 실험이 진행될수록 더 많은 과학자들이 개와 고양이에 의존했고, 더 많은 동물에 의존할수록 동물애호가들의 심기를 더 많이 거슬리게 했다. 소리 높여 외치는 생체실험 반대자들 덕분에, 영국은 세계 최초로 동물실험을 제한하는 법률을 제정한 나라가 되었다. (베일리스가 이론을 증명하기 위해 개 실험을 시도하기 27년 전인) 1876년에 통과된 〈동물학대에 관한 법률 개정〉은 세 가지 사항을 규정했다. 첫째, 특별한 면허증을 소지한 전문직 종사자들만 살아 있는 동물에 실험용 메스를 댈 수 있다. 둘째, 한 동물은 단한 번만 실험에 사용될 수 있다. 셋째, 실험에 방해가 되지 않는 범위 내에서 실험동물에게 진통제를 투여해야 한다. 그러나 생체해부 반대자들은 이 법률이 전혀 지켜지지 않고 있다고 항의했다.

여학생들은 야단법석을 피울 속셈으로 UCL에 잠입했지만, 결과적으로 역사상 가장 중요한 내분비학 증명 실험 중 하나의 목격자가 되었다. 그날 강의를 시작하기 전, 베일리스의 조교인 헨리 데일이 갈색 테리어 잡종을 끌고 와 계단식 강의실 맨 앞의 까만색 실험 테이블 위에 반듯이 눕히고 노끈으로 단단히 묶은 다음 다리를 벌렸다. 그 개는 몇 달 전 췌장 실험에 사용된 경력이 있었으므로, 그녀들의 좋은 목표물이었다. 바야흐로 지루한 법적 소송의 신호탄이 솟아오르고 있었다.

개의 췌장은 이미 엉망이 된 상태였기에 베일리스는 침샘에 집중했다. 하지만 실험의 의도는 췌장의 경우와 마찬가지로 소화관의 화학을 증명하는 것이었다. 베일리스는 몸을 구부리고 개를 내려다보며 목구멍을 길게 절개한 뒤, 침샘이 턱뼈를 에워싼 부분의 피부를 벗겼다. 그러고는 개의 후두융기Adam's apple를 향해 메스를 천천히 내려 그었다. 마지막으로 침샘과 연결된 실 모양의 혀신경 중 하나를 절단한 다음, 느슨해진 신경말단을 전극에 연결했다.

베일리스는 거의 30분 동안 신경에 전기 자극을 가했다. 그가 수차례 전류를 흘리는 동안 학생들이 숨을 죽이고 유심히 들여다봤지만, 침샘에서는 아무런 반응이 없었다. 실험의 시나리오는 다음과 같았다. 첫째로, 전기 자극을 받은 신경은 침샘을 자극해 침을 분비하게 한다. 둘째로, 침, 즉 내분비물은 소화샘을 자극한다. 셋째로, 소화샘은 자신의 임무(신경을 거치지 않고 소화를 촉진함)를 수행한다. 그러나 어찌된 일인지 아무런 반응도 일어나지 않았다. (실험을 많이 해본 사람들은 잘 알겠지만, 아무리 잘 계획된 실험일지라도 간혹 각본대로 진행되지 않는 경우가 있다.)

마침내 베일리스는 데일에게 눈짓을 했고, 데일은 개를 끌고 강의실 밖으로 나가 췌장을 꺼냈다. (췌장을 꺼낸 이유는 현미경 검사를 통해 화학 신호를 받은 게 있는지 확인하기 위해서였다.) 다음으로, 데일은 췌장이 적출된 개의 심장에 칼을 꽂아 고통을 종식시켰다. 베일리스와 스탈링은 나중에 미세한 신경을 찾기 위해 췌장을 샅샅이 뒤졌다. 그들은 내심 아무것도 발견되지 않기를 바랐는데, 그건 당연했다. 그래야 자신들의 화학 이론이 뒷받침될 게 아닌가!

::

강의실에서 행해진 실험은 실패였다. 왜냐하면 침샘이 예상된 임무를 수행하지 않았기 때문이다. 그러나 그거야말로 하게뷔와 샤르타우가 바라던 바였다. 그녀들은 즉시 '생체해부 반대 일지'를 꺼내 자신들이 방금 목격한 사실들을 낱낱이 적었다. 그 기록물은 나중에《과학의 도살장: 두 생리학도의 일지에서 발췌》라는 제목의 책자로 출간되었다. 그녀들은 서론에서 베일리스와 스탈링이 수행한 획기적 연구를 인정하면서도, 자신들의 의도가 이중적이었음을 분명히 밝혔다. 첫 번째는 동물실험의 실태를 철저히 조사하는 것이었고, 두 번째는 현대생리학의 기본적 원리와 이론을 심도 있게 연구하는 것이었다. 동물실험의 실태 조사란 구체적으로 '〈동물학대에 관한 법률〉의 성실한 이행 여부'에 대한 증거 수집을 의미했다. 그녀들은 개의 배에서 열린 상처open wound♦를 발견했다고 보고했다. 이는 그 개가 선행 실험에 사

♦ 외부 자극에 의해 피부의 점막 등에 생긴 결손 또는 외부로 벌어져 있는 상처.

용된 적이 있음을 입증하는 스모킹건(움직일 수 없는 증거)이었다. 한 동물을 두 번 실험하는 것은 명백한 불법이었다.

이로써 생체해부자들은 원스트라이크를 받았다.

다음으로 여학생들은 개가 실험 도중 움찔하는 장면을 여러 번 목격했는데, 이는 고통을 느낀다는 신호였다. 법률에 따르면 실험동물들에게는 진통제가 투여되어야 했다.

이로써 생체해부자들은 투스트라이크를 받았다.

그녀들은 '베일리스와 스탈링이 테리어를 맨 처음 어디에서 구했을까?'라는 의문을 제기했다. 들리는 소문에 의하면, 과학자들이 반려견을 훔치거나, 도망친 반려견이나 유기견을 찾기 위해 공원을 샅샅이 뒤진다고 했다. 그녀들은 이렇게 적었다. "실험견이 길 잃은 반려견이라고 치자. 그러나 사과 공고를 내거나 소유자를 찾아 보상금을 지급한다 해도, 죽은 반려견이 살아 돌아올 수는 없는 노릇이다." 이러한 사례가 사실이든 꾸며낸 것이든, 실험 의학의 적나라한 실태를 고발하는 데 전혀 손색이 없었다.

또한 그녀들의 주장에 따르면, 베일리스는 강의 도중에 강아지의 몸에 손을 넣어 소장의 한 부분을 움켜쥐고는, 학생들을 향해 "지난번에 엉망진창이 되지 않도록 살살 했어야 하는 건데…"라고 했고, 그 이야기를 들은 남학생들이 손뼉을 치며 깔깔 웃었다고 한다. 그녀들은 본래 그 장章의 제목을 "장난질"이라고 붙였지만, 출판자(그 역시 생체실험 반대 활동가였다)가 덜 빈정대는 말투로 바꾸는 게 좋겠다고 건의했다.

크레이지 호르몬

학기가 끝났을 때, 하게뷔와 샤르타우는 자신들이 출간한 보고서와 강의 시간에 작성한 메모장을 변호사 겸 전국생체실험반대협회장 스티븐 콜레리지에게 제출했다. 그 즈음 반려견 동상 건립과 관련해 잡음이 일기 시작했다.

　그녀들은 콜레리지가 과학자들을 고소하기 바랐지만, 그는 다음과 같은 이유 때문에 승소할 가능성이 거의 없다고 생각했다. 첫째, 재판관들은 의료계를 지지하는 경향이 있었다. 둘째, 동물학대 사례는 6개월 이내에 소송이 제기되어야 하는데, 시한이 만료된 상태였다. 셋째, 소송을 제기하려면 법정관리인의 승락을 받아야 하는데, 그들 역시 재판관과 마찬가지로 과학자들 편을 드는 것으로 알려져 있었다. 콜레리지는 기본적으로 복잡한 법적 절차를 피하는 게 좋겠다고 제안했다. 그러면서 그가 대안으로 제시한 것은 시위였다.

　"체제 내에서 활동하는 것보다, 차라리 대중에게 호소해서 그들을 우리 편으로 만드는 게 더 좋아요"라고 그는 제안했다. 그래서 1903년 5월 1일 콜레리지와 그의 조직은 3000명 이상의 사람들을 동원해, 런던 중심부의 피카딜리에 있는 성제임스 교회에서 열린 연설회에 참석했다. 그는 거기서 《과학의 도살장》을 흔들며 과학계에서 자행되는 동물학대를 성토했다.

　그는 베일리스와 스탈링의 연구를 "비열하고 비도덕적이고 혐오스러운 행위"라고 불렀다. 그는 영국의 유명 작가 러디어드 키플링, 토마스 하디, 제롬 K. 제롬 등의 생체실험 반대 증언을 읽었다. 그리고 "이게 고문이 아니라면, 도대체 뭐가 고문이란 말인가! 베일리스와 그의 동료들로 하여금 우리 앞에 나와 직접 설명하게 하라"라고 선언했다.

군중들은 야유를 퍼부으며 고함을 질렀다. 배터시에 기반을 둔 타블로이드판《데일리뉴스》는 콜레리지의 연설을 토씨 하나도 틀리지 않게 그대로 보도했다. 그러자 중앙 일간지들도 그 기사를 앞다퉈 보도했다.

남 앞에 나서기를 꺼리는 베일리스는 입을 꾹 다물고 조용히 넘어가는 쪽을 택했다. 그러나 성질 급한 스탈링은 격분하며, '진지한 과학을 조롱하는 대중들에게 맞대응하라'고 베일리스를 다그쳤다. 그는 사법부가 자기들 편에 설 거라고 확신하고, 베일리스에게 콜레리지를 명예훼손 혐의로 고소하라고 설득했다. 베일리스는 시끄러워지는 것을 막기 위해 일단 콜레리지에게 공식 사과를 요구했다. 콜레리지가 아무런 반응을 보이지 않자, 베일리스는 하는 수 없이 그를 법정에 세웠다.

1903년 11월 11일, 학생, 생체실험 찬성자, 생체실험 반대자, 교수, 과학자, 다양한 운동가들이 올드베일리법원 밖에 모였다. 일부는 피고를 지지하러 왔고, 일부는 원고를 지지하러 왔다. 재판은 동물실험의 도덕성이나 합법성에 관한 게 아니라, 단지 명예훼손에 관한 것이었다. 원고는 과학자였고, 피고는 시위를 선동하고 있는 변호사였다. 스탈링과 베일리스의 입장에서는 자신들의 업적이 모두 의심받고 있는 것처럼 보였음에 틀림없다. 동료들은 화학분비물 이론을 의심하고 있었고, 대중은 실험이 수행되는 방식에 의문을 제기하고 있었으니 말이다.

베일리스의 증인으로 출석한 스탈링은 한 동물이 두 번 사용된 사실을 인정하면서도, "그 동물은 어차피 안락사될 예정이었기 때문에 다른 개를 사용하는 대신 그 개를 다시 이용하는 쪽을 택했다"고 설명했다. 또 다른 증인으로 출석한 의대생들은 "개가 움찔한 것은 반사행동이었지, 진통제가 불충분하다는 증거는 아니었다"고 말했다. 재판은 나흘 동안 계속되었고, 11월 18일부터 배심원들의 심의가 시작되었다. 그들은 25시간 동안 심의한 끝에 콜레리지의 명예훼손을 인정했다. 재판관은 콜레리지에게 5000파운드의 배상금을 지불하라고 명령했는데, 오늘날의 화폐가치로 환산하면 이는 50만 파운드가 넘으며 미화 75만 달러나 된다. 의대생들은 자리에서 벌떡 일어나 만세 삼창을 불렀고, 베일리스는 배상금 전액을 생리학 실험실에 기부했다.

노동자 계급을 대변하는 《데일리뉴스》는 한 사설에서 〈동물학대에 관한 법률〉 강화를 요구하며 이렇게 말했다. "개는 무조건적인 충성심에 따라 인간을 숭배하고 신뢰한다. 개의 눈빛에서 엿보이는 강력하고 절대적인 신뢰가 우리에게 어떤 의무를 부과한다." 과학자를 지지하는 것으로 알려진 《타임스》는 "피고의 모든 행위들(여학생들이 의대 강의실에 들어간 것, 콜레리지가 저명한 의사들을 모욕한 것)은 교활하고 부끄러운 짓이었다"고 비난했다. 또 다른 영국 일간지 《더글로브》는 콜레리지를 지목하며 "고결한 인물을 고소했다니 절대로 용납할 수 없다"고 호되게 비난했다.

의대생들에 대해 말하자면, 그 재판의 판결은 훌리건 행위를 조장한 꼴이 되었다. 첫째, 그들은 여성참정권론자suffragist들의 모임에 난입해 "베일리스 만세!"를 세 번 외쳤다. 그 페미니스트들은 여권女權이라는 대의명분에 집중하고 있었지만, 의대생들은 여성의 권리를 동물의 권익과 혼동했던 것 같다. 모든 행동주의에서는 체제반대주의의 낌새가 보이므로, 그들은 여성참정권론자가 생체해부 반대자일 가능성이 높다고 생각했을 것이다.

::

동물실험과 관련된 논란 때문에 법정에 선 지 2년 후인 1905년, 스탈링은 런던왕립학회에서 일주일에 한 번씩 네 번 강연했다. 그는 자신의 새로운 이론을 소개했는데, 그 이론은 그와 베일리스의 실험은 물론 미국과 유럽의 다른 연구팀들이 수행한 연구 결과들을 종합한 것이었다. 그것은 '신경 조절nervous control'에 관한 이론이 아니라, '신체에 대한 화학 조절chemical control over body'에 관한 이론이었다.

1905년 6월 20일 저녁에 행한 첫 번째 강연에서, 스탈링은 세계 최초로 호르몬이라는 용어를 이용해 분비샘에 관한 연구를 요약했다. "나는 이 '화학 전령'을 호르몬이라고 부를 것이다. 호르몬이란 '흥분시키다' 또는 '자극하다'라는 뜻의 고대 그리스어 호르마오ὁρμάω에서 유래한다." 호르몬이라는 명칭은 부연 설명을 하는 과정에서 잠깐 언급되었지만, 이후 공식 명칭으로 굳어졌다.

스탈링은 호르몬이라는 화학물질과 인체의 다른 분비물의 차이점을 설명했다. "이 분비액은 혈류를 통해 '자신이 생성되는 기관'에서

'자신에게 영향을 받는 기관'으로 운반된다. 그리고 이 분비액이 반복적으로 생성되어 체내를 순환하는 이유는, 그에 대한 생명체의 생리적 수요가 지속적으로 다시 발생하기 때문이다." 이것이 호르몬에 대한 명쾌한 정의라고 할 수 있다. 즉, 호르몬은 원격기관을 겨냥하는 분비샘에서 분비되고, 혈액을 경유해 이동하고, 신체의 유지·관리에 매우 중요하며, 생존을 위해서도 꼭 필요하다.

이는 거의 반세기 전 아놀트 베르톨트가 증명했던 아이디어와 똑같다. 베르톨트는 수탉의 고환을 자리바꿈했던 의사로, 호르몬이라는 용어가 존재하지 않던 시기에 '고환의 작동 방법'을 인식했지만, 스탈링과 달리 자신이 발견한 내용을 출판하지 않았다. 또한 베르톨트는 자신이 '모든 분비샘과 관련된 핵심 사항'을 우연히 생각해냈음을 깨닫지 못했다. 즉, '분비물이 원거리 표적에 명중한다'는 아이디어를 처음으로 생각해냈지만, 그의 생각은 단지 고환에만 머물렀던 것이다.

스탈링은 한걸음 더 나아가 내분비물을 언급했다. 그 내용인즉, 내분비물은 흔한 용어지만 현상을 정확히 설명하지 못한다는 것이었다. 왜냐하면 분비물이란 단지 '분비된 것'을 의미하기 때문이다. 그는 분비뿐만 아니라 특이적인 임무, 즉 '표적'과 '반응을 촉발하는 능력'이라는 두 가지 의미를 내포한 단어를 찾고 있었다. 생각다 못한 그는 두 명의 친구들을 찾아갔다. 그들은 케임브리지대학교의 그리스·로마 연구가 윌리엄 B. 하디 경과 윌리엄 T. 베시였다. 두 사람은 '자극한다'는 뜻을 가진 호르마오와 비슷한 계통의 단어들을 제시했다.

참고로, 스탈링의 은사 중 한 명인 에드워드 셰퍼가 주장한 용어들도 있었다. 그는 오토코이드autocoid라는 용어를 제안했는데, 이 역시 그리스어에서 유래한 말로, '셀프'라는 뜻을 가진 오토auto와 '치료하다'라는 뜻을 가진 코이드coid의 합성어였다. '내부적 해결'이라는 의미를 가진 오토코이드는 이런저런 이유로 채택되지 않았다. 그로부터 몇 년 후인 1913년, 셰퍼는 "호르몬이라는 용어는 '자극을 담당하는 내부 화학물질'이라는 뜻으로만 사용하고, '억제를 담당하는 내부 화학물질'에 대해서는 칼론chalone이라는 용어를 사용하자"고 주장했다. 그의 주장은 어느 것도 인정받지 못했다.◇

그리하여 호르몬이라는 명칭은 그대로 유지되었다.

네 번에 걸친 강연 중 첫 번째 강연에서, 스탈링은 "뇌하수체, 부신, 췌장, 가슴샘thymus이라는 네 가지 분비샘이 호르몬을 분비하는 것으로 생각된다"고 말했다. 그는 고환과 난소에 대한 언급을 회피했는데, 그 이유는 음흉한 청중들이 자신을 ('고환과 난소가 노화를 역전시키는 강장제'라고 선전하는) 돌팔이 의사로 생각하는 것을 원치 않았기 때문이다. 20세기 초에는 돈벌이가 되는 물질이 유행했는데, 특히 다양한 동물의 생식샘에서 추출된 것이 '에너지와 리비도♦를 증강시키며, 노화

◇ 셰퍼에게는 이름이라는 게 정말로 중요했다. 그는 예순여덟 살 때 자신의 성을 샤피-셰이퍼로 바꿨다. 그의 말에 따르면 은사인 저명한 생리학자 윌리엄 샤피를 존경하기 때문이라고 했지만, 다른 사람들은 '독일인 냄새가 덜 나는 이름을 원하기 때문'이라고 믿었다. (그는 아버지 윌리엄 헨리가 가족을 이끌고 독일에서 영국으로 이사한 후 영국에서 성장했다.) 또한 그는 이름에서 움라우트(ä, ö, ü 처럼, 일부 언어에서 발음을 명시하기 위해 모음 위에 붙이는 표시)를 제거했다.

♦ 프로이트 정신분석학의 기초 개념으로, 이드id에서 나오는 정신적 에너지, 특히 성적

에 수반되는 모든 것을 회복시킨다더라'는 소문이 파다했다.

두 번째 강연과 세 번째 강연에서, 스탈링은 청중들에게 "호르몬의 정의가 세균의 정의와 비슷한 기준을 요구할까요?"라는 질문을 던졌다. 독일의 연구자 로베르트 코흐는 20년 전 세균을 발견하며 일련의 원칙principle(그는 그것을 공리postulate이라고 불렀다)을 강력히 주장했는데, 그 핵심 내용은 다음과 같다. 첫째, 제안된 세균은 분리될 수 있어야 한다. 둘째, 그것을 건강한 생물에 주입했을 때 특정한 질병을 초래해야 한다. (예컨대, 결핵균mycobacterium tuberculosis이 결핵을 초래하는 것처럼 말이다.) 그것은 항상 특정한 질병을 초래해야 하며, 다른 질병을 초래해서는 안 된다. 셋째, 질병에 걸린 생물에서 분리해 다른 건강한 생물에 주입했을 때 동일한 질병을 초래해야 한다.

세균의 선구자 코흐에게서 영감을 얻은 스탈링은 호르몬에 대한 두 가지 원칙을 제안했다. 첫째, 호르몬을 분비하는 샘을 제거하면 질병이나 사망을 초래한다. 둘째, 건강한 호르몬 분비샘을 이식하면 질병이 완화된다. (아이디어는 좋았지만, 스탈링의 원칙은 학계에서 채택되지 않았다. 호르몬이라고 불리는 것은 간혹 스탈링의 기준을 충족하지 않지만, 그럼에도 불구하고 호르몬의 지위를 유지하기 때문이다. 예컨대, 췌장을 제거하거나 손상시키면 당뇨병이 초래되므로, 첫 번째 기준은 충족된다. 그러나 유감스럽게도 단지 새로운 췌장을 이식한다고 해서 환자가 치료되는 것은 아니다. 그러므로 두 번째 기준은 충족되지 않는다. 그럼에도 불구하고 췌장은 여전히 호르몬 분비샘

에너지를 지칭한다.

으로 간주된다.)

스탈링은 네 번째 강연에서, 호르몬에 대해 더 많이 알수록 변비에서부터 암에 이르기까지 모든 질병의 치료법을 찾아낼 가능성이 높아진다고 강조했다. "호르몬과 그 작용 방식에 대한 지식이 확장되면 '신체 기능의 완벽한 조절'이라는 의학의 목표를 달성하는 데 크게 기여할 수 있다"라고 그는 말했다. 그는 나중에 한 강연에서 자신의 발견을 "마치 동화와 같았다"고 술회하며, "과학자들은 언젠가 화학적 조성을 밝혀 호르몬을 합성하고, 그것을 통해 인체의 제어권을 장악하게 될 것"이라고 예측했다.

스탈링이 왕립학회에서 강연한 지 1년 3개월 후인 1906년 9월 15일, 영국의 전형적인 궂은 날씨 속에서 런던의 래치미어 가든◆에서 갈색 반려견 동상의 제막식이 열렸다. 동상 제작비는 생체해부 반대 운동가인 런던의 여성 부호 루이자 우드워드가 전액 부담했다. 《뉴욕 타임스》는 주춧돌에 새겨진 비문을 "생체해부에 대한 분노가 들끓고 있음을 증명하는 무언의 메시지"라고 불렀다. 동상은 1907년에 일어난 소동과 시위에도 불구하고 4년간 온전히 보존되었다. 1910년 배터시 자치구의 시장은 우드워드에게 "반려견 동상을 당신의 집 정원으로 옮겨주세요"라고 요청했지만 거절당했다. 그해 3월 10일 꼭두새벽, 몇 명의 경찰관과 네 명의 인부가 나타나 래치미어 가든의 동상을 철거해 인근의 자전거 보관소로 끌고 갔다. 그러고는 큰 망치로 때려부

◆　배터시 공원 근처의 주택개발지역 한복판에 있었던 좁은 잔디밭.

오늘날 배터시 공원의 장미밭 속에 서 있는 제2의 갈색 반려견 동상. Courtesy of Jessica Baldwin.

쉬 고철 조각으로 만든 다음 용광로에 넣어 녹여버렸다.《뉴욕타임스》는 "반려견 동상이나 그 비슷한 것은 앞으로 두 번 다시 볼 수 없을 것"이라고 예언했다.

그러나《뉴욕타임스》의 예언은 보기 좋게 빗나갔다. 1985년, 생체 해부 반대론자이자 (근근이 명맥을 이어온) '갈색반려견협회'의 회원 제랄딘 제임스가 제2의 갈색 반려견 동상을 건립했다. 그 동상은 현재 배터시 공원의 장미밭 속에 자리잡고 있어 군중들의 눈에 잘 띄지 않는다. 만약 그 동상을 보고 싶다면, 공원의 북쪽 끝으로 간 다음 조깅 코스와 (개들의 놀이터로 사용되는) 울타리 쳐진 지역을 지나야 한다. 그러면 낮은 울타리가 삼면을 에워싸고, 잎이 무성한 나무들이 어지럽게 가지를 뻗은 공간이 나올 것이다. 그곳에는 오리지널 버전보다 작은 제2의 갈색 반려견 동상이 놓여 있다. 분수도 없고 청동으로 만든 갈색 강아지는 당당하기보다 아양을 떠는 모습이어서, 오늘날 동물권익 운동가들의 분노를 자아낸다.

아마도 몇몇 행인들은 비문을 발견하고 찬찬히 읽어본 다음 스탈링과 베일리스를 회상할 것이다. 두 사람이 수행한 동물실험 때문일 수도 있고, 그들이 품었던 혁신적 아이디어 때문일 수도 있다. 이런 면에서 볼 때, 두 사람은 단지 특이한 단짝이 아니라 '통합자'였다. 의도한 건 아니었지만, 그들은 다양한 개인으로 이루어진 대중을 통합해 '생체실험에 분노하는 성난 군중'으로 만들었다. 또한 그들은 다양한 분야의 의사들을 통합했고, 부신 전문 의사와 갑상샘 전문 과학자와 뇌하수체 전문 연구자들을 통합해 하나의 전문 분야를 탄생시켰다. 그 분야는 후에 내분비학이라고 불리게 된다.

크레이지 호르몬

3장 뇌하수체 호르몬

예일대학교 의과대학 도서관의 제1열람실 아래 층에는 뇌로 가득찬 방이 하나 있다. 나는 지금 엘리트 학생들의 두뇌를 이야기하는 게 아니다. 그 방 안의 뇌들은 머리 안에 들어 있지 않고, 유리병 속에 들어 있기 때문이다. 어떤 병 속에는 뇌 표본 하나가 통째로 들어 있고, 어떤 병 속에는 얇게 썬 절편 몇 개가 들어 있다. 방의 가장자리를 따라 나란히 배열된 병에는 약 500개의 뇌들이 들어 있다. 방 한복판에는 기다란 테이블이 놓여 있고, 그 위에는 천장에 매달린 선반이 드리워 있다. 물론 그 선반에도 뇌가 가득 놓여 있다. 테이블은 의자로 에워싸여 있는데, 만약 당신이 의자에 앉는다면 그 장관에 한눈을 팔지 않고 공부에 열중할 수 있을까?

그 표본들은 20세기 초에 수십 년 동안 신경외과학을 주름잡았던 하비 쿠싱이 수집한 것들이다. 그는 뇌종양 환자들을 수술할 때마다 잘라낸 뇌 조각을 챙겨 유리병 속에 보관했다. 그중에는 미세한 종양을 가진 환자들도 있었고, 커다란 종양을 가진 환자들도 있었다. 그는 환자가 사망한 후 종종 뇌의 나머지 부분을 보관하기도 했다. 또한 쿠싱은 동료 외과의들에게 뇌를 기증해달라고 요청하기도 했다. 그러나 정작 쿠싱의 뇌는 수집품 속에 포함되어 있지 않다. 그의 뇌는 1939년 신체의 다른 부분과 함께 화장되었다.

쿠싱은 수집광이었다. 그는 자신의 꼼꼼한 진료 기록을 보관했는데, 그것은 오늘날의 진료 차트와 전혀 딴판이었다. 그의 진료 기록은 각종 생화학 검사와 혈액검사가 무심하게 적혀 있는 '기록부'가 아니라, 한 사람의 삶을 세심한 필치로 묘사한 '짧은 전기傳記'였다. 그는 자신의 수술 장면을 직접 그림으로 그려 보관했고(그는 재능이 뛰어난 화가였다), 환자의 수술 전후 사진도 보관했다. 어떤 수술 후 사진들은 현재(뇌 표본이 담긴) 유리병 옆에 전시되어 있는데, 머리에서 종양이 불거져 나온 환자의 모습을 보여주고 있다. 환자의 종양을 제거할 수 없을 때 그는 두개골 조각을 제거함으로써 덩어리가 뇌를 압박하지 않고 밖으로 성장하도록 유도했다. 이는 치료가 아니었지만, 환자를 고통스럽게 하는 증상들을 상당히 완화할 수 있었다.

쿠싱은 또한 부지런한 동료들과 주고받은 서신을 박스에 담아 보관했다. 그중에는 동료들에게 받은 것도 있고 그들과 문답 형식으로 주고받은 것도 있다. 그 편지들은 당시 의학계의 비하인드 스토리를 엿볼 수 있는 창문으로, 의사와 환자 사이에 오간 행동뿐만 아니라 가십까지도 기술하고 있다. 의사와 환자들은 때로 절친한 친구였지만 때로는 경쟁자였다. '병원 관리자들이 치유라는 고귀한 전문 영역을 이윤 중심의 사업으로 바꾸려 한다'며 당혹감을 드러낸 편지도 있다. 20세기 초 수십 년 동안 의료계의 겉모습 뒤에 숨어 있던 민낯이었다. 쿠싱은 자신이 소중히 간직하던 의학교재 초판 모음도 예일대학교에 기증했다.

그러나 쿠싱의 수집품 중에서 가장 특별하고 시사적인 것은, 뭐니 뭐니해도 포름알데히드 용액 속에 잠긴 채 거의 반세기 동안 두문불출해온 뇌라고 할 수 있다. 그것들은 쿠싱의 가장 대담한 수술과 세심한 연구 내용이 담긴 기념비적 유품이다. 그가 남긴 뇌 표본들은 다른 메모 및 사진 들과 함께 의학사의 보고寶庫임에도 불구하고, 그가 세상을 떠난 지 50여 년이 흐르는 동안 병원과 의과대학의 이 구석 저 구석에 아무렇게나 내팽개쳐져 유리판, 금간 병, 먼지 덮인 기록물이 뒤범벅된 아수라장으로 전락했다. 그것들은 1990년대 중반, 술에 취한 몇몇 의대생들에 의해 지하실에서 발견되었다. 그후 대대적인 청소와 분류 작업을 거쳐, 쿠싱센터라는 전시 공간에서 영원한 안식처를 찾았다. 쿠싱센터는 쿠싱의 수집품 중 약 4분의 3을 소장하고 있으며, 2010년 6월 전시실로 특별히 설계되어 오픈되었다. 보관 상태가 불량해 복구되지 않은 약 150개의 유리병들은 기숙사 지하실에 남아, 언젠가 (원형에 가깝게 복구되지는 않더라도) 양지로 나갈 수 있기를 기다리고 있다.

쿠싱센터에 전시된 뇌 표본, 메모, 사진과 지하실에 보관된 뇌 표본을 찬찬히 들여다보면, 당신은 타임머신을 타고 뇌 호르몬 연구의 초창기로 거슬러 올라가게 된다. 그 당시 쿠싱은 정신과 신체를 연결하는 이론을 제안했는데, 이는 아마도 스탈링이 1905년에 행한 강연 (호르몬이라는 용어를 처음 사용한 강연)에서 영감을 얻어 절차탁마한 결과 탄생한 작품이라 생각된다. 쿠싱이 등장하기 전, 샛별처럼 나타난 호르몬이라는 개념이 신체를 설명하는 새로운 길을 열었다. 그러나

예일대학교 쿠싱센터에 마련된 쿠싱뇌종양보관소에 하비 쿠싱의 뇌 수집품이 전시되어 있다.
Courtesy of Terry Dagradi, Yale University.

쿠싱이 등장한 이후에는 신체의 범위가 뇌까지 확장되었다.

　하비 쿠싱은 1869년 4월 8일 오하이오 주 클리블랜드의 부유한 가정에서 열 명의 자녀 중 막내로 태어났다. 아버지, 할아버지, 증조할아버지는 모두 내과의사였다. 어린 시절의 쿠싱은 총명하고 운동을 즐겼으며 인기가 많았다. 중서부에서 성장한 그는 동부로 이동해 예일대학교에 들어갔으며, 나중에 하버드 의대를 거쳐 존스홉킨스에서 외과의사 훈련을 받았다. 같은 동네로 이사온 클리블랜드 출신의 케이트 크롬웰과 컨트리클럽에서 만나 결혼에 골인했다. 케이트는 외과 수련의 생활을 하는 동안, 근치적 유방절제술radical mastectomy을 고안해낸 윌리엄 홀스테드 문하에서 배웠다.

쿠싱은 팔방미인이었다. 십대 때는 치열한 경쟁을 뚫고 클리블랜드 아마추어 야구 리그에 선발되었으며, 예일대학교 재학 시절에는 대표 선수로 활약했다. 그가 스케치한 외과수술 장면은 교재로 출판되었다. 또한 그는 뛰어난 피아니스트이자 작가이기도 했다. 안식년 기간에는 외과수술과 연구를 잠깐 중단하고, 자신의 멘토이자 존스홉킨스병원의 창립자 윌리엄 오슬러에 관한 책을 써서 1926년 퓰리처상을 받았다. 그러나 무슨 일을 하든 최고가 되어야만 직성이 풀리는 성격이었기에, 쿠싱은 이 모든 과정에서 간간이 우울증 발작을 경험했다.

쿠싱은 평생 연구에 전념하느라 다섯 명의 자녀들을 돌볼 겨를이 없었다. 그러나 용의주도한 그는 아내를 대리인으로 내세워 자녀양육을 배후에서 지휘했다. 두 아들은 어머니가 시키는 대로 열심히 공부해 예일대학교에 들어갔지만, 둘 다 졸업장을 받지는 못했다. 첫째 아들이 대학 졸업에 실패하자, 쿠싱은 의과대학 총장에게 '학사 학위가 없어도 받아달라'고 요구했다가 거절당했다. 둘째 아들은 대학 3학년 때 음주운전 사고로 사망했다. 쿠싱의 세 딸은 신문 사회면에 쿠싱걸 Cushing Girls이라는 별명으로 등장하며 유명해졌다. 다들 무럭무럭 성장해 좋은 데로 시집 갔지만, 셋 다 두 번씩 결혼했다. 첫째 딸은 프랭클린 델라노 루스벨트 대통령의 아들 제임스 루스벨트와 결혼했다가 이혼하고, 백만장자이자 미국 대사인 존 헤이 휘트니와 재혼했다. 둘째 딸은 2억 달러의 유산을 상속한 윌리엄 빈센트 애스터와 결혼했다가 이혼하고, 화가 제임스 휘트니 포스터와 재혼했다. 막내딸은 스탠퍼

드오일의 상속자 스탠리 모티머 주니어와 결혼했다가 이혼하고, CBS
의 설립자 윌리엄 S. 페일리와 재혼했다.

쿠싱은 실력 있고 대담하고 자신만만했는데, 실력과 담력과 자신
감은 그 당시 독보적인 뇌외과의로 부상하는 데 꼭 필요한 세 가지 덕
목이었다. 그도 그럴 것이, 그와 비슷한 관심사를 가진 동시대의 의사
들은 많았지만 대부분 몸을 사렸기 때문이다. 쿠싱의 전기 작가 마이
클 블리스의 말을 빌리면, "20세기에 들어와 10년 만에, 하비 쿠싱은
'효과적인 신경외과학'의 아버지가 되었다. '비효과적인 신경외과학'
에는 아버지들이 수두룩했다."

만약 당신이 뇌종양 환자라면, 수술 후 생존율을 높이는 최선의 방
법은 쿠싱을 주치의로 선택하는 것이었다. 그에게 뇌수술을 받은 환
자들은 1914년 현재 8퍼센트의 사망률을 기록했다. 빈Wien에서 수술
받은 환자들은 38퍼센트, 런던에서 수술받은 환자들은 50퍼센트 이상
이 사망한 것을 감안하면 그가 얼마나 대단한 능력자였는지 능히 짐
작할 수 있다. 단, 수술 후 생존했다는 것은 수술을 잘 견뎌냈다는 뜻
이지, 암을 이겨냈다는 뜻은 아니었다. 수술을 견뎌낸 후에도 머지 않
아 암 때문에 목숨을 잃는 경우가 비일비재했다.

'쿠싱 뇌 복구 프로젝트'를 지휘했던 데니스 스펜서(예일대학교 신경
외과 과장 역임)는 "매사에 그러했듯, 쿠싱의 수술 기법은 매우 세심했
다"라고 말했다. "종양의 위치를 파악하고, 뇌를 손상시키지 않고 종
양에 접근하고, 깔끔한 뒷마무리를 하는 데 있어서 그의 판단력은 타
의 추종을 불허했다. 어떤 접근 방법을 채택하더라도 결과는 늘 마찬

가지였다." 쿠싱은 (오늘날 의사들이 종양의 위치를 파악하는 데 사용하는) 초음파나 MRI와 같은 현대적 장비의 도움을 전혀 받지 않았다. 또한 그는 얼굴과 뇌를 연결하는 신경다발을 연구함으로써, 삼차신경병증 trigeminal neuralgia◆ 환자들의 고통을 덜어주는 방법을 세심하게 가다듬었다. 참고로, 오늘날에는 삼차신경병증을 항경련제anticonvulsant 등의 약물이나 (통증 섬유를 무디게 하는) 방사선으로 치료한다.

::

수술과 글쓰기와 그림에 능통하고, 심지어 세 딸들을 부자들에게 시집 보낸 것도 모자라, 쿠싱은 내분비학이라는 떠오르는 분야에 매혹되어 선구적인 호르몬 연구자로 부상했다. 다른 외과의들은 새로운 호르몬 발견에 관한 논문들을 흥미와 호기심으로 읽었지만, 쿠싱은 성장하는 분야에서 자신만의 틈새niche를 발견했다. 거의 모든 호르몬 분비샘에 관한 논문들이 쏟아져 나왔지만, 단 한 가지 분비샘, 즉 뇌하수체만은 여전히 미스터리로 남아 있었다. 쿠싱은 뇌하수체가 무시되는 이유가 '아무도 접근할 수 없기 때문'이라는 점을 잘 알고 있었다. 그럴 수밖에 없었던 것이, 쿠싱 말고는 뇌하수체에 접근할 수 있는 사람이 아무도 없었기 때문이다.

뇌하수체는 뇌의 기저부 근처에 거꾸로 된 막대사탕처럼 매달려

◆ 뇌 신경 중 하나인 삼차신경 손상으로 인한 극심한 안면통.

있다. 만약 손가락으로 당신의 콧등을 지나 두개골을 관통한다면, 뇌하수체를 만질 수 있을 것이다. 당신은 그 과정에서 눈 뒤의 신경을 건드릴 수 있는데, 뇌하수체에 문제가 있는 사람들이 종종 시각 장애를 호소하는 것은 바로 이 때문이다. 뇌하수체의 어원은 가래phlegm를 의미하는 라틴어 피투아타pituata다. 왜냐하면 3세기의 의사 갈레노스가 뇌하수체의 유일한 임무는 '점액을 배출하는 것'이라고 가정했기 때문이다. 고대 의사들도 언급했던 것처럼, 뇌하수체는 하나의 구sphere가 아니라 두 개의 인접한 엽lobe, 葉으로 구성되어 있다. 앞의 것을 뇌하수체 전엽anterior pituitary, 뒤의 것을 뇌하수체 후엽posterior pituitary이라고 한다.

이윽고 의사들은 두 개의 엽이 상이한 기능을 수행한다는 사실을 알게 되었다. 즉 그것들은 각각 독특한 호르몬을 분비하는데, 두 가지 호르몬은 (마치 옆집 사람처럼) 공통점은 별로 많지 않지만 매우 가까운 곳에 있다. 뇌하수체는 전반적으로 인체의 다른 분비샘들을 조절한다. 그래서 그것은 한동안 어머니 분비샘mother gland으로 알려져 있었지만, 1930년대에 과학자들은 뇌에 있는 또 하나의 기관, 즉 시상하부가 뇌하수체를 조절한다는 사실을 발견했다. 그래서 그때부터 시상하부가 '모든 분비샘들의 어머니'라는 호칭을 얻게 되었다.

쿠싱이 대롱대롱 매달린 완두콩만 한 분비샘을 탐구하기로 결심했을 때, 기존에 알려진 것은 거의 전무했다. 그의 비서는 뇌하수체를 가리켜 '박사님의 첫사랑이자 유일한 참사랑'이라고 불렀다. 그로부터 수십 년 안에, 그는 뇌하수체의 최고 전문가로 인정받는다.

쿠싱은 뇌수술 때와 같은 대담함으로 분비샘을 탐구해, 다른 사람들이 감히 시도하지 못하는 일들을 해냈다. 뇌하수체가 성장호르몬을 분비하는 것 같다(그러나 아직 확고한 증거는 없었다)는 생각이 들었을 때, 그는 난쟁이들을 진료실로 불러 소의 뇌하수체 추출물을 먹게 하고 키가 커지는지 여부를 관찰했다. 그러나 아무런 일도 일어나지 않았다.

또한 쿠싱은 세계 최초로 동종 간(인간 대 인간) 뇌하수체 이식을 시도했다. 1911년, 그는 사망 직후의 아기에게서 뇌하수체를 적출해, 뇌하수체 종양으로 진단받은 48세 남성에게 이식했다. 신문들은 그 실험을 '획기적인 과학 성과'라고 대서특필했다. 《워싱턴포스트》는 "손상된 마음이 치료되다"라고 썼다. 그러나 그런 찬사는 시기상조였다. 수술을 받은 지 6주 후 윌리엄 브루크너라는 환자의 병이 재발했기 때문이다. 극심한 두통과 복시double vision를 호소하는 환자는 아기의 뇌하수체를 또 하나 이식 받았지만, 결국 한 달 후 사망하고 말았다.

쿠싱은 자신의 이식수술이 실패했다는 점을 인정하려 들지 않았으며, 부검을 통해 브루크너의 사인이 폐렴이었음을 증명했다. 또한 "아기의 뇌하수체를 두 시간 늦게 전달받는 바람에 수술이 늦어졌다"며 산과 전문의를 탓했다.

쿠싱은 대담한 임상시험과 함께 동물실험도 수행했다. 그는 가장 기본적인 의문('사람은 뇌하수체 없이도 살 수 있을까?')에서부터 시작해, 30년 후에는 뇌하수체를 구성하는 세포들을 철저히 분석하는 것으로 대단원의 막을 내렸다. 초기에는 개의 뇌하수체를 제거해보고 그것을 잘게 부숴 다른 개들에게 먹여보기도 했다. 그는 뇌하수체가 너무 적거나 많으면 무슨 일이 일어나는지 알고 싶어했는데, '뇌하수체가 너무 적거나 많다'는 것은 '그것이 포함하거나 조절하는 호르몬의 양이 너무 적거나 많다'는 것을 의미했다. 뇌하수체를 상실한 개가 죽자, 그는 '사람은 뇌하수체 없이 살 수 없다'는 결론을 내렸다. (오늘날 의사들은 개와 사람은 뇌하수체가 없어도 생명에 지장이 없지만, 성장하거나 성숙할 수 없다는 사실을 알고 있다. 즉, 뇌하수체가 없는 사람은 피로를 쉬 느끼고 칼로리 연소에 곤란을 겪는다. 그래서 제 기능을 발휘하지 않는 뇌하수체를 갖고 태어난 사람들은 호르몬 치료를 통해 부족한 호르몬을 보충할 수 있다.)

실험동물에게 뇌하수체 전엽과 후엽을 함께 먹였던 선학들과 달리, 쿠싱은 전엽과 후엽을 따로따로 공급했다. 개에게 뇌하수체 후엽 조각을 먹이자, 혈압이 상승하고 요류urine flow가 증가하고 신장이 부풀어 올랐다. 한편 개에게 뇌하수체 전엽 조각을 먹이자, 바짝 야위어 피골이 상접해졌다.

뇌하수체를 조금만 추가했는데도 그렇게 큰 차이가 난 이유는 뭘까? 그 배경에는 어떠한 메커니즘이 도사리고 있을까? 뇌하수체가 체중을 조절할까? 체액을 조절할까? 뇌하수체 전엽과 후엽은 서로 의사소통을 할까, 아니면 동일한 줄기에서 갈라져 나온 별도의 독립체일까?

쿠싱은 예리한 관찰자였다. 그는 뇌하수체를 상실한 개가 단지 시름시름 앓다 죽어간 게 아니라, 특이한 증상을 보였다는 데 주목했다. 즉, 배가 불룩해지고, 사지가 위축되고, 피로를 쉬 느끼고, 난소나 고환이 쪼그라들었다. 그리고 앞다리를 들어 뒷다리로 일어서게 해보

크레이지 호르몬

니, 다리가 앙상하고 배가 볼록 튀어나온 것이 많은 뇌종양 환자들의 체격과 비슷했다. 이 모든 증상들이 뇌하수체의 기능 부전에 기인한다고 할 수 있을까?

쿠싱은 자신이 제일 잘할 수 있는 것, 즉 자료 수집에 몰두했다. 그는 동료들에게 "살아 있는 환자들을 내게 보내달라"고 요청했다. 또한 그는 죽은 사람들을 연구하기 위해 영안실, 공동묘지, 박물관을 샅샅이 훑으며 비정상적 신체 조건을 가졌던 사람들(키가 너무 크거나, 작거나, 뚱뚱한 사람들)의 뇌를 연구했다. 런던 박물관에 전시된 유명한 18세기 거인°의 두개골을 측정해 뇌하수체를 감싼 뼈가 벌어진 것을 발견했는데, 이는 뭔가가 뼈를 압박했음을 시사하는 단서였다. (뼈를 압박한 것은 아마도 뇌하수체 종양이었을 것이며, 이 거인의 키가 엄청나게 커진 것도 바로 그 때문이었을 것이다.) 그는 학생 한 명을 시켜 최근 사망한 서커스단 거인의 뇌하수체를 확인하게 했다. 거인의 유가족이 부검을 거부하자, 학생은 장의사에게 50달러의 뒷돈을 주고 거인의 두개골을 해부해 뇌하수체를 감싼 뼈가 벌어진 것을 확인했다.

1912년, 쿠싱은 뇌하수체에 문제가 있는 것으로 의심되는 환자들의 소견을 집대성해 개론서를 저술했다. 그는 환자들의 상태와 증상

◇　쿠싱은 스코틀랜드 글래스고의 헌터리언박물관에 소장된 찰스 번이라는 거인의 골격도 연구했다. 번은 생전에 "영원한 괴물로 남아 있기 싫으니, 내가 죽은 후에는 시신을 바다에 버려달라"고 입버릇처럼 말했다고 한다. 그럼에도 불구하고, 그의 골격은 사후에 헌터리언박물관으로 보내져 그곳에서 250년 동안이나 머물렀다. 활동가와 역사가들은 때때로 그의 골격을 치우라고 요구했고, 마침내 2011년 헌터리언박물관은 '박물관에 보관된 인간의 유해를 처리하는 방안'에 대한 성명서를 발표했다.

을 기술하고 사진도 첨부했다. 자신이 실험했던 '뇌하수체 없는 개'와 똑같은 증상(복부지방 축적, 앙상한 다리)을 가진 남녀들의 사례를 차곡차곡 수집했다. (의사들은 그런 체형을 '이쑤시개 위의 레몬lemon-on-toothpicks'이라고 불렀다.) 그런 환자들은 특이한 체형 외에도 여러 가지 특징을 갖고 있었다. 엉뚱한 곳에 체모가 돋아나고, 어깨가 구부정하고, 피부에 푸르스름한 줄무늬가 생겼다. 탈진하고, 쇠약하고, 우울하고, 머리가 깨질 듯한 두통으로 고통을 받았다. 환자들은 대부분 20대였고, 병원에 입원하기 전까지 서커스단에서 괴물 역할을 했다.

쿠싱이 1912년 출간한 《뇌하수체와 관련된 신체와 장애》에는 환자들의 소견과 벌거벗은 사진들이 수록되어 있다. 쿠싱은 자신이 관찰한 사항들을 자세히 기술했지만, 모든 환자들의 종양을 증명할 수는 없었다. 그러므로 그 책은 '증거와 추측의 혼합체'였다. 그는 "어떤 종양이나 결함은 뇌하수체를 활성화하고, 어떤 것은 정반대로 뇌하수체를 억제한다'고 주장했다. 그리하여 그는 뇌하수체와 관련된 질병을 세 가지 제시했는데, 뇌하수체항진증hyperpituitarism은 거인의 경우처럼 뇌하수체가 과도하게 활성화되는 질병을 말하고, 뇌하수체저하증hypopituitarism은 지방이 과도하게 축적되고 피로를 쉬 느끼는 질병을 말하며, 뇌하수체부전증dyspituitarism은 두 가지 증상이 혼합된 질병을 말한다.

그는 다분비샘증후군polyglandular syndrome이라는 질병도 언급했는데, 이것은 여러 가지 분비샘들의 문제가 복합된 질병을 말한다. 그는 다음과 같은 일련의 연쇄 사건을 상정했다. "미세한 뇌종양이 뇌하수체

크레이지 호르몬

호르몬을 다량 분비해 부신을 자극한다. → 부신이 너무 많은 호르몬을 분비한다. → 궁극적으로 전신이 걷잡을 수 없이 흥분한다." 그는 이와 같은 뇌-신체 와해brain-body breakdown가 체중 증가, 쇠약, 얼굴의 털 증가(특히 여성에게 두드러짐), 성욕 상실과 같은 증상을 일으킨다는 것을 확인했다.

이윽고 다른 과학자들이 부신 호르몬을 코르티솔이라고 명명했는데, 이는 강력한 호르몬으로서 혈압, 대사, 면역계 등 많은 신체 기능들을 조절한다. 오늘날 의사들이 알고 있는 것처럼, 아침에 일어나면 부신에서 코르티솔이 분출되어 하루 종일 전신의 기능을 유지한다. 또한 코르티솔은 분만을 촉진하고, 태아의 폐를 코팅해 쉽게 팽창하고 수축하게 만든다. 그러나 쿠싱이 밝혀내기 시작한 것과 같이, 코르티솔이 너무 많으면 전신이 황폐화된다. 그의 환자에게서 발견된 많은 질병뿐만 아니라 코르티솔 수준이 높으면 우울증, 정신병, 불면증, 심계항진heart palpitation, 골취약증brittle bone이 초래될 수 있다. 코르티솔 수준 상승이 오랫동안 지속되면 생명을 위협할 수 있다.

궁극적으로, 쿠싱이 다분비샘증후군이라고 기술한 질병은 그의 이름을 따서 쿠싱증후군Cushing's syndrome과 쿠싱병Cushing's disease이라고 불리게 되었다. 여기서 질병과 증후군의 차이는 '질병의 원인을 제공한 기관'에 달려 있다. 뇌하수체 종양은 쿠싱병으로 귀결되고, 부신에서 생긴 문제는 쿠싱증후군이 된다. 그러나 원인이 어떻든(뇌하수체가 호르몬을 과도하게 분비해 부신을 자극하든, 부신에 결함이 생겨 스스로 흥분하든), 부신에서 코르티솔이 너무 많이 분비되는 것은 똑같다. 물론 증상도 똑같아서, 둥글고 부은 얼굴, 튼살을 수반하는 복부비만, 가느다란 사지, 골다공증, 피로, 얼굴의 털(여성)을 수반한다. 이러한 증상은 1900년대 초 여성들에게 많이 나타났으며, 그녀들의 종착역은 종종 서커스단이었다.

그로부터 몇 년 후, 다분비샘증후군에 대한 순회 강연을 하느라 눈코 뜰새 없던 쿠싱은《타임》매거진의 편집자들에게 편지 한 통을 썼다. 그는 그 편지에서《타임》매거진에 실린 "못난이들"이라는 제목의 기사를 신랄하게 비판했다. 그 기사에서는 프랑스 파리에서 개최된 못난이 콘테스트를 다뤘는데, 기자는 '오디션을 볼 필요도 없이 대회에 참가한 여성'을 다루며 그녀의 동의도 받지 않고 사진을 첨부했다. 그 기사에 따르면, 참가자 명단에는 "사마귀 난 생선장수", "단독 erysipelas에 걸린 이탈리아계 유대인", "얼굴에 구멍이 숭숭 난 택시기사", "못생긴 벨기에 수녀"가 포함되어 있었다. 그 대회의 의도는 미인대회를 조롱하거나, 기자의 말을 빌리면 "유럽 대륙을 오염시킨 미인대회의 악취를 상쇄하는 것"이었다. 그러나 쿠싱의 관점에서 보면, 하나의 천박성을 사회에서 제거해봤자 또 하나의 천박성이 고개를 들 뿐이었다. '못난이들'에게 필요한 것은 의사지, 멍청한 구경꾼들이 아니었던 것이다.

1927년 5월《타임》매거진에 게재된 기사에는 로지 베번 여사(처녀 적 성은 윌모트)의 얼굴 사진이 포함되어 있었는데, 그녀의 좌우에는 서커스단 소속의 '뚱녀'와 '경이로운 외팔이'의 사진이 있었다. 기자는 대회장에서 커다란 턱을 가진 베번 여사를 발견하고, 가까이 다가가

크레이지 호르몬

축 처진 눈, 헬멧을 뒤집어쓴 듯한 헤어스타일, 성긴 구레나룻과 턱수염을 클로즈업했다. 쿠싱은 편지에서 "그 불행한 여성이 간직한 스토리는 '천박한 웃음거리'와는 거리가 멀다"고 말하며, 한걸음 더 나아가 말단비대증acromegaly의 가능성을 제기했다. "말단비대증은 잔인하고 기형적인 질환으로, 환자의 외모를 완전히 변형시킬 뿐 아니라 엄청난 고통을 수반하며, 종종 실명을 초래하기도 한다." 그는 그녀가 참을 수 없는 두통과 (실명에 가까운) 시력 손상을 경험하고 있을 거라고 예상하며 다음과 같이 결론을 맺었다. "내과의사의 관점에서 보면, 아름다움은 피부 한 겹에 불과하다.《타임》매거진과 같은 언론이 질병의 비극을 경솔하게 다뤘다니 도저히 납득이 가지 않는다."◇

쿠싱은 과감한 추론자였다. 그는 심각한 환자에게서 발견한 점을 토대로 다음과 같은 생각을 발전시켰다. "호르몬 불균형은 극단적 기형을 가진 사람들만의 문제가 아니다. 약간의 신체적·감정적 이상을

◇ 2006년, 영국의 홀마크 사社는 불쌍한 베번 여사의 사진이 인쇄된 풍자적 생일 카드를 다시 한 번 발매했다. 홀마크 사는 그 카드에 〈실라 블랙의 블라인드 데이트〉라는 영국 드라마에 관한 조크를 곁들여 영국에서 판매했다. 카드에 적힌 문구는 다음과 같았다. "선택이 끝난 후 데이트 상대의 얼굴이 공개될 때, 그는 늘 자신의 선택을 후회한다. … '3번을 선택할 걸 그랬어요, 실라.'" 네덜란드의 내분비학자 바우터 데 헤르더 박사는 영국에 휴가 차 방문했다가 그 카드를 보고, (쿠싱의 동시대인들과 마찬가지로) 홀마크 사에 전화를 걸어 "그 카드를 당장 시장에서 회수하라"고 강력히 항의했다. 어떤 블로거는 한 뇌하수체 종양 웹사이트에 다음과 같은 포스팅을 올렸다. "쿠싱이 그 질병에 대해 많은 것을 발견한 지 오랜 세월이 지났지만, 환자들을 바라보는 우리의 태도는 거의 변하지 않았다." 한편 홀마크 사는 그 카드를 회수하고 다음과 같은 성명서를 발표했다. "그 여성이 단지 못난이가 아니라 환자였다는 사실을 알고 카드를 즉시 회수했습니다. 건강하지 않은 사람을 놀린다는 것은 어떠한 이유라도 용납될 수 없기 때문입니다."

가진 사람들의 경우에도 한두 가지 호르몬의 불균형이 감지될 수 있다." 이는 질병을 바라보는 완전히 새로운 방법이었다. 대단한 선견지명이 아닐 수 없었다.

또한 쿠싱은 자신의 뇌하수체 이론을 지속적으로 미세하게 조정했다. 1901년 처음 뇌하수체 분야에 입문했을 때만 해도, 그는 '신체를 조절하는 뇌하수체의 메커니즘'에 대해 흐릿하고 사변적인 개념을 갖고 있었다. 그는 항진(과활성)이나 저하(저활성)에 관해 말했지만, 전혀 구체적이지 않았다. 하지만 은퇴를 앞둔 1930년대가 되자 그의 통찰은 조그만 뇌하수체 안에 존재하는 상이한 유형의 세포들을 예리하게 파고들었다. 미국 동부 해안에 도열한 주요 의료 기관의 내로라하는 전문가들이 운집한 가운데 행한 연설에서, 그는 "뇌하수체는 하나의 동질적인 기관이 아니다"라고 갈파했다. 그의 말은 다음과 같이 이어졌다. "뇌하수체 전엽 안에는 세 종류의 세포가 존재한다. 그중 한 가지 세포가 과도하게 증식하면 과도하게 성장하고, 다른 한 가지 세포가 과도하게 증식하면 성적 발달이 저해된다."

여기서 우리는 다음과 같은 점을 주목할 필요가 있다. 전국을 돌며 강연을 하고 과학 논문을 쓸 때, 쿠싱은 '아직 발견되지 않은 호르몬'과 '완전히 새로운 신체 작동 메커니즘'에 기초한 이론을 설파하고 있었다. 그의 이론은 '환자의 뇌 속에서 작은 종양이 자라난다'는 가정에 근거하고 있었다. 의사들은 간혹 부검을 하다가 종양을 발견하기도 했지만, 어떤 때는 시신의 머리를 샅샅이 뒤졌는데도 종양을 전혀 발견하지 못했다. 쿠싱은 자신이 증거로 제시한 수십 명의 환자 중 단 세

명에게서만 특별히 작은 종양(그는 이것을 호염기샘종basophil adenoma◆이라고 불렀다)을 발견했다.

그 당시의 의사들은 환자가 뇌종양을 가졌다는 의심이 들면 두부頭部 엑스선 촬영을 했다. 엑스선 촬영의 의도는 종양을 들여다보는 게 아니라(종양은 엑스선 사진에 나타나지 않는다), 불거져 나온 뼈를 확인하는 것이었다. 뼈가 불거져 나왔다는 것은, 덩어리가 존재한다는 상황증거circumstantial evidence였다. 쿠싱은 "호염기샘종은 크기가 너무 작아서 뼈를 불거지게 할 수 없다"고 주장했는데, 이는 '기존의 영상화 도구로는 가시적인 증거를 찾을 수 없다'는 것을 의미했다. 그러나 그는 "종양이 존재하며, 강력한 물질을 뿜어낸다"고 강력히 주장했다. 차라리 '신은 존재하지 않는다'고 청중을 설득하는 게 더 쉬웠을 것이다.

하지만 오늘날 우리는 쿠싱이 옳았음을 알고 있다. 미세한 뇌하수체 종양 중 일부는 양성이며, 크기가 작고 서서히 성장하기 때문에 다른 신체 부위로 퍼져나가지 않는다. 여러 해 후에 등장한 정교한 영상화 도구가 있었다면 쿠싱의 환자들 중 일부가 정말로 종양을 갖고 있음이 밝혀졌을 텐데 말이다.

쿠싱은 자신의 주장을 추호도 의심하지 않았지만, 다른 사람들은 고개를 절레절레 흔들었다. 미네소타주 로체스터시에 있는 메이요클리닉의 한 의사는 시신들에서 적출된 1000개의 뇌하수체들을 절개해, 외적 증상이 전혀 없는 72개 뇌하수체에서 호염기샘종을 발견했다.

◆　그 세포가 염기성 색소로 염색되는 뇌하수체 전엽의 종양.

그러고는 "증상이 없는 환자에게서 종양을 발견했다"고 주장함으로 써 쿠싱의 이론이 틀렸음을 밝혔다. 그는 쿠싱과 달리 그것을 샘종이 라고 부르지 않고 우연종incidentaloma이라는 비난조 이름으로 불렀다. 다시 말해서 그것은 우연히 발견된 것으로, 쿠싱이 언급했던 증상과 전혀 무관하다는 것이다. 다른 의사들은 '뇌하수체 종양 반대 클럽'을 결성함으로써 쿠싱을 조롱했다.

1932년 존스홉킨스병원에서 행한 강연에서, 쿠싱은 "내분비학이 분석적 추론보다는 인상주의적 추측의 유혹에 빠져드는 경향이 있다" 고 말했다. 이는 자신이 바라던 만큼의 증거를 확보하지 못하고 있음 을 반성한다는 뜻에서 한 말이었다. "우리는 아직 맹목적인 설명을 시 도하고 있다. 그러나 숱한 함정에 빠지고 돌부리에 걸려 넘어지는 가 운데서도, 내분비학에 진지한 관심을 갖고 있는 사람들은 애매모호함 에서 벗어나 자신의 길을 한걸음 한걸음씩 헤쳐나가고 있다."

오늘날 우리는 뇌하수체가 수행하는 역할을 정확히 알고 있다. 뇌 하수체 전엽은 첫째로, 성장호르몬과 프로락틴prolactin(모유 생산을 담당 하는 것으로 가장 많이 알려져 있다)을 비롯한 많은 호르몬들을 분비한다. 둘째로, 뇌하수체 전엽은 소위 방출호르몬releasing hormone들을 발사하는 데, 방출호르몬이란 다른 분비샘의 호르몬 분비를 자극하는 호르몬, 즉 일종의 '전령 호르몬'을 말한다. 예컨대 생식샘자극호르몬gonadotropin은 난소와 고환으로 하여금 에스트로겐과 테스토스테론을 분비하게 하 는 호르몬이다. 셋째로, 뇌하수체 전엽은 갑상샘자극호르몬thyroid-stimulating hormone(TSH)과 부신피질자극호르몬adrenocorticotropic hormone

(ACTH)을 분비한다. TSH는 갑상샘으로 하여금 갑상샘호르몬을, ACTH는 부신으로 하여금 스트레스호르몬을 분비하도록 자극한다.

뇌하수체 후엽은 체액 균형을 유지하는 바소프레신vasopressin을 분비한다. 또한 옥시토신oxytocin도 분비하는데, 이것은 분만 시에 자궁을 수축시키고 아기를 낳은 다음에는 모유관을 수축시켜 모유를 짜내는 역할을 한다.

::

쿠싱은 수술과 실험을 지속적으로 병행하면서도 담배를 피우며 하루에 1만 자 이상의 집필을 계속했다. 그러니 줄담배가 그의 건강을 해칠 수밖에. 60대가 되었을 때는 다리의 혈전 때문에 거의 걸을 수 없는 지경에 이르렀다. 예순세 살이던 1932년 하버드대학교에서 퇴직하고, 예일대학교의 교수직 제의를 수락하며 루이즈 아이젠하르트를 조교수로 기용했다. 루이즈는 1915년 쿠싱의 비서로 고용되었지만, 4년 뒤 그의 곁을 떠나 터프츠대학교 대학원에서 박사학위를 취득해 신경병리학자로 변신한 후 17년 만에 그의 곁으로 되돌아왔다. 쿠싱은 우울증과 혈액순환 장애 때문에 수술을 계속할 수 없었고, 손놀림도 더 이상 탁월하지 않았다. 그는 예일대학교에서 독서와 강의와 집필로 대부분의 나날을 보냈다.

쿠싱이 하버드대학교 재직 시절 수집한 방대한 뇌 샘플은 하버드에 그대로 남아, 아이젠하르트에 의해 '쿠싱 뇌 보관소'로 재정비될 예정이었다. 그러나 하버드가 충분한 자금을 지원하지 않는다고 판단되자, 쿠싱은 방침을 바꿔 모든 뇌 샘플을 예일로 옮기기로 했다. 뇌가 담긴 유리병들은 1935년 뉴헤이븐에 도착했다. 쿠싱은 10만 달러(현가로 환산)의 사비를 들여 5만 페이지에 달하는 진료 기록부를 모두 사진으로 촬영하고 뉴헤이븐으로 함께 운반했다.

쿠싱이 쇠락해가는 동안 아이젠하르트는 충실한 파트너로 그의 곁을 지켰다. 쿠싱은 심장마비로 인해 1939년 10월 7일 일흔 살을 일기로 별세했다. 이것으로 '쿠싱의 시대'는 종말을 고했지만, '쿠싱의 뇌 시대'는 끝나지 않았다.

쿠싱이 세상을 떠난 지 거의 30년 후, 길 솔리테어라는 신경병리학자가 예일대학교에 채용되었다. 학교 측에서 연구실을 배정받자, 그는 금속제 서류 캐비닛을 열어 유리병에 담긴 뇌와 텅 빈 위스키 병 한 무더기를 발견했다. 그는 자신의 연구실이 한때 쿠싱과 아이젠하르트의 아지트였을 거라고 짐작하고, 그 캐비닛이 '쿠싱의 보물창고'일 거라고 생각했다. (물론 쿠싱과 아이젠하르트가 연구실에서 연구만 한 건 아니었다. 두 사람은 연구실에서 간혹 위스키 파티도 열었던 것으로 알려져 있다.)

솔리테어의 뒤를 이어 예일의 다른 병리학자가 '쿠싱의 보물창고' 재정비 작업에 손을 댔지만 흐지부지되고 말았다. 나머지 보물들(솔리테어의 캐비닛에 없는 것)은 예일대 병리학과의 이곳저곳에 뿔뿔이 흩어져 있었다. 그것들은 어찌어찌 결국 의대 기숙사 지하로 모두 끌어 모아졌지만, 그 뒤 40년 동안이나 사람들의 기억에서 까맣게 잊혔다.

1994년, 의대 신입생 크리스 왈이 술김에 기숙사 지하실로 내려갔

크레이지 호르몬

다가 놀라운 수집품 창고를 발견했다. "모든 학년마다 몇 명씩은 그 비밀을 알고 있을 거라 생각하고, 모리스라는 먹자 클럽 모임에서 옆자리에 앉은 선배들에게 창고에 관해 말했어요. 그랬더니 선배들은 눈이 휘둥그레지며 그 수집품들을 지금 당장 확인해봐야 한다고 성화더군요" 하고 왈은 회상했다. "저와 네댓 명의 선배들은 궁금증을 견디지 못해 기숙사 지하실로 우르르 내려갔어요. 우리는 지하실 출입구의 통풍구를 발로 걷어차고 안으로 들어가, 수집품 창고의 문을 열었어요. 문득 '그곳은 무시무시한 곳이며, 곤경에 빠질지 모른다'는 생각이 들었죠. 우리는 뇌 표본을 들여다보다가 텅 빈 술병 근처에서 게시판을 하나 발견했어요. 거기에는 지난 수십 년 동안 어쩌다 지하실에 내려와 창고를 둘러본 학생들이 휘갈겨 쓴 소감들이 적혀 있었어요."

한쪽 벽에는 '뇌 협회'라는 글씨가 적힌 포스터가 부착되어 있고, 포스터의 여백에는 학생들의 서명이 잔뜩 적혀 있었다. 만약 그 포스터를 발견하고, 봤다는 표시로 서명을 한다면 당신은 뇌 협회의 회원으로 가입된 거였다. 그 협회에 가입하면 "내 이름을 남기고, 기억을 가져간다"는 선서를 해야 하지만, 강제적인 의무 사항은 없었다. 회원으로 가입하면 남들에게 자랑할 수 있는 권리를 부여받았다. 대부분의 학생들에게, 지하실에 내려온다는 것의 의미는 '어디어디에 와서, 수집품을 구경하고, 회원 가입을 하고 간다'는 것이 전부였다. 그러므로 수십 년 동안 그런 비밀 단체의 존재를 아는 사람들이 거의 없었던 것은 당연했다.

"우리는 오싹 소름이 끼쳤어요. 음화 유리판glass plate negative♦들이 낡은 마닐라 봉투에 담긴 채 바닥에서 천장까지 아무렇게나 겹겹이 쌓여 있는 걸 발견했어요. 하나를 집어 내용물을 꺼내니, 뇌종양 환자들의 싸늘한 뇌가 눈에 들어왔어요. 그중에는 상태가 좋은 것도 있고, 나쁜 것도 있었어요." 왈은 술회했다.

그 음화 유리판들에는 쿠싱이 치료한 환자들의 수술 전후 모습이 담겨 있었다. 어떤 영상들은 머리 밖으로 뭔가가 커다랗게 불거져 나온 장면을 보여줬다. 어떤 것은 얼굴 사진이고 어떤 것은 전신 사진이었다. 어떤 환자는 옷을 벗었고, 어떤 환자는 옷을 입었다.

예일 의대 출신으로 휴스턴에서 산부인과 의사로 일하고 있는 타라 브루스는 그때의 기억을 이렇게 되살렸다. "그것은 일종의 통과의례였어요." 그녀는 1994년 '뇌 협회'에 가입했는데, 그것은 포스터의 여백에 자신의 이름을 갈겨쓰는 것으로 서명을 갈음했다는 것을 의미한다. "많은 친구들이 기숙사 지하실에 내려가 뇌 표본을 구경했어요. 초현실주의적 행동이었죠. 예일대학교에 갓 들어온 새내기로서 이런 황당한 생각을 했던 것 같아요. '기숙사 지하실에 뇌 표본이 아무렇게나 뒹굴고 있다니, 예일대학교는 정말 대단한 곳이로구나!'"

왈이 유명한 이유는(그는 한때 샌디에이고 차저스라는 미식축구팀에서 내과과장으로 일했고, 지금은 시애틀에서 정형외과 의사로 일하고 있다), '술 취한 뇌 사냥꾼' 일당 중에서 유일하게 뇌 표본에 대해 조치를 취했기 때문

♦ 촬영한 영상을 현상했을 때 명암과 컬러가 실제 피사체와 반대로 재현되는 유리판.

크레이지 호르몬

이다. 그는 의학사 강의를 들은 후 신경외과 의사들과 만나 이야기를 나눈 적이 있어, 그 유리병들이 쿠싱의 수집품일지도 모른다는 예감이 퍼뜩 들었다. 그래서 신경외과 과장인 데니스 스펜서 박사에게 달려가 자신의 생각을 전달했다. 이윽고 왈은 뇌 수집품의 정체에 관한 논문을 썼고, 스펜서와 함께 '쿠싱 뇌 복구 프로젝트'를 진두지휘했다. (스펜서는 사진사, 의학 기술자, 건축가이기도 했다.) 그리하여 그 뇌들은 '의학의 쓰레기 더미'에서 '의학 도서관 소장품'으로 화려하게 변신했다.

예일 의대의 사진사이자 수집품 보관 담당자인 테리 다그라디는 병리학 기술자들과 함께 기숙사 지하실에 있던 뇌 표본들을 병원 영안실로 옮겼다. 그 작업은 쿠싱이 했던 작업보다 훨씬 더 까다로웠다. 쿠싱은 하버드에서 적출한 뇌들을 다른 곳으로 보내거나, 다른 의사들이 보낸 뇌들을 수집하곤 했다. 그 당시에는 소포나 기차를 이용해 뇌 표본을 일반 화물과 같은 방식으로 운반할 수 있었다. 그러나 예일대학교가 쿠싱 뇌 복구 프로젝트에 착수한 1990년대에는 뇌 표본이 생물학적 위험물로 간주되었다. 따라서 공공 운송기관을 이용해 뇌를 운반하려면 특별한 허가를 받아야 했으며, 뇌를 들고 거리를 건너는 데만도 엄청난 돈이 들었다. 생각다 못한 그녀와 동료들은 예일대학교 캠퍼스 내의 통로를 최대한 이용함으로써 공공 도로를 피하기로 결정했다. 그러나 그런 식으로 기숙사 지하실에서 병원 영안실까지 가려면, 뇌 표본을 도서관 카트에 싣고 이리저리 구불구불 이동하는 것은 물론 무수한 계단을 오르내려야 했다.

오늘날 쿠싱센터는 대중에게 무료로 개방되어 있다. 당신이 호기

예일 의대 기숙사 지하 창고에 보관된, 복구되지 않은 쿠싱의 뇌 수집품. Courtesy of Terry Dagradi, Yale University.

심 많은 관람객이라면 열쇠를 소지한 안내원과 함께 지하실로 내려가 아직 복구되지 않은 뇌 표본들을 관람할 수도 있다. 나는 2014년 어느 봄날 오후, 열다섯 명의 학생들과 함께 지하실을 방문했다. 우리는 다그라디를 대동하고, 왈의 발자취를 따라 의대 기숙사가 있는 대형 건물의 뒷부분으로 향했다. 우리는 현관 입구의 계단을 내려가 커다란 금속제 출입문을 통과해, 바닥에 깔린 파이프를 밟으며 낮게 드리운 물건들을 피해 고개를 숙이고 터벅터벅 걸어 커다란 뚜껑이 달린 보관용 케이스를 지나쳤다. (어떤 케이스에는 슬리핑백 더미가, 어떤 케이스에는 매트리스가, 어떤 케이스에는 자전거가 들어 있었고, 어떤 케이스에서

크레이지 호르몬

는 머리 없는 플라스틱 토르소가 복부의 기관들을 훤히 드러내고 있었다.) 한 케이스에는 드럼 세트와 기타가 들어 있었는데, 아마도 일부 학생들이 그곳에서 밴드 연습을 한 것 같았다. 우리는 마지막으로 짙은 초록색 문 앞에 도달했다. 문간에는 끈끈한 패드가 가득 들어 있는 커다란 고무 쓰레기통이 버티고 서 있었다. 아마도 지하 창고를 설치류의 공격에서 보호하려는 듯했다.

왈의 발길에 걷어차인 통풍구는 두꺼운 나무판으로 대체되었고, 안전을 위해 적절한 곳에 못이 단단히 박혀 있었다. 문에는 빗장이 걸려 있고, 다음과 같은 글씨가 적혀 있었다. "신경외과의 재산임."

다그라디가 문의 빗장을 풀자, 자극적인 포름알데히드 냄새가 일순간에 우리를 집어삼켰다. 그 창고는 어둡고 눅눅하고 먼지투성이였다. 천장에는 하얀 고드름 같은 종유석들이 매달려 있었다.

수백 개의 뇌 표본이 담긴 오래된 유리병들은 바닥에서 천장까지 닿는 구식 금속제 서가 위에 가지런히 놓여 있었다. 어떤 표본들은 포름알데히드 속에 떠 있었다. 어떤 병에서는 미세한 균열 때문에 보존액이 증발해, 뇌의 주름들이 일그러지고 뭉개져 있었다. 어떤 병에는 가느다란 조직 몇 가닥만 남아 있고, 어떤 병에는 조그만 조각 하나만 들어 있었다. 거의 반 토막 난 뇌가 들어 있는 병도 몇 개 있었다. 연대를 측정한 결과, 그 표본들은 대부분 1900년대 초 몇십 년 동안 수집된 것으로 밝혀졌다. 모든 병에는 제목이 적혀 있어, 괴상망측한 내용물의 정체를 알 수 있었다. 어떤 병에는 안구, 어떤 병에는 1인치 길이의 태아가 들어 있었다. 마치 미친 과학자의 연구실에 들어선 듯한 느낌이 들었다. 또는 디즈니 영화의 한 장면 속으로 들어온 것 같았다. 한 어린이가 뒤틀린 시간의 틈새에 발을 헛디뎌, 귀신이 나올 것 같은 과학 실험실로 미끄러져 들어간 장면 말이다. 최악의 상상은, 마치 한 니발 렉터◆의 다락방에 들어간 듯한 느낌이었다.

서랍에는 낡고 오래된 의료 기구들이 가득 들어 있었다. 그중 일부 는 쿠싱이 표본을 썰기 위해 사용하던 것이었다. 바퀴 달린 구식 금속 제 들것이 통로 한 쪽을 가로막고 있었다. 다그라디의 설명에 따르면, 약 여든 개의 뇌가 지하실도 도서관도 아닌, 시신을 깨끗이 처리하는 영안실에 놓여 있다고 했다. 영안실로 가는 경로에 놓인 병들은 (바닥 에 놓인) 대형 백색 고무통 안에 들어 있었는데, 그 고무통은 레스토랑 에서 마요네즈를 만들 때 사용하는 것과 비슷했다.

만약 쿠싱의 유령이 지하 창고에서 돌아다니다 우리를 발견한다 면(그는 자그마한 체격에 매부리코를 가진, 심술궂고 거만한 사나이였다), 무단 침입했다고 당장 불호령을 내릴 것 같았다. 뇌 표본이 놓여 있는 통로 를 이리저리 돌아다니는데, 갑자기 들려오는 우당탕 소리가 정적을 깼다. 정말 그의 유령이 나타난 걸까?

"누군가가 변기 물을 내렸나 봐요." 다그라디가 말했다. 우리가 기 숙사 아래에 있다는 사실을 상기시키는 말이었다. 또는 관점을 달리 해 본다면, 예일 의대 학생들이 현대 내분비학의 토대 위에서 밤샘 공

◆ 미국의 범죄 스릴러 소설가인 토마스 해리스의 소설, 《한니발》 시리즈에 공통적으로 등장하는 악역 캐릭터.

크레이지 호르몬

부를 하다가 지쳐 잠들곤 한다는 것을 의미했다.

::

2017년 여름, 의사들은 한 세기 전 사망한 쿠싱의 환자 한 명의 뇌 종양을 초래한 유전적 변이를 발견했다.

1913년 노바스코샤 출신의 서른네 살짜리 어부가 보스턴에 있는 쿠싱의 클리닉으로 찾아와, 구토, 짜증, 흘러넘치는 땀, 무감각을 호소했다. 커다란 손이며 튀어나온 턱이며, 그의 몸에는 어느 한군데 크지 않은 곳이 없었다. 쿠싱은 뇌하수체에서 성장호르몬이 분출되는 게 틀림없다고 판단하고 수술을 결정했다. 그다음 해 환자가 사망한 후 부검을 해보니, 여러 개의 분비샘에서 결절nodule이 발견되었다.

그로부터 104년 후, 미국국립보건원(NIH)의 내분비학자 마야 로디시에게 지도받던 예일 의대의 신시아 차이라는 학생이 유리병 안의 뇌에서 조직을 채취하고 쿠싱의 진료 기록부에서 그와 일치하는 환자들의 기록을 수집했다. 그러고는 표본을 NIH로 가져가 DNA를 분석해본 결과, 정확한 유전적 변이와 진단명이 나왔다. 진단명은 1985년 명명된 카니복합체Carney complex라는 증후군으로, 여러 가지 내분비이상을 수반하는 말단비대증이었다. 로디시는 예일 의대 학생 시절부터 어부의 뇌에 큰 흥미를 느껴, 다른 유리병들도 모두 조사해왔다. 그녀의 말에 따르면, 쿠싱은 반유대주의자였으며 여성의 의학계 진출을 반대하는 사람이었다고 한다. 그녀는 이렇게 말했다. "나는 여성 유대인이에요. 질병을 연구하기 위해 그의 유리병에서 뇌를 꺼내고 있죠.
그가 무덤 속에서 나를 본다면 기절초풍하지 않을까요."

4장   킬러호르몬이 있을까?

1924년 5월, 시카고 출신의 십대 두 명이 살인을 저지르고도 형벌을 모면하려고 갖은 노력을 다했다.

'베이브'라고 불리던 네이선 레오폴드는 열아홉 살, '디키'라고 불리던 리처드 로엡은 열여덟 살이었다. 둘 다 시카고대학교 학생이었고, 시카고 최고의 부자들이 사는 동네에서 태어나 성장했다. 어느 날 오후, 그들은 대학 캠퍼스를 나와 렌터카를 빌려 하버드고등학교로 드라이브를 했다. (하버드는 엘리트 사립학교로, 둘 모두 그 학교를 나왔다.) 그러고는 범행 대상을 기다렸다. 그들은 몇 달 동안 계획을 꾸몄으며, 남들의 의심을 피하기 위해 다각도로 연막을 피웠다.

예컨대 그들은 베이브가 소유한 빨간 윌리스-나이트를 타지 말아야 한다는 것을 알고 있었다. 그런 고급 승용차를 타면 신분이 노출될 게 뻔했기 때문이다. 그래서 그들은 평범한 승용차를 렌트하기로 결정하고, 파란색을 선택했다. 그리고 레오폴드의 자가용 운전사에게는 윌리스-나이트의 브레이크를 고쳐야 한다고 거짓말을 했다. 그래야 렌트를 해도 이상하게 생각하지 않을 테니 말이다. 또한 그들은 모튼 D. 발라드라는 가명으로 차를 빌렸다. 언제 어디서 질문을 받아도 능청스럽게 대답하기 위해, '술 취한 여자애들과 밤새도록 흥청거리며

마셔댔다'는 알리바이 각본을 수도 없이 되뇌었다. 베이브와 디키는
머리가 좋아 월반을 거듭해 열다섯 살에 대학에 들어갔다. 그러나 킬
러로서는 초보자였으므로, 당초 생각했던 것만큼 철저하지 않았다.

그들은 잠재적인 후보자 명단을 작성했는데, 모두 하나같이 부모
님의 돈 많은 친구들의 아들이었다. 그중에서 열네 살짜리 보비 프랭
크스가 최종 선택되었다. 그 이유는 그날 학교에 결석할 확률이 제일
낮은 데다 혼자였기 때문이다. 그들은 학교 운동장 근처에서 프랭크
스를 기다리다가, 그가 나타나자 집까지 태워주겠다며 승용차로 유인
했다. 그러고는 몇 블록 떨어진 곳으로 차를 몰고 가, 그를 몽둥이로
때려 살해했다.

시신은 그날 저녁 늦게 숲속에서 발견되었고, 인근에 고가의 뿔테
안경 하나가 떨어져 있었다. 경찰은 탐문 수사 끝에 고급 안경점을 찾
아냈다. 그 안경점에서는 동일한 안경을 세 명의 고객에게 판매했다
고 했다. 그중 한 명이 베이브 레오폴드였다.

베이브는 우연의 일치일 뿐이라고 해명하려고 노력했다. 자신은
조류 관찰자인데, 시체가 유기되기 며칠 전 우연히 그 숲속에 들른 적
이 있다는 것이다. 경찰은 그 말을 믿지 않았다. 얼마 못 가 베이브와
디키는 자백을 하기 시작했다. 내용이 걸작이었다. 서로 상대편을 주
범으로 모는 게 아닌가!

가족들은 '과학에 능통한 변호인'으로 유명한 클래런스 대로를 변
호사로 고용했다. (대로는 1925년 존 스코프스의 변론을 맡았다. 스코프스는
공립학교 학생들에게 진화론을 가르쳤다는 이유로 테네시주에서 고소당한 인물

크레이지 호르몬

이었다.) 대로는 레오폴드-로엡 사건에서도 과학적 원리를 들이대야 했다. 그에게 주어진 임무는 소년들의 무죄를 입증하는 게 아니라(그들은 이미 유죄를 인정한 상태였다), 사형 대신 무기징역을 선고받게 하는 것이었다.

이 살인 사건은 금세 '세기의 범죄'라는 별명을 얻었다. 신문기자들은 레오폴드 가족과 로엡 가족의 집안까지 찾아가 그들을 괴롭혔고, 법정을 가득 메웠다. 이 사건은 수년 후 네 편의 영화(그중 하나에는 오손 웰스가 등장하고, 다른 하나는 알프레드 히치콕이 메가폰을 잡았다), 몇 권의 책(픽션도 있고 논픽션도 있다), 한 편의 희곡에 영감을 제공했다. 신문 보도, 영화, 소설, 그리고 모든 사람들이 한결같이 범행 동기에 의문을 품었다. 교육과 돈과 연줄을 모두 소유하고 있었던 두 소년이 이 모든 것을 내팽개치고, 그날 오후 섬뜩한 모험에 몸을 내맡긴 이유는 무엇이었을까?

언론에서는 '그 소년들이 정서적으로 방치됐던 건 아닐까?'라는 의문을 제기하며 대중의 호기심에 불을 지폈다. 병약한 베이브의 엄마가 바람난 독일인 여자 가정교사를 고용하는 바람에 아들의 교육을 망쳤다는 둥. 디키의 엄마는 자선 사업에만 몰두하느라 아들을 할머니에게 떠넘겼는데, 할머니가 지나치게 엄격한 성격이어서 손자의 성적이 조금이라도 떨어질 때마다 심하게 꾸중을 했다는 둥. 공판이 진행되는 동안 새로운 사실이 밝혀졌는데, 둘은 가끔씩 사귀는 동성애자였으며 둘 다 사소한 도둑질을 한 적이 있었다. 로엡은 아홉 살 때 친구 한 명과 공동으로 운영하던 레모네이드 스탠드에서 돈을 빼돌렸다. 레오폴드는 다른 친구의 우표 모음집에서 우표 몇 장을 훔쳤다. 언론들은 이런 사건들이 도적적 타락을 시사하는 게 아니냐는 의문을 제기했다.

언론이 제시한 갖가지 이유와 동기(엄마의 양육, 동성애, 좀도둑질) 중에서 살인 사건의 퍼즐 조각을 짜맞추는 데 도움이 될 만한 것은 하나도 없었다. 그러나 의사와 변호사와 (일탈 행위를 설명해줄 과학적 근거에 목말라 하는) 대중에게 어필하는 이론이 하나 있었으니, 의학 저널과 신문에서 관심을 끌고 있는 최신 개념의 집합체, 즉 내분비학 이론이었다.

::

1910년대까지만 해도 별볼일 없는 과학 분야에 머물러 있던 내분비학은 1920년대에 들어 폭발적인 인기를 끌며 가장 인기 있는 전문 분야로 발돋움했다. 내분비계 치료를 선전하는 안내서들이 넘쳐났고, 잡지에 실린 선전과 특집 기사들이 내분비학의 매력을 더했다. 새로운 발견들이 잇따라 보고되면서 호르몬은 모든 질병의 원인인 동시에 치료 방법으로 여겨졌다. 뇌하수체는 고환과 난소를 자극하는 호르몬을 분비하는 것으로 밝혀졌다. 에스트로겐이 분리된 직후 프로게스테론이 분리되었다. 1922년 캐나다 토론토대학교의 프레더릭 밴팅 박사가 의대생 찰스 베스트와 함께 인슐린 주사를 이용해 열네 살짜리 당뇨병 환자의 생명을 살리자, 호르몬요법의 새로운 시대가 열리며 낙관론이 하늘을 찌를 기세였다.

그로부터 1년 후 열린 미국과학진흥협회 컨퍼런스에서, 로이 G. 호스킨스 박사는 내분비학에 대한 열광적 분위기를 이렇게 요약했다. "우리가 기형을 보는 즉시 내분비 요소를 조절함으로써 성장이 저해된 저능아를 행복한 정상아로 만들고, 풍요 속에서 굶주리는 당뇨병 환자의 건강과 활력을 회복시키고, 거인과 난쟁이를 마음대로 만들고, 우리가 보는 앞에서 성징sex manifestation◆을 나타내거나 역전시킬 수 있다면, 내분비학이 현대 생물학에서 가장 의미 있는 분야가 아니라고 할 사람이 누가 있겠는가?" 호스킨스는 1917년 설립된 내분비연구협회의 회장을 맡고 있었는데, 1952년 내분비학회로 이름을 바꾸며 선도적인 전문가 단체로 격상시켰다.

호스킨스의 아이디어는 어떤 면에서는 터무니 없었지만, 어떤 면에서는 나름 일리가 있었다. '어떤 호르몬이 너무 많거나 적을 경우 살인범이 될 수도 있다'는 주장을 입증하는 증거는 전혀 없었다. 심지어 '어떤 호르몬이 너무 많으면 미치거나 태도가 변한다'는 주장을 확인할 만한 증거도 존재하지 않았다. 그러나 수 세기 동안 통용되어온 '호르몬이 행동을 형성한다'는 관념을 뒷받침하는 정황증거는 있었다. 그 관념은 신중한 연구보다는 시행착오(또는 끼워 맞추기)에 기반한 것이었다. 예컨대 오스만 제국에서는 남자를 거세함으로써 중성적인 내시로 만들어 황실에서 일하게 했다. 이러한 관행은 '고환 속의 물질'을 성격과 연관시키는 관념에서 비롯된 것이었다. 내분비물과

◆ 남과 여, 암컷과 수컷을 구별하는 형태적, 구조적, 행동적 특징.

성격 간의 과학적 관련성이 처음으로 언급된 것은 20세기 초였다. 1915년 하버드의 월터 캐넌 교수는 《통증·배고픔·공포·분노에 따른 신체 변화: 정서적 흥분의 기능에 대한 최근 연구 해설》이라는 책을 출간했는데, 이 책에 "아드레날린이라는 호르몬이 갑자기 증가하면 심장이 쿵쿵 뛰고 호흡이 가빠지며 숨이 막힌다. 공황발작panic attack 증상과 비슷하다"라고 썼다. 그는 다른 과학자들에게 다른 내분비물도 정서에 영향을 미치는지 알아보라고 재촉했다. "괄목할 만한 현상들이 관찰된다. 우리가 크게 흥분했을 때 한 쌍의 분비샘이 자극되어 혈류 속으로 호르몬을 분비하고, 그 호르몬은 신경의 작용을 유도하거나 증폭시킨다. 신경은 내장에 변화를 유도하며, 그 과정에서 고통과 감정 변화를 수반한다."

'호르몬이 킬러 본능을 불러일으킬 수 있다'는 관념은 하비 쿠싱이 수행한 뇌 연구의 논리적 확장이었다. 만약 쿠싱이 증명한 대로 호르몬 분비 이상이 여성의 턱수염을 자라게 하거나 소년을 거인으로 만든다면, 그런 내분비물이 어린 영재英才들을 폭력범으로 만들 수도 있지 않을까? 일리 있는 말이지만, 좀 더 신중하게 생각해볼 필요가 있다.

쿠싱이 사람들에게 "서커스단의 기인들을 동정하라"고 촉구한 것은, 그들이 '괴상한 사람'이 아니라 '환자'이기 때문이었다. 그러나 살인자에게도 그런 동정심을 발휘해야 할까? 즉, 파괴된 분비샘이 '선량한 아이들'의 등을 떠밀어 흉악한 범죄로 내몬 게 사실이라면, 우리는 킬러를 피살자와 동등한 희생자로 간주해야 할까? 《뉴욕타임스》는 성경 구절을 인용하며 이렇게 말했다. "만약 가인의 내분비기관이 부적절하게 기능했다면, 그도 아벨과 마찬가지로 희생자라고 할 수 있다." 이것이 호르몬범죄 이론hormone-crime theory의 골치 아픈 부분이었다. 호르몬범죄 이론은 과학적 장점을 가질 수 있을진 몰라도 도덕적 딜레마를 야기할 수 있기 때문이다. 일단 '살인 사건이 일어났다'는 정보를 입수했을 때, 도덕 수준이 높은 사람들은 그 정보를 어떻게 받아들일까? 킬러 호르몬이 오작동했다는 이유로 관용을 베풀까?

호르몬에 대한 이 같은 통찰은 의사들로 하여금 인간의 건강 상태를 새로운 관점에서 바라보도록 했다. 1920년대에는 사람들이 더 이상 '난삽하게 연결된 신경다발'이 아니라 호르몬으로 간주되었다. 호르몬이 곧 우리였던 것이다.

호르몬범죄 이론은 사고思考의 분기점이 아니라 통합적 개념을 제공하는 이론이었다. 호르몬이 뇌신경에 영향을 미치고, 뇌신경은 우리의 잠재적 욕망을 뒤흔드는 것으로 간주되었다. 루이스 버먼 박사는 명망 있는 저널 《사이언스》에 기고한 논문에서 "지난 50년 동안 축적된 정보들은 내분비샘이 심리학적 문제를 해결하는 데 중요하다는 점을 일깨워줬다"라고 말했다. "나는 '내분비샘과 행동·정신활동 간의 관계'를 다루는 과학 분야에 정신내분비학psycho-endocrinology이라는 이름을 붙일 것을 제안한다. 정신내분비학에서 다루는 행동·정신 활동은 건강과 질병의 개별적인 특징들을 총망라하는데, 이 특징들을 한 단어로 요약하면 성격이라고 할 수 있다."

루이스 버먼은 의사 자격증과 마케팅 수완을 모두 보유한 사람이었다. 만약 20세기가 아니라 21세기에 활동했다면, 자신의 이름을 내

건 텔레비전 쇼를 진행했을 것이다. 그는 컬럼비아대학교의 부교수로 약 40편의 과학 논문을 썼고 몇몇 엘리트 의학 단체에 가입했는데, 그 중에는 뉴욕내분비학회, 미국의사회, 미국과학진흥협회, 미국치료학회가 있었다. 그는 또한 국립범죄예방연구소의 소장이기도 했다. 그는 존경받는 연구자로서, 부갑상샘(목에 있는 네 개의 미세한 분비샘)에서 호르몬을 분리해냈으며, 그 호르몬과 칼슘 균형 간의 관계를 연구했다. 그는 그 호르몬을 파라티린parathyrin이라고 불렀지만, 오늘날에는 부갑상샘호르몬parathyroid hormone(PTH)으로 불리며 신체의 칼슘 수준을 조절하는 것으로 알려져 있다.

버먼은 붐비는 파크 애비뉴에 클리닉을 열고, 문학을 즐기는 지식인들과 어울렸다. 에즈라 파운드와 제임스 조이스는 내분비 환우인 동시에 절친한 친구였다. 버먼은 파운드를 '랍비 벤 에즈라'라고 불렀는데, 이 별명은 동료 시인 로버트 브라우닝이 붙인 것으로, 그가 지은 동명의 시 제목과 똑같았다. 버먼과 파운드는 편지를 통해 여행에 관한 이야기를 주고받으며, 아일랜드의 소설가 조이스에 대한 잡담도 나눴다. 버먼은 조이스의 딸 루시아가 앓는 우울증을 호르몬으로 치료하고 싶어 했다.

버먼은 파운드에게 이런 편지를 썼다. "친애하는 랍비 벤 에즈라! 조발성치매dementia praecox를 인슐린으로 치료한다는 소식을 들었나요? 듣자 하니 성공리에 사용되고 있다는군요. 내분비학의 또 다른 쾌거가 아닐 수 없습니다." (조발성치매란 조현병을 의미하는 의학 전문용어였다.)

버먼은 과감한 추론자이기도 해서, 대중용 건강 서적에 의학적 사실을 크게 부풀려 수록했다. 예컨대, "어떤 사람들은 부신의 호르몬 분비량이 너무 많아 흥분을 잘 하거나 남자답게 되었고, 어떤 사람은 너무 적어 정반대가 되었다"고 했다. 그는 《성격을 조절하는 분비샘》이라는 책에 이렇게 썼다. "부신기능항진은 고혈압과 남성적 성격을 초래하고, 부신기능저하는 저혈압과 지속적인 무기력증을 초래한다. 월경이 불규칙한 여성은 여성호르몬 균형이 무너져 공격적이고 군림하는 성격이 되며, 심지어 진취적이고 개척적인 태도를 갖게 된다. 후자와 같은 상태를 '남성화된 난소'라고 부른다."

버먼의 책은 날개 돋친 듯 팔렸으며, 광범위한 대중적 인기를 누렸다. 그는 다른 의사들과 달리 의학적 사실을 단순화했고, (증명되지 않았지만) 간단명료한 호르몬요법을 제시함으로써 독자들에게 낙관론을 심어줬다. 호르몬이 범죄, 정신이상, 변비, 비만을 치료한다고 떠벌렸다. 그는 호르몬이 더욱 살기 좋은 세상을 만들 거라고 예언했다. "내분비학이 우리 모두를 최적자the fittest로 만들어줄 테니, 적자생존은 더이상 발 붙일 곳이 없을 것이다." 그는 '초인들의 행성'을 약속하며, 그 행성의 주민들을 이상적인 보통 사람이라고 불렀다. "우리는 인간의 능력을 세부 사항까지 조절함으로써 이상적인 인간을 창조할 수 있다. 호르몬이 모든 문제를 해결해줄 것이며, 문제가 있다면 단 하나, 이상형을 선택하는 것이다." 그가 원하는 이상형은 "신장 5미터에, 잠을 잘 필요가 없는 천재"였다.

버먼의 아이디어는 1920년대에 모든 미국인의 심금을 울렸다. 무엇보다 당시 전국적으로 급증하고 있었던 강력 범죄를 해결하는 방법이 초미의 관심사였기 때문이다. 신여성flapper♦, 주류 밀매점, 위대한 개츠비 파티가 등장해 국민들을 달랬음에도 불구하고, 공공기물 파손과 살인이 급격히 증가하고 있었다. KKK단의 인기가 절정에 이르고 갱단이 번창했다. 시카고 범죄 집단의 우두머리 알 카포네, 부부 은행강도단 보니와 클라이드, 또 다른 은행강도단 존 딜린저의 만행은, 네이선 레오폴드와 리처드 로엡의 스토리와 함께 모든 신문의 1면 톱을 장식했다.

개인의 호르몬을 평가함으로써 폭력을 행사할 가능성이 높은 사람을 식별할 수 있다는 게 버먼의 생각이었다. 그의 주장은 거침없이 계속되었다. "사람의 관상을 보면 개인의 호르몬형型, 즉 어떤 호르몬의 영향력이 우세한지를 평가할 수 있다. 난소형인지, 부신형인지, 뇌하수체형인지." 요컨대 그는 아주 작은 분비샘 하나가 사람의 성격을 형성한다고 주장한 것이다. 그는 심지어 "호르몬형을 이용해 사람의 미래, 즉 리더가 될 타입인지, 유명 인사가 될 타입인지 등도 예측할 수 있다"고 주장했다. 그러고는 자신의 책에 다양한 유명인들의 호르몬형을 주르르 열거했다. 나폴레옹과 에이브러햄 링컨은 뇌하수체형, 오스카 와일드는 흉선형, 플로렌스 나이팅게일은 전립샘-뇌하수체 혼합형. 뭐 이런 식이었다. 그들의 성공과 실패는 이미 확정되었으므로 버먼의 호르몬형 판정은 '사후적으로 꿰어 맞추기'였다. 그러나 버

♦ 짧은 스커트나 소매 없는 드레스를 입고 단발머리를 하는 등 종래의 규범을 거부하는 방식으로 입고 행동하던 1920년대 젊은 여성을 지칭한다. 어린 새가 날개를 퍼덕이는 모습을 표현한 의태어 플랩flap이 어원이다.

먼은 "그들의 인생은 호르몬형에 의해 이미 결정되어 있었다"고 강변했다.

'분비샘을 자극하는 의약품'을 만병통치약으로 선전한 사람은 버먼뿐만이 아니었다. '기관을 잘게 부숴 섭취하는 방법'에서 유래하는 소위 장기요법organotherapy은 1920년대의 큰 비즈니스였다. 갑상샘은 점액수종myxedema◆치료에, 췌장은 당뇨병 치료에, 신장은 비뇨기병 치료에 사용되었다. 많은 내분비기관 제품을 만들던 G. W. 카닉 컴퍼니는 1924년 소책자 한 권을 발간했는데, 거기에는 '호르몬과 관련된 것으로 추정되는 질병 치료법'이 116가지나 적혀 있었다. 그 회사는 자신들이 생산하는 에피네프린epinephrine(또는 아드레날린) 보충제가 치핵hemorrhoid, 구토, 뱃멀미를 치료하고, 뇌하수체 전후엽이 두통과 변비를 치료하며, 고환이 성신경증sexual neurosis을 치료한다고 주장했다. 고환 추출물은 뇌전증, 무기력증, 콜레라, 결핵, 천식 치료제로 판매되었다. 어떤 내분비 전문의는 이렇게 말했다. "우리는 분비샘으로 이루어진 존재다. 분비샘들은 반응과 감정을 결정할 뿐만 아니라, 성격과 기질을 (좋은 방향으로든 나쁜 방향으로든) 사실상 통제한다.

급기야 버먼은 범죄 충동까지도 일련의 호르몬 탓으로 돌렸다. 그는 《미국정신과학저널》에 게재한 논문에 다음과 같이 썼다. "티록신thyroxine, 부갑상샘호르몬, 아드레날린, 코르틴cortin, 가슴샘호르몬, 성호

◆ 심한 갑상선 기능저하증 환자에게 나타나는 피부 증상으로, 피부 아래 진피 내에 점액이 쌓여 피부가 붓고 단단해지는 것을 말한다.

르몬, 뇌하수체호르몬, 솔방울샘호르몬은 신경계에 영향을 미쳐 성격의 정역학statics과 동역학dynamics에 근본적인 영향을 미친다." 다시 말해 호르몬이 사람을 살인범으로 만들 수 있다는 것이었다.

과학적 진실을 비과학적으로 확대 해석하는 버먼의 성향을 언짢아한 나머지, 버먼의 동료들은 그의 전문가적 소양을 문제 삼기에 이르렀다. 한 비평가는《국제윤리학저널》에 기고한 칼럼에서, "버먼의 책을 액면 그대로 받아들여서는 안 되며, 상당한 회의적 관점에서 바라봐야 한다"고 논평했다. 또 한 명의 비평가는《미국사회학리뷰》에서 "사실 그의 책은 절반의 진실, 추측, 어림짐작, 희망을 버무린 것으로, 좋은 과학은커녕 좋은 예술도 아니며, 심지어 좋은 여흥거리도 아니다"라고 깎아내렸다. 그러나 버먼은 광범위한 지지층을 확보하기도 했다. 산아 제한의 옹호자인 마거릿 생어도 그중 한 명이었다. 생어는 버먼을 이렇게 극찬했다. "루이스 버먼 박사는 최근 출간한 저서에서 내분비샘의 창조적이고 역동적인 힘을 나 같은 문외한도 알아듣도록 명쾌하게 설명함으로써 독보적인 경지를 개척했다."

《아메리칸머큐리》의 편집자 H. L. 멩켄은 버먼의 허황된 주장을 납득하지 않고 쓴소리를 했다. "모든 진실의 밑바탕에는, 오랜 세월 동안 끈질기게 한걸음씩 내디디며 가설을 수립한 사람들의 노력이 깔려 있다. 버먼은 그런 부류에 들지 않는다." 그러나 멩켄은 버먼의 긍정적인 측면을 일부 인정했다. "새로운 진실에는 나팔수도 필요하다. 그는 다재다능한 연주자로서, 때로 풍악을 울리고 때로는 다양한 변주를 시도하며 세간의 이목을 사로잡는다."

진지한 학자들은 매스컴의 관심을 끌기 위해 괜한 멋을 부리는 의사들을 민망해했다. (어쩌면 버먼이 너무 잘나가는 것을 시샘해, 겉으로는 그를 비판하면서도 속으로는 '나도 버먼처럼 유명해졌으면 좋겠다'고 바랐는지도 모른다.) 벤자민 해로 박사는 1922년에 발간한 명저《건강, 질병과 분비샘》에서 컬럼비아대학교의 동료들을 두루 높이 평가하면서도 유독 버먼에게만 인색했다. 그는 버먼의 저술을 "환상과 사실을 뒤섞은 잡탕밥"으로 매도하며, "아무리 훌륭한 상상력이라도 자기 비판을 통해 충분히 담금질되지 않으면, 두더지가 파놓은 흙둔덕을 산봉우리만큼 부풀릴 수 있다"고 덧붙였다.

의료계의 기득권층에도 호르몬의 힘을 믿는 사람들이 있었다. 1921년 뉴욕의 미국자연사박물관에서 열린 제2차 국제우생학회에서, 우생학 신봉자인 찰스 데이븐포트는 "호르몬이 일탈 행동에 미치는 영향"이라는 주제로 기조 강연을 했다. 그다음 날 계속된 일련의 분비샘 연구 발표에서, 윌리엄 새들러 박사는 "내분비계의 심각한 교란은 영락없이 범죄적·비도덕적·귀족적 행동을 초래한다"고 역설했다.

정책 입안자들 사이에서 인기가 높았던 우생학은 소위 '좋은 사람들'끼리만 결혼하라고 장려했다. 마치 챔피언견들끼리 접을 붙이는 것처럼 말이다. 또한 우생학자들이 '너무 멍청하고, 기형적이고, 부적합한 사람들의 단종수술'을 요구하자, 연방대법원마저 그들의 대의명분에 공감했다. 올리버 웬델 홈스 주니어 판사는 1927년의 벅 대 벨 Buck v. Bell 판결문에, "부적합자와 지적 장애자에 대한 강제적 불임수술을 허용하는 것은 국민건강 보호를 위해 필요하다"고 썼다.

그러나 버먼은 우생학을 배격하며, "우생학은 너저분한 과학이다"라고 직격탄을 날렸다. 왜냐하면 똑똑하고 적합한 부모들이 반드시 똑똑한 자녀를 낳으리는 보장은 없기 때문이었다. 그는 내분비물을 연구하는 것이 건강한 사회를 촉진하는 확실한 방법이라고 주장했다. 그의 블록버스터 저서《성격을 조절하는 분비샘》에는 이렇게 적혀 있다. "이제 인류의 진정한 미래를 기대해도 좋을 것 같다. 왜냐하면 '인간의 본성에 대한 화학'이 우리의 눈앞에 펼쳐져 있기 때문이다." 그는 거국적 프로그램을 통해 초등학생들의 내분비 상태를 평가한 다음, 그들을 적절한 호르몬으로 치료함으로써 '좋은 자질'을 북돋우고 '나쁜 자질'은 잠재워야 한다고 주장했다. 버먼에게 내분비학은 종교였다. 그는 1927년 발간한《행태주의라는 종교》에서 자신의 심정을 이렇게 피력했다. "기독교도, 유대교도, 마호메트교도, 불교도 죽었다. 왜냐하면 이 모든 종교들은 영적인 목표를 추구하기 때문이다. 그러나 미국에서는 새로운 심리학 운동이 꽃을 피운 결과, 바야흐로 느리지만 착실하게 강력한 새로운 종교가 성숙하고 있다. 이름하여 행동주의behaviorism다. 인간의 신체와 정신과 본성은 내분비물이라는 화학물질을 경유해 작동하는데, 이를 분비샘 효과glandular effect라고 한다." 지금 생각해보면 버먼이 어느 대목에서 사실을 부풀렸는지 쉽게 알 수 있다. 하지만 거의 한 세기가 지난 지금, 버먼이 호르몬의 힘을 정말로 확신했는지, 아니면 그럴듯한 거짓말을 늘어놓는 사기꾼이었는지 알기 어렵다. 또한 독자들이 버먼의 이론을 곧이곧대로 믿었는지도 알기 어렵다.

크레이지 호르몬

1928년 버먼은 뉴욕주의 오시닝에 있는 싱싱교도소에서 250명의 비행 청소년과 소년 범죄자들을 대상으로 3년짜리 연구를 시작했다. 그는 혈액을 채취하고, 대사율을 측정하고, 다양한 신체 부위의 엑스선 사진을 촬영했다. 그런 다음 그 결과를 (일반인들 사이에서 선발한) 건강한 대조군과 비교한 후 "범죄자들은 법을 준수하는 시민들보다 내분비장애가 세 배 이상 많다"는 결론을 내렸다. 그는 다음과 같이 설명했다. "살인범: 가슴샘호르몬과 부신호르몬이 많고 부갑상샘호르몬이 부족하다. 강간범: 갑상샘호르몬과 성호르몬이 많고, 뇌하수체호르몬이 부족하다. 강도범과 폭력범: 부신호르몬이 많고 생식샘호르몬(난소호르몬 또는 고환호르몬)이 부족하다." 그는 사기범과 방화범을 대상으로 동일한 연구를 수행해, 범죄자 그룹별로 정리된 깔끔한 표를 만들었다. 그는 1931년 뉴욕의학아카데미 모임에서 그 결과를 발표하고, 다음해《미국정신건강의학저널》에 논문으로 출판했다. 장문의 논문에는 범죄와 그로 인한 사회적 비용이 전국적으로 증가하고 있음을 보여주는 데이터와 도표가 가득했지만, 방법론에 대한 설명은 빈약했다. 그럼에도 불구하고, 버먼은 자신의 연구 결과가 예방의학의 근거 자료로 사용되어야 한다고 주장했다. "모든 범죄자들은 내분비 결함 및 불균형의 징후를 검사받아야 한다. 이를 위해 뇌하수체, 갑상샘, 부갑상샘, 가슴샘, 부신, 생식샘에서 분비되는 호르몬을 측정해, 정신의학적·사회적 데이터 및 일반 검사 결과와의 상관관계를 분석해야 한다."

::

　　그로부터 거의 반 세기 동안, 피고측 변호인들은 '의뢰인에게 면죄부를 줄 만한 증거'를 바라며 정신과의사들을 법정으로 초빙했다. 버먼의 베스트셀러들은 레오폴드-로엡 재판이 끝난 후에야 출판되었지만, 그 즈음 그의 아이디어는 널리 퍼져 있었으며, 의사들 사이에서 논란을 일으키고 있었다. 레오폴드-로엡 사건을 수임한 변호사들에게, 버먼의 정신내분비학은 새로운 전략을 제공하는 돌파구로 간주되었다. 클래런스 대로는 두 명의 내분비학 전문가를 고용했는데, 한 명은 보스턴정신병원의 최고 의학 책임자 칼 보면 박사였고, 다른 한 명은 일리노이대학교의 신경학자 해럴드 헐버트 박사였다. 두 사람 모두 '호르몬이 뇌에 미치는 영향'에 지대한 관심을 갖고 있었다.

　　1924년 6월 13일, 두 의사는 교도소 내의 삭막한 방에서 두 명의 살인범을 만나 신문訊問을 시작했다. 한 무리의 기자들은 쌍안경을 들고 뜰 건너편의 덤불 뒤에 숨어, 그날의 레오폴드-로엡 재판 기사에 곁들일 특종 사진 한 컷을 애타게 기다렸다. 의사들은 엑스선장치, 혈압계, 대사측정기 등의 의료 장비를 가져왔다. 대사측정기는 20세기 초의 최신 장치로, 무릎 높이의 막대기 위에 금속 용기 하나가 놓여 있고, 금속 용기에는 몇 개의 대롱들이 달려 있었다. 산소 탱크를 이용해 하나의 대롱에 공기를 불어넣으면, 환자가 다른 대롱으로부터 공기를 흡입했다. 의사는 환자가 흡입하는 데 걸리는 시간을 측정해, 환자의 체중, 신장과 함께 공식에 대입하고 '칼로리가 연소되는 시간', 즉 대사율을 산출했다. 그들은 이 수치가 호르몬 건강을 나타내는 지표라고 주장했다. (대사율은 갑상샘호르몬의 기능에 대한 단서를 제공하며, 갑상샘호르몬은 대사와 관련되어 있다. 그러나 오늘날의 전문가들에 따르면, 대사율은 전반적인 호르몬 건강을 평가하는 방법이 아니라고 한다.)

두 의사는 엑스선 사진을 이용해 호르몬에 대한 단서들을 추가로 수집했다. 그 사진에 뼈만 나오고 분비샘이 나오지 않는다고 해서 걱정할 필요는 없었다. '만약 어떤 분비샘이 너무 크다면, 어떤 뼈 하나를 밀어낼 것'이라는 게 그들의 생각이었다. 그러므로 만약 어떤 뼈가 옆으로 밀려났다면, 그 주범은 분비샘이라고 확신할 수 있었다. 이는 몇 년 전 쿠싱이 뇌하수체를 연구한 방법과 똑같았다. 그 당시 쿠싱은 뇌 안의 뼈가 벌어진 것을 보고 뇌하수체의 크기와 모양을 예측했다. "이 방법은 몇 년 전에 비해 다소 표준화되었으며, 전 세계의 내분비 클리닉과 연구자들에 의해 사용된다"라고 버먼은 말했다.

신체 검사와 광범위한 정신의학 인터뷰가 포함된 레오폴드와 로엡의 신문은 8일에 걸쳐 19시간 동안 진행되었으며, 300페이지에 8만 자의 보고서로 완성되었다.

정신과의사들이 증언대에 서서 호르몬에 대해 이야기하기 전에, 다른 의사들(프로이트 이론에 기반한 분석가들)이 증언석에 나와 피고를 옹호하는 증언을 했다. 한 의사는 베이브 레오폴드를 '작은 키, 가냘픈 몸매, 창백한 안색, 학업 성적이 뛰어난 소년'으로 기술했다. 그는 이렇게 말했다. "베이브는 니체와 새와 포르노그래피에 몰두했으며, 11 개 국어를 구사했다. 친구가 별로 없었지만, 디키 로엡을 유난히 좋아

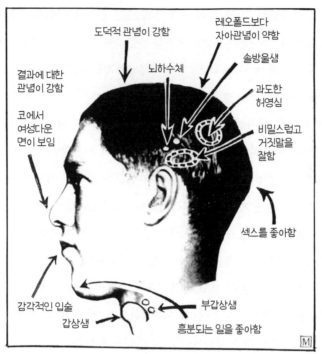

결과에 대한
관념이 강함

도덕적 관념이 강함

레오폴드보다
자아관념이 약함

뇌하수체

솔방울샘

과도한
허영심

코에서
여성다운
면이 보임

비밀스럽고
거짓말을
잘함

섹스를 좋아함

감각적인 입술

부갑상샘

갑상샘

흥분되는 일을 좋아함

《뉴욕데일리뉴스》에 실린 리처드 로엡의 골상학phrenology 다이어그램. New
York Daily News Archive/New York Daily News/Getty Images.

했다. 둘은 종종 동성애를 나눴다." 반면에 그는 디키를 '금발머리에
파란 눈을 가진, 매력적이고 사교적인 소년'으로 기술했다. "베이브와
달리, 디키는 수많은 남녀 친구들과 어울렸다. 살인 혐의로 기소된 지
한참이 지난 후에도 많은 여자친구들에게 구애를 받았다. 정신과의사
들은 디키를 평범한 지적 능력의 소유자로 분류한다. 그는 베이브와
같은 브레이니악brainiac◆은 아니지만, 어린 아이들처럼 감정에 치우치

크레이지 호르몬

는 특징을 갖고 있다."

1924년 8월 8일, 내분비학 전문가인 해럴드 헐버트는 두툼한 서류 뭉치와 루스리프 바인더를 들고 증언석으로 걸어 나왔다. 방금 전 증언을 마친 백발의 자신만만한 내과의사와 달리, 그는 덜 성숙하고 다소 긴장한 듯 보였다. 대로에게 사전에 과외 지도를 단단히 받았음에도 불구하고, 헐버트는 무릎 위에 놓인 서류에 시선을 고정하고 검사와 눈 한 번 마주치지 않았다. 검사는 프로이트 이론 분석가의 증언을 공격하며, "거짓말을 밥 먹듯 하는 범죄자들에게서 전해들은 말을 토대로 재구성한 것에 불과하다"고 주장했다. 그에 대해 헐버트는 "나의 호르몬 분석은 구체적이고 반론의 여지가 없는 증거를 제시한다"고 반박했다.

그러나 한 가지 문제가 있었다. 데이터 자체는 반론의 여지가 없을지 모르지만, 해석은 보는 각도에 따라 얼마든지 달라질 수 있었다. 그도 그럴 것이, 과학자들이 증거에 기반해 이론을 수립하는 과정이 늘 명쾌한 것은 아니기 때문이다. 그들은 '건강과 질병에 대한 자신만의 관념'과 '당대의 통념'에 좌우되기 마련이다. 그것은 지식이 진보하는 과정이기도 하지만, 지식이 갈 길을 잃고 헤매는 과정일 수도 있다.

늘 그렇듯, 어떤 과학자가 (새로운 길을 개척한) 선구자인지, 아니면 (엉뚱한 교차로에서 좌회전을 한) 선의의 연구자인지는 후세에 판가름 난다. (때로는 후세의 연구자들이 옥석을 구별하지만, 때로는 그러지 못하고 방황

◆　머리는 비상하나 비현실적인 사람.

하는 수도 있다.) 쿠싱은 20세기 초 '신체를 손상시키는 미세한 뇌종양'에 대한 자신의 이론을 수립함으로써 큰 도약을 이루었고, 그의 이론은 후세에 옳은 것으로 밝혀졌다. 그러나 그의 데이터 중 일부는 적절히 해석되지 않아, 수년 후 일부 전문가들이 "그가 돌본 환자들 중 상당수는 실제로 뇌종양을 보유하지 않았었다"며 이의를 제기했다.

보먼-헐버트 보고서는 "사교성이 좋은 주동자 디키 로엡은 다분비샘증후군 환자였다"라는 결론을 내렸다. 그의 대사율은 마이너스 17퍼센트였는데, 그들의 주장에 따르면 이는 분비샘이 제 기능을 수행하지 못하는 징후 중 하나였다. 반면 베이브 레오폴드의 대사율은 마이너스 5퍼센트였다. 이는 비정상적이지만 과히 나쁜 편은 아니었다. 그러나 엑스선 촬영 결과, 그의 뇌는 심각하게 손상된 것으로 나타났다. 즉, 두개골 중에서 뇌하수체가 자리잡은 안장sella turcica 부분이 꽉 막혀 있었고, 설상가상으로 솔방울샘이 석회화되어 있었다.

헐버트는 이렇게 말했다. "네이선 레오폴드는 명백한 내분비장애 환자로, 특히 솔방울샘, 뇌하수체, (심장-혈관-신장의 열등성inferiority과 관련된) 식물신경계vegetative nervous system◆의 자율신경 부분이 손상되었다."

솔방울샘은 뇌 속 깊숙이 자리잡은 솔방울 모양의 분비샘으로, 크기는 완두콩만 하다. 솔방울샘은 나이가 듦에 따라 석회화되는데, 의사들에 따르면 레오폴드의 솔방울샘은 너무 일찍 단단해졌다고 한다.

◆ 생물에게 공통인 식물성 작용, 즉 소화, 흡수, 순환, 호흡, 분비 등을 무의식적으로 지배해 생명유지를 담당한다.

크레이지 호르몬

데카르트는 일찍이 솔방울샘을 '영혼이 앉는 자리'라고 불렀다. 1900년대 초, 신지학협회Theosophical Society◆를 창설한 헬레나 블라바츠키 여사는 솔방울샘을 '제3의 눈'으로 간주했다. 이 개념은 일부 열렬한 요가 애호가들 사이에서 여전히 유행하고 있다. 오늘날 우리는 솔방울샘이 멜라토닌을 분비해 일주 리듬circadian rhythm(생체시계internal clock)을 조절한다는 사실을 알고 있다. 하지만 레오폴드와 로엡의 시대에서는 그것이 섹스 및 지능과 관련된 것으로 여겨졌다. 헐버트는 "베이브의 솔방울샘이 단단해져, 열아홉 살짜리 소년임에도 불구하고 성욕이 지나치게 강하다"고 설명했다.

내분비학 전문가 헐버트가 변호인에게 제공한 정보는, 대로가 그토록 바라던 것과 한치도 어긋나지 않았다. 증언대에 선 헐버트는 "레오폴드와 로엡이 '심각하게 손상된 분비샘'의 영향하에 행동했다"고 강력히 주장하고, "이러한 분비샘의 결함 때문에, 개인들의 일상적인 자제력이 상실된다"고 덧붙였다. 며칠 동안 끈질기게 이어진 검사의 질문에 대답한 후, 헐버트는 검사를 향해 이렇게 선언했다. "연구 결과에 기반해 리처드 로엡의 사례를 정신의학적으로 분석한 결과는 다음과 같습니다. 그는 자신이 앓고 있는 내분비질환으로 인해 정신적인 성숙이 지체되는 바람에 온갖 비행을 저질렀습니다. 프랭크스 살해를 비롯한 모든 범죄 행위는 지금껏 언급한 내분비장애 증상들의 궁극적

◆ 1875년에 미국에서 신비주의적 종교관을 바탕으로 창설되어 주로 인도에서 활동하는 국제적 종교단체.

인 결과입니다."

이러한 과학적 주장이 적법하다고 판단할지 여부는 정신과의사도 내분비학자도 변호사도 아닌, 존 R. 케이벌리라는 리버럴한 판사에게 전적으로 달려 있었다. 소년들이 이미 유죄를 인정한 상태이므로, 피고의 운명을 결정할 사람은 배심원단이 아니라 판사였기 때문이다. 따라서《레오폴드와 로엡: 세기의 범죄》의 저자 할 히그돈의 말을 빌리면, "소위 세기의 재판은 진정한 의미의 재판이 아니었다."

1924년 9월 10일 오전 9시 30분, 약 200명이 법정에 모여들었다. 그중에는 소년들의 가족, 변호사들, 미국 전역에서 달려온 신문기자들이 포함되어 있었다. 다른 시카고 주민들은 하던 일을 일제히 중단하고 라디오 주변에 모여, 법원 판결을 생중계하는 WGN에 주파수를 맞췄다. 케이벌리 판사는 "의사들의 신중한 분석이 범죄학 분야에 기여했고, 그들이 제출한 보고서는 모든 범죄와 범죄자들에게 적용될 수 있는 가치를 지니고 있다"고 인정하면서도, "의사들의 분석은 이번 판결에 영향을 미치지 않았다"고 분명히 못박았다. 그의 최종 판단은 이러했다. "설사 내분비계와 범죄의 상관관계가 명백하고, 호르몬이 소년들의 행동을 배후에서 조종한 게 사실이라고 하더라도, 살인을 저지른 이상 형벌을 모면할 수는 없다."

판사는 살인 행위에 대해, 두 소년 모두에게 일리노이 주 졸리엣교도소◇에서 평생 복역하라고 선고했다. 판사는 그들의 어린 나이를 감

◇ 1858년에 설립되어 2002년에 문을 닫은 교도소. 1980년 〈블루스 브라더스〉의 오프닝

크레이지 호르몬

안해 사형을 선고하지는 않았다. 또한 유괴 행위에 대해서는 두 소년 모두에게 99년형을 선고했다.

그로부터 9년 후인 1936년 1월 28일, 디키 로엡은 동료 재소자 제임스 데이가 휘두른 면도날에 베여 목숨을 잃었다. 데이는 "로엡의 성추행에 대항한 정당방위였다"고 주장했다. 베이브 레오폴드는 34년 동안 수형 생활을 한 후 모범수로 인정받아 가석방되었다. 1958년 2월 5일, 그는 푸에르토리코로 이주해 의료 테크니션으로 일하다, 의사의 미망인 트루디 펠드먼과 결혼했다. 그리고 1971년 8월 29일, 예순여섯의 나이에 심장마비로 사망했다. 미망인은 특별한 목적을 지정하지 않고, 그의 시신을 푸에르토리코대학교에 기증했다. 아마도 의대 1학년 학생들이 해부학 시간에 그의 피부를 벗겼을 것이다. 누군가가 그의 분비샘을 연구했다는 설은 전혀 없다.

장면에 등장했고, 2005년부터 2009년까지 방영된 폭스네트워크의 텔레비전 쇼 〈프리즌 브레이크〉와 2006년에 개봉한 코미디 영화 〈렛츠 고 투 프리즌〉의 촬영 장소로 사용되었다.

5장 정관수술의 신화

정신내분비학 의사 루이스 버먼은 '호르몬을 이용해 더 좋은 세상을 만든다'는 커다란 꿈을 품고 있었다. 그가 생각하는 '화학적으로 균형 잡힌 신체'는 잘 조절된 사회, 즉 범죄·비만·멍청함은 물론 '호르몬 결핍 혹은 과잉의 결과물로 간주되는 모든 특성'에서 해방된 사회와 일맥상통했다. 호르몬 전문가들은 세상 사람들에게 유토피아를 약속했던 것이다.

오스트리아 빈 출신의 생리학자 오이겐 슈타이나흐도 종류는 좀 다르지만 큰 꿈을 품고 있었다. 버먼이 큰 그림을 그린 데 반해, 슈타이나흐는 작은 그림에 집중했다. 게다가 한 번에 한 명의 남성만을 대상으로 삼았다. 1920년대부터 시작해 거의 20년 동안 슈타이나흐는 가장 인기 있고 논란 많은 치료법을 개척했으니, 바로 회춘 요법rejuvenation treatment이다. 그는 정관수술이 성욕, 지적 능력, 에너지를 비롯해 '나이가 들어감에 따라 시들해지는 그밖의 모든 것들'을 증강한다고 주장했다. "정관수술을 하면 진액이 배출되지 않고 몸속에 신속히 축적된다"는 것이 그의 지론이었다. 교통 체증으로 자동차들이 빽빽이 늘어서는 것처럼 말이다.

만약 '과학적 증거의 양과 질'을 성공의 척도로 삼는다면, 회춘을 위한 정관수술은 등수에도 끼지 못할 것이다. 그러나 '시험 사례와 고객의 수'를 성공의 척도로 삼는다면, 정관수술 관행은 단연 글로벌 센세이션 감이었다. 정관수술이 얼마나 큰 인기를 누렸으면, 슈타이나흐의 이름이 동사가 되었을까! 즉, 슈타이나흐하다to Steinach란 '회춘용 정관수술을 집도하다'를 의미했다. 정신분석학의 창시자 지그문트 프로이트도 슈타이나흐 받았고was Steinached, 노벨문학상을 받은 윌리엄 버틀러 예이츠도 슈타이나흐 받았다.

그러나 정작 슈타이나흐 자신은 슈타이나흐 받지 않았는데, 그가 왠지 활력이 없어 보였던 것은 바로 이 때문이었는지도 모른다. 자신의 치료법을 한창 선전할 때, 그는 늘 늙수그레하게 보였다. 길고 하얀 턱수염과 팔자 콧수염에, 언제나 근엄한 다크 슈트를 입었다. 장의사에게나 어울릴 법한 복장이었다.

사실을 말하면 슈타이나흐 자신은 어느 누구도 슈타이나흐한 적이 없었다. 그는 의사 면허를 가졌음에도 불구하고 환자를 단 한 명도 진료한 적이 없는, 속칭 장롱면허 보유자였다. 실험쥐를 이용해 동물실험을 한 후, 외과의사 친구들에게 '사람의 정관을 실험쥐와 똑같은 방식으로 절단하는 방법'을 지도하기만 했다. "내가 감독할 때만 효과를 보증할 수 있다"고 누누이 강조했으니, 그는 수백 건의 수술 장면을 직접 관찰했음에 틀림없다. 그러나 그가 입회하지 않은 가운데 수술실에서 슈타이나흐 받은 사람은 최소한 수천 명에 이르렀다.

1920년대의 내분비학은 한편에서 보면 흥미진진했지만, 다른 한편에서 보면 아수라장이었다. 새롭고 놀라운 발견도 많았지만, 사이

크레이지 호르몬

비 치료법도 범람했다. 진지한 과학자와 도붓장수들이 동일한 이론의 풀pool에서 노닥거리다 종종 거의 같은 결과를 얻곤 했다. 비방秘方, 식이요법, 미심쩍은 수술을 내세우며 각양각색의 질병을 치료한다고 주장하는 겉모습은 어느 진영이나 마찬가지였다. 그러므로 소비자의 입장에서 볼 때, 사기꾼과 전문가를 구분하기는 여간 어렵지 않았다. 물론 '도의심 있는 진영'과 '명백한 사기꾼 진영'을 구분하기는 쉬웠다. 도의심 있는 진영은 확신에 차 있었고, 계획했던 결과가 나오지 않는다면 선의의 실수라고 할 수 있었다. 그들은 의사였고, 기득권을 가진 엘리트층의 일원이었다. 다른 한편으로, 명백한 사기꾼 진영은 오로지 돈 버는 게 목적이었고, 잘 알지도 못하는 치료법을 함부로 들이댔다. 그러나 두 진영 사이에는 넓은 회색지대가 있었다. 그 지대에 속하는 사람들의 진의를 파악하기란 쉽지 않아, 동기가 불순한 사람이나 시대적 열기에 휩쓸리는 사람을 가려내기가 종종 어려웠다.

주목할 만한 인물들을 몇 명 꼽아보면, 첫 번째로 세르게 보로노프가 있었다. 그는 러시아에서 건너와 파리에서 개업한 의사로, 정력을 증강할 목적으로 인간 남성에게 유인원의 고환을 이식했다. 의료계에서는 그를 '악의는 없지만, 뭔가 단단히 오해한 외과의사'로 간주했다. 그다음으로 존 브링클리라는 몰염치한 인물이 있었다. 그는 '염소 분비샘 의사'라는 별명으로 유명했는데, 그 이유는 "성욕을 높여드립니다"라고 광고하며 염소의 고환을 팔러 다녔기 때문이다. 덕분에 그는 큰 돈을 벌었다. 고객들은 브링클리의 농장에 방문해 마음에 드는 고환을 한 쌍 고른 다음, 그의 부엌으로 자리를 옮겨 이식수술을 받았다.

브링클리는 진짜 의사는 아니었지만, 이탈리아에 가서 돈을 주고 의사면허증을 구입했다. 그의 아내는 부엌에서 무자격 간호사 노릇을 했다.

의료계의 엘리트들은 갖가지 돌팔이 의료 행위가 의학의 지위에 미칠 악영향을 우려했다. 샌프란시스코에서 활동하는 내분비 전문의 한스 리서는 1921년 하비 쿠싱에게 보낸 편지에서 이렇게 말했다. "의료계에서 이런 '내분비기관 소동'이 벌어지는 것을 보고 있자니 구역질이 나기보다는 애처롭기 짝이 없습니다. 그중 상당수는 한량없이 혼돈스럽고 몰상식한 무지의 소산이고, 상당수는 상업적 탐욕의 귀결입니다. 내분비학은 장삿속이라는 평판을 들으며 조롱거리로 빠르게 전락하고 있습니다. 이제 때가 왔습니다. 누군가가 앞장서서 정직하고 당당한 목소리를 내야 합니다."

슈타이나흐는 빠리지앵인 보로노프와 마찬가지로 돌팔이가 아니라 '자격을 갖춘 과학자'로 간주되었다. 그는 열한 번씩이나 노벨상 수상자로 지명되었고(이는 정관수술 때문이 아니라 성호르몬에 대한 타당한 연구 때문이었다), 유럽 최고 수준의 연구소 중 하나(오스트리아 과학아카데미 산하 생물학연구소)의 생리학 부문을 지휘했으며, 약 50편의 과학 논문을 발표했다. 그가 생리학의 발달에 기여한 업적 중 하나는, '정관의 내벽을 둘러싼 세포(이것을 레이디히세포Leydig cell 또는 간질세포interstitial cell 라고 한다)들이 테스토스테론을 생성한다'는 사실을 발견한 것이다.

'정관수술이 리비도를 상승시킨다'는 슈타이나흐의 생각은 수 세기 동안 입에 오르내리던 이론에 기반을 두었다. 예로부터 치유사들은 동물의 고환과 난소를 으깨어 즙을 낸 다음, 그것을 말려 분말로 만들었다. 그러고는 분말을 약용 칵테일에 녹이거나 음식물과 혼합해 환자들에게 먹였다. 1889년 일흔두 살 난 파리의 신경학자 샤를 에두아르 브라운-세카르는 기니피그와 개의 고환 분비물을 자기 몸에 주사한 후, "리비도가 상승하고, 힘이 불끈 솟고, 오줌의 사거리가 네 배로 증가하고, 배변이 원활하게 되었다"고 주장했다. 그리고 한술 더 떠서 "30년은 젊어진 듯한 느낌이 든다"고 떠벌렸다. 브라운-세카르는 1889년 6월 1일에 자가 시험 결과를 발표하고, 그날을 내분비학 탄생 기념일로 간주했다. 그러나 모두가 그의 주장에 동의한 건 아니었다. 많은 동료들은 "중요한 전문의학 분야를 비약적으로 발전시킨 인물이 그런 엄청난 기행을 저질렀다니!" 하며 아연실색했다. 언론 역시 그를 조롱했고, 독일의 한 의학 저널은 "고환 추출물을 이용한 브라운-세카르의 판타스틱한 실험은 망령 난 노인의 일탈 행위임에 틀림없다"고 비꼬았다. 한 과학자는 그를 가리켜 "교수가 일흔 살이 넘으면 왜 은퇴해야 하는지를 몸소 보여줬다"고 혹평했다. 슈타이나흐는 자신의 접근 방법이 브라운-세카르의 방법보다 훨씬 더 과학적이라고 생각했다.

그럼에도 불구하고 브라운-세카르의 고환즙 주사는 '오늘의 치료법' 감이었다. 몇 년간의 노화 흔적을 지워버리고 싶어 하는 남성들이 구름처럼 몰려들어, 그의 치료실은 그가 죽을 때까지 약 5년 동안 문전성시를 이루었다. 브라운-세카르는 일흔여섯 살에 뇌졸중으로 사망했는데, 그 시대에 그 정도면 장수한 축에 속한다고 볼 수 있었다. 그러나 '회춘한 사람이라면 좀 더 오래 살았어야 한다'는 게 세간의 중론이었으므로, 그의 병사는 고환 분비물 치료법에 결정타를 날린 셈이었다.

슈타이나흐는 정관수술이라는 회춘 기법이 종전의 치료법을 능가한다고 주장했는데, 그 이유는 위험이 전혀 없는 데다, 인공 물질을 사용하지 않기 때문이었다. 그는 이렇게 말했다. "20분에 걸친 수술(정관의 절단과 봉합)의 안전성을 100퍼센트 보장한다. 또한 '내인성 호르몬 조절'은 '외부 호르몬 이식'보다 진일보한 기법이다."

정관수술을 하려고 줄지어 기다리는 남자들은 힘이 세지고 현명해지고 섹시해질 거라고 믿었다. 정관수술을 마친 예이츠는 감격하며 "창의력과 성욕이 되살아나 죽는 날까지 지속될 것 같다"라고 말했다. 슈타이나흐의 메모장에는 수많은 증언들이 적혀 있는데, 어떤 예순한 살짜리 남성의 시험 사례를 보면 다음과 같다. "정력과 인지 능력을 완전히 상실해 피로와 슬픔에 휩싸여 있었는데, 수술을 받고 나니 기억력이 향상되고 이해 속도가 빨라졌다. 지금 마흔 살이나 쉰 살 된 남자처럼 살고 있으며, 흥에 겨워 콧노래가 절로 나오는 나를 발견하곤 한다."

정관수술의 활력 증강 효과가 들쭉날쭉한 것을 보면, 플라세보 placebo와 유명세의 힘이 얼마나 강한지 잘 알 수 있다. 심지어 현대 의학에서도, 때와 장소가 달라짐에 따라 증상이 호전되거나 악화되는 경우가 왕왕 있다. 슈타이나흐가 살았던 시기에는 많은 남성들이 호르몬요법을 기꺼이 시도할 의향이 있었다. 부작용을 감수하며 자가 시험이라도 할 판인데, 전문가가 강력히 추천하는 시술에 비용을 지

크레이지 호르몬

불하는 것은 당연했다. 그는 이 같은 사회 분위기 덕을 톡톡히 봤다.

1차 세계대전과 2차 세계대전 사이에, 미국과 유럽에서는 많은 사람들이 골치 아픈 국제 정세를 뒤로 하고 자신의 내면에 집중했다. 자기계발 책들이 날개 돋친 듯 팔렸고, 자칭 '치유의 대가'들이 판을 쳤다. 경제적 여유가 있는 사람들은 소파 위에 누워 프로이트 이론에 정통한 심리학자에게 심리 분석을 받았다. 여성들은 짧은 스커트나 민소매 옷을 입기 위해 다이어트 안내서를 탐독하며 살 빼는 데 몰두했다. 남성들은 찰스 아틀라스◆와 같은 건장한 운동 전문가들에게 근육 키우는 요령을 배우기 위해 보디빌딩 전문 잡지를 구독했다. 광고 산업의 등장은 이 같은 자기계발 노력에 부채질을 함으로써 소비문화의 발달을 부추겼다. 상업 광고는 사치품을 필수품처럼 포장했다. 승용차와 냉장고는 더 이상 사치품이 아니라 필수품이 되었다. 팝업 토스터, 회전식 탈수기, 전기면도기 등 이루 헤아릴 수 없는 '작고 유용한 가정용품'들이 줄줄이 발명되었다. 사재기와 내적 집중 분위기에 발을 맞춰, 많은 남녀들이 건강 증진 치료에 돈을 아끼지 않았다. 최신식 치료는 낭비가 아니라, 웰빙의 필수품으로 간주되었다. 요크대학교 심리학과 조교수 마이클 페티트는 〈분비샘을 지향하는 사회〉라는 제목의 박사학위 논문에서, 1920년대의 내분비학을 "시류에 편승한 기술"이라고 불렀다.

◆ 보디빌더. 헬스클럽을 개척한 베르나르 맥파덴의 후계자.

::

　슈타이나흐가 처음부터 블록버스터급 회춘 기법을 고안하려고 작정한 것은 아니었다. 그의 당초 의도는 소박하고 학구적이었다. 그가 원했던 것은 단 하나, 시궁쥐 생식샘의 생물학을 연구함으로써 인간의 생리학에 한줄기 빛을 비추는 것이었다.

　과학은 호기심과 회의론이라는 두 마리 말에 이끌리는 쌍두마차라고 할 수 있다. 최고의 연구자는 다른 연구자들의 논문을 읽을 때 새로운 정보를 입수하는 데 급급하지 않는다. 훌륭한 과학자들은 논문에 첨부된 데이터를 꼼꼼히 검토하며, 이런저런 의문을 제기한다. 그러다가 허점을 발견하면 그냥 넘어가는 법이 없으며, 오직 진리를 추구한다는 일념으로 집요하게 파고든다.

　슈타이나흐가 바로 그런 사람이었다. 한 논문이 그의 호기심을 자극함과 동시에 궁금증을 유발했다. 정관수술 때문에 신문의 헤드라인을 장식하기 한참 전인 1892년, 풋내기 연구자였던 그는 우연히 개구리의 성생활에 관한 논문 한 편을 읽게 되었다. 논문에 따르면, 수컷 개구리는 암컷에게 강력 접착제처럼 달라붙어 사정을 할 때까지 절대로 놔주지 않았다. 저자는 '호르몬 분비샘'에서 시작해 '끈적거리는 발'에 이르는 일련의 시나리오를 기술했다. "수컷 개구리가 암컷에게 접근할 때, 전립샘과 고환 근처에 자리잡은 '체액으로 가득 찬 기관'이 풍선처럼 부풀어올라 신경을 건드린다. 그러면 신경이 (전기신호와 비슷한) 신호를 발사하고, 이 신호는 위로 올라가 뇌를 자극한다. 뇌는 이에 대한 반응으로 신호를 보내는데, 뇌의 신호는 다른 신경을 통해 발 paw에 도달해 끈적거림을 증가시킨다. 그러므로 양서류들은 짝짓기를 할 때 꼭 달라붙어 있게 된다." 그럼 짝짓기가 끝나면 어떻게 될까? 저자의 다음 설명을 들어보자. "정액이 방출되면, 정자가 들어 있는 분비샘이 마치 바람 빠진 풍선처럼 쪼그라들므로 신경을 누르는 힘이 감소한다. 이는 앞에서 언급한 똑같은 신호 전달 경로를 통해 발의 접착력을 감소시킨다." 간단히 말해서, 성욕이 활활 타오르는 이유는 '부풀어오른 기관이 신경을 압박하기 때문'이라는 것이다.

슈타이나흐는 다음과 같은 의문을 품었다. "번식 본능처럼 중요한 생명 현상이 정낭의 채워짐 및 팽창과 같은 국소적이고 가변적인 요인에 의존한다니, 믿기 어렵다." 정낭이란 전립샘과 방광 사이에 위치한 조그만 주머니로, 정액에 끈끈한 속성을 부여하는 체액을 분비한다. 오늘날 우리는 '개구리의 끈끈한 발'은 물론 개구리의 성생활에 관한 전반적 설명이 틀렸다는 사실을 잘 알고 있다. 개구리들은 꼭 껴안기만 할 뿐 달라붙지는 않는다. 즉, 수컷 개구리는 암컷을 단단히 움켜잡은 다음(이것을 포접amplexus이라고 부른다), 암컷이 부르르 떨며 물속으로 방출한 난자가 정자와 수정될 때까지 놔주지 않을 뿐이다.

슈타이나흐는 일련의 실험을 통해 정낭-신경 이론vesicle-nerve theory을 최초로 기각했다. 췌장을 조절하는 것은 신경이 아니라 호르몬임을 증명했던 스탈링처럼, 슈타이나흐도 성충동을 조절하는 것이 신경이 아니라 호르몬임을 증명한 것이다.

먼저 정낭-신경 이론의 타당성을 검증하기 위해, 슈타이나흐는 네 마리 시궁쥐에서 부속생식샘accessory sex gland을 제거했다. 만약 성충동 (이 경우에는 '암컷에게 달라붙으려는 충동'으로 측정되었다)이 신경에 의해 조절된다면, 부속생식샘이 없는 시궁쥐들은 아무런 충동을 느끼지 말아야 했다. 그러나 부속생식샘이 없는 수컷들도 여전히 암컷의 뒤꽁무니를 쫓아다니는 게 아닌가! 슈타이나흐는 흥분을 감추지 못하며 이렇게 썼다. "내가 실제로 본 것은 너무나 놀라워 도저히 믿을 수 없을 정도다. 부속생식샘이 없는 수컷은 여느 수컷들처럼 잠시 탐색전을 벌인 후 암컷에게 계속 집적대기 시작했고, 암컷은 격렬히 저항하다가 여의치 않으면 자리를 피했다. 이 같은 성전쟁sexual battle은 이틀 후 어느 정도 누그러졌지만, 부속생식샘 없는 수컷의 성적 흥분은 실험 당일 늦은 시간까지 약화되지 않았다." 슈타이나흐는 이 연구 결과를 1894년 독일의 한 과학 저널에 〈수컷 성기의 비교생리학 연구: 특히 부속생식샘을 중심으로〉라는 제목의 논문으로 발표했다. 그는 명망 높은 연구자의 이론이 틀렸음을 증명했지만, 핵심적인 질문에 답변해야 했다. "그렇다면 성충동의 진정한 원동력은 뭘까? 그게 정말 호르몬일까?"

"과학자들은 신경을 추적하는 대신 호르몬을 사냥해야 한다"는 것이 슈타이나흐의 지론이었다. 그의 생각은 (뚱뚱한 사람의 뇌하수체를 연구한) 쿠싱이나 (범죄자의 내분비샘을 연구한) 버먼과 비슷했다. 그는 성충동이 '긴밀하게 연결된 신경'이 아니라, '혈액 속을 흐르는 호르몬'의 영향력하에 있다고 믿었다. "19세기 말까지만 해도, 연구자들은 인간의 성충동이 체내의 미세한 분비샘 속에 숨어 있을 거라고 짐작조

크레이지 호르몬

·차 하지 못했다"고 슈타이나흐는 지적했다. 즉, 인체는 마치 기계 인형과 같아, 모든 복잡한 생리 현상들은 전적으로 신경의 소관 사항이고, 생식샘의 유일한 기능은 말초신경 말단을 자극하는 것에 불과하다고 생각했다는 것이다.

슈타이나흐는 분비샘을 면밀히 연구했다. 그는 분비샘이 신경보다 강력하다고 믿었다. 그렇다고 해서 '신경이 성충동이나 사춘기와 관련되어 있다'는 아이디어를 묵살한 것은 아니지만, 그는 신경이 핵심 요인이 아니라고 믿었다. 그는 많은 의문을 품었다. "내분비물이 '남성을 남성답게, 여성을 여성답게 만드는 이유'를 설명할 수 있을까?" 그는 이렇게 썼다. "모든 사람들이 책을 읽지 않더라도 잘 알고 있는 사실이 있다. 그 내용인즉, 남성은 일반적으로 여성보다 강인하고 정력적이고 진취적이며, 여성은 상냥하고 헌신적이고 가정 문제에 적성이 맞으며 안전성을 선호하는 경향을 보인다는 것이다." 여성의 난소 호르몬이 그녀들로 하여금 집안에 머물며 가정을 보살피게 만든다는 뜻이었을까?

수탉의 고환 실험을 수행했던 호르몬 연구의 선구자 아놀트 베르톨트의 발자취를 따라, 슈타이나흐는 1848년 시궁쥐의 고환을 제거한 후 시궁쥐가 비실비실해지는 것을 확인했다. 그다음으로 베르톨트가 닭의 배에 고환을 이식했던 것처럼 슈타이나흐는 시궁쥐의 배에 고환을 삽입해봤다. 그랬더니 아니나 다를까, 시궁쥐의 정력은 다시 증가하고 성충동도 급상승했다. 반세기 전에 이미 증명된 것과 마찬가지로, 고환은 어디에 달려 있든 제구실을 톡톡히 하는 것으로 재확인되었다. 더욱 많은 데이터가 축적됨으로써, 신체 기능에 관한 신경 이론은 녹다운되고 내분비 이론이 힘을 얻게 되었다.

그러나 슈타이나흐의 호기심을 정말로 자극한 것은(그리하여, 시궁쥐가 사육되고 있는 우리를 찾게 만든 이유는) 감정과 섹스에 관한 의문이었다. "뇌와 기분이 호르몬을 좌지우지할 수 있을까?" 1910년, 그는 한 가지 실험을 고안했다. 실험의 목적은 다음과 같은 의문을 해결하는 것이었다. "수컷 시궁쥐는 다른 수컷으로부터 '암컷에 대한 욕정'을 학습하는 것일까? 아니면 성욕은 타고난 것으로, 수컷 자신의 호르몬에 의해 유도되는 것일까? 아니면 '암컷이 분비하는 뭔가'가 수컷의 성욕을 자극할까?"

슈타이나흐는 수컷 시궁쥐 열 마리를 우리 안에 넣었다. 그중 여섯 마리는 제각기 홀로, 나머지 네 마리는 함께 우리에 머물렀으며, 모두 암컷과 격리되었다. 시궁쥐들의 나이가 4월령이 되었을 때, 각각의 우리에 발정 난 암컷 한 마리씩을 넣었다. 그는 실험 일지에 다음과 같이 썼다. "모든 수컷들이 일제히 뚜렷한 성충동의 기미를 보이며, 즉시 격렬한 에로틱 행동을 시작했다. 함께 머물던 네 마리 수컷들은 암컷 한 마리를 놓고 으르렁거리기 시작했으며, 기존의 나홀로 수컷들은 암컷과 함께 들어온 낯선 수컷 한 마리에게 살기등등한 태도를 보였다." 간단히 말해서, 수컷 시궁쥐들은 암컷에게 접근하려고 치열한 경쟁을 벌인 것이다.

다음으로, 슈타이나흐는 수컷을 암컷으로부터 격리한 후 한 달에 한 번씩 발정 난 암컷이 있는 우리에 집어넣었다. 그때마다 수컷은 여지없이 성충동을 나타냈다. 그러나 8개월 동안 격리함으로써 접촉을 제한했더니, 수컷들은 성충동을 상실한 것으로 나타났다. 고환을 분명히 갖고 있음에도 불구하고 이성과의 접촉이 없어지자 수컷의 통상적인 성욕이 무뎌진 것이다. 그는 이렇게 주장했다. "호르몬과 뇌는 밀접하게 관련되어 있으며, 호르몬 수준을 유지하려면 뇌 자극이 필요하다."(그는 이 실험에서 수컷 간의 이끌림이나 암컷의 리비도를 고려하지 않았다. 그의 주요 관심사는 수컷 시궁쥐의 이성애였다.)

다음으로, 슈타이나흐는 실험 조건을 바꿨다. 그는 모든 우리에 철망을 설치하고 암컷을 집어넣어, 잠재적인 배우자들끼리 냄새는 맡되 짝짓기는 못하도록 했다. 그랬더니 성욕을 잃었던 수컷 시궁쥐들은 욕정에 가득 찬 자아를 회복했다. "그들은 주저없이 (우리가 성적 행동으로 알고 있는) '암컷의 꽁무니 쫓기'를 시작했다. 이러한 '재에로틱화'의 결과는 다른 정력 회복의 징후들, 예컨대 (한때 심각하게 감소했던) 불관용, 공격성, '라이벌에 대한 시샘'에도 반영되었다"고 슈타이나흐는 보고했다.

실험이 끝난 후 시궁쥐를 해부해보니, 암컷과 오랫동안 격리되었던 시궁쥐의 정낭과 전립샘은 위축되어 있었다. 반면에 암컷과 규칙적으로 어울렸던 수컷들은 커다란 정낭과 전립샘을 갖고 있었다. 그는 이 실험 결과가 '마음이 성충동에 강력한 영향력을 행사한다'는 설을 다시금 확인한 것으로 믿고, 신경 이론은 더 이상 발 붙일 데가 없다고 확신하게 되었다. (그러나 슈타이나흐는 몇 년 후 '마음의 힘'을 까맣게 잊고, 자신의 정관수술이 오직 화학물질과 관련되어 있으며 마음의 힘과는 무관하다고 주장했다.)

슈타이나흐는 실험을 통해 한 가지 수수께끼를 해결할 때마다 새로운 수수께끼와 맞닥뜨렸다. 그는 시궁쥐의 전희를 모니터링한 후, 생식샘의 성특이성sex-specificity에 관해 곰곰이 생각했다. 다시 말해서, 난소나 고환이 스위치처럼 작용해 타고난 수컷다움이나 암컷다움을 활성화시킨다고 생각했다. 예컨대 당신이 남성으로 태어났다면, 사춘기 때 스위치(고환)가 켜져 비로소 완전한 남성으로 성장한다는 것이었다. 만약 그렇다면, 생쥐·개·인간의 수컷을 사춘기 이전에 거세하고 난소를 이식해도, 사춘기 이후에 완전한 수컷으로 성숙할 수 있을까?

슈타이나흐는 수컷 기니피그 두 마리를 사춘기 이전에 거세한 후 난소를 이식하고 행동과 외모를 모니터링했다. 그랬더니 고환 대신 난소가 달린 수컷은 젖꼭지가 크게 자라고 머릿결이 부드러워지며, 통상적인 암컷이 보유한 선천적 본능(조심스러움, 헌신, 인내)을 갖게 되었다. 다음으로, 그는 두 마리 암컷의 난소를 제거한 후, 그중 한 마리에게 고환을 이식했다. 예상했던 대로, 고환을 이식받은 암컷은 클리토리스가 크게 자라고, 털이 굵어지고, 통상적인 수컷과 똑같이 행동했다. 그러나 이는 서곡에 불과했으며, 잠시 후 경천동지할 일이 일어났다. 둘 중 하나가 발정을 하는가 싶더니 즉시 격렬한 교미를 시작했으며, 그 후로도 성충동이 지속되어 몇 번이고 교미를 시도했다. "수컷의 고환은 암컷의 뇌를 수컷과 똑같은 방향으로 에로틱화했다"라고 슈타이나흐는 보고했다. 다시 말해서, 그는 "암컷다움과 수컷다움의 핵심은 뇌가 아니라, 생식샘에 있다"는 결론을 내렸다. 그는 1912년에 이상의 연구 결과를 정리해, 다음과 같은 제목의 논문으로 발표했다. 〈수컷 포유류의 임의적인 성전환 성공. 암컷과 거의 똑같은 특징과 마음을 가진 동물로 변신함.〉

슈타이나흐는 자신이 동성애의 단서를 발견했다고 믿었다. '잘못된 자녀 양육'을 탓한 당시의 통념과 달리, 그는 '비정상적으로 높은 여성호르몬 수치'를 동성애의 원인으로 지목했다. 그는 "이 세상에 100퍼센트 순수한 여성이나 남성은 존재하지 않는다"◇고 선언했다. 그는 아기의 성별sex(그 당시에는 생물에 젠더gender라는 용어를 사용하지 않았다)이 확정되지 않은 태아발달 단계를 상정하고, 그 단계의 아기는 남녀 중 어느 쪽으로도 될 수 있는 잠재력을 갖고 있으며, 그 이후의 방향은 '어떤 호르몬이 다른 호르몬을 지배하고 억누르느냐'에 따라 좌우된다고 설명했다. 따라서 과학자들이 그 단계에 접근할 수 있다면 아기의 성별을 바꿀 수도 있을 거라고 생각하며, 이렇게 말했다. "수컷과 암컷 중 어떤 쪽으로 살아갈 것인지를 선택하는 것은 생물의 삶에서 가장 중요한 결정이며, 이 문제는 더 이상 운運의 소관이 아닌 듯하다." 호주의 풍자 작가 칼 크라우스는 슈타이나흐를 가리켜, "여성참정권운동가들을 제발 조신한 여성으로 만들어줬으면 좋겠다"고 말했다. 그러나 여기서 짚고 갈 것이 있다. 슈타이나흐가 바꿀 수 있었던

◇ 그로부터 몇십 년 후, 미국의 동물학자 앨프리드 킨제이는 하나의 스펙트럼을 믿게 되었다. 그가 창안한 '이성애 점수'는 모든 사람들을 0점부터 6점 사이의 스펙트럼 위에 배치하는데, 양극단에 위치하는 사람은 거의 없다. 킨제이센터에 방문하면 당신의 자기선택 점수가 새겨진 티셔츠를 구입할 수 있다.

것은 성별이지, 성지향성sexual orientation이 아니었다.

　자신의 연구 결과를 기초로, 슈타이나흐는 일부 아기들이 모호생식기ambiguous genitalia(당시에는 남녀한몸hermaphrodite이라고 불렀다)를 갖고 태어나는 이유를 '신체가 한쪽 성을 억제하지 못했기 때문'이라고 설명했다. 그리고 "동성애자의 고환을 제거하고 이성애자의 고환으로 대체함으로써 동성애를 치료할 수 있다"고 주장했다. 나아가 "동성애자의 간질세포(정관의 내벽을 구성하는 세포)에서 보통 남성들에게서 발견되지 않는 대형세포를 발견했다"고 보고했다. 슈타이나흐는 난소세포와 비슷하게 생겼다고 해서 그 세포를 F 세포F-cell라고 명명하고, F 세포가 여성호르몬을 분비할 거라고 생각했다. 몇몇 네덜란드 의사들이 이에 가세해, 슈타이나흐의 발견이 '진정한 동성애'는 물론 교도소나 기숙학교에서 벌어지는 '남성 이성애자들의 일탈 행동'까지도 설명한다고 거들었다.

::

　이쯤 되면 이렇게 묻는 독자들이 있을 것이다. "지금까지 장황하게 설명한 내용들이 정관수술과 무슨 관계가 있나요?" 슈타이나흐는 수많은 증거와 가정들을 조합해, 자신만의 독특한 '정관수술을 이용한 지적 능력 및 리비도 증강 이론'을 수립했다. 그는 다년간의 연구를 통해, "생식샘은 마음과 밀접하게 관련되어 있으며 남녀를 불문하고 남성호르몬(그 당시에는 테스토스테론이 아직 분리되지도, 명명되지도 않았다)

이 많을수록 '욕정에 사로잡힌 공격적인 남성'처럼 행동한다"고 믿었다. 그리고 "하나의 조직이 파괴되면, 인접한 조직이 파괴된 조직을 벌충하려고 과도하게 활성화된다"고 가정했다. 예컨대, 정관이 차단되면 인근의 호르몬 분비세포가 증식한다, 뭐 이런 식이었다. 물론 오늘날의 과학자들은 그의 가정이 틀렸음을 안다. 세포는 잡초와 달라서 인근의 세포들이 제거되었다고 해서 웃자라지는 않는다.

1920년대 말, 슈타이나흐는 두 살짜리 늙은 설치류를 대상으로 자신의 이론을 테스트했다. 그는 연구 일지에 이렇게 기록했다. "늙은 시궁쥐는 종종 측은한 모습을 보였다. 고개를 푹 숙이고 허구한 날 잠을 잤고, 암컷과 마주쳐도 무덤덤한 표정으로 비실거리기만 했다. 그러더니 정관수술을 받은 지 한 달 후 활력을 되찾았다. 활기가 넘치고 호기심이 많아졌으며, 주변에서 일어나는 일들에 관심을 보였다. 발정난 암컷을 보여주자 벌떡 일어나 꽁무니를 쫓아다니며 냄새를 맡고 등에 올라탔다. 이 정도면 신체적·심리적으로 활력을 되찾았다고 봐도 좋다."

1918년 11월 1일, 슈타이나흐의 친구 로베르트 리히텐슈테른 박사는 '오로지 활력을 되살리기 위한 목적의 정관수술'을 최초로 실시했다. 그의 환자는 W. 안톤이라는 마흔세 살짜리 마부였다. 환자는 피곤하고 피골이 상접한 모습으로 나타나, 숨을 쉬기조차 어려워 일을 거의 할 수 없다고 호소했다. 리히텐슈테른은 국소마취를 하고, 음낭을 열어 정관(정자를 음낭에서 요도로 운반하는 관)을 가위로 싹둑 자른 다음, 느슨해진 양쪽 말단을 꼭 묶었다. 이는 본질적으로 정자의 이동 경

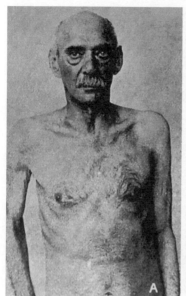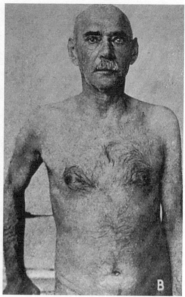

정관수술 받기 전후의 72세 노인 모습. Courtesy of the Wellcome Library, London.

로를 '막다른 골목'으로 변형시킨 수술이었다. (오늘날의 정관수술도 이와 거의 똑같은 절차를 밟지만, 절개 부위가 작으며 회춘이나 정력 증강 따위를 약속 하지는 않는다.) 그로부터 1년 6개월 후, 안톤은 새사람(정확히 말하면, 젊게 행동하는 중년 남성)이 되었으며, 리히텐슈테른은 환자의 예후를 "피부의 부드러움을 회복하고, 직립 자세를 취하며, 활기를 되찾아 열정적으로 일하고 있다"고 긍정적으로 평가했다.

이윽고 유럽과 미국의 의사들이 슈타이나흐에게 보낸 편지에서, 괄목할 만한 결과를 잇따라 보고했다. 예컨대, 여든 살의 노인이 정력과 열정을 되찾고, 기억력과 비즈니스 감각을 회복했다고 했다. 뉴욕

크레이지 호르몬

의 한 외과의사는 "여든세 살짜리 주식 중개인을 수술했는데, 전반적인 건강 상태가 놀랍도록 향상되었다"고 보고했다. 수술 전에는 쓰러질 듯 비틀거려 일을 거의 할 수 없는 노인이었는데, 수술 직후 배뇨기능과 시력이 향상된 덕분에 기울던 사업이 회복세로 돌아섰다는 것이다.

신문기자들이 그런 기삿거리를 놓칠 리 만무했다.《뉴욕타임스》는 1923년 "분비샘 치료가 미국 전역에 퍼지다"라는 기사를 내보냈고,《볼티모어선》은 "새로운 폰세 데 레온◆, 미국에 오다"라고 대서특필하며 슈타이나흐의 미국 순회 강연 소식을 전했다. 그러나 슈타이나흐는 결단코 미국에 건너가지 않았다. 그는 세상에 알려지는 것을 혐오한다고 말하며 인터뷰까지도 거절했다. 나아가 미국의 언론을 가리켜 '진실을 왜곡한다'고 비판하며, "나는 어느 누구에게도 영원한 젊음을 선사하지 않는다"고 주장했다. 그렇다고 해서 그가 겸손한 사람이었다고 생각하면 오해다. 그는 "내가 세상을 뒤흔들었다"고 자랑스럽게 말했다.

의구심을 품은 의사들은 "정관수술을 비롯한 돌팔이 치료법들이 의학에 오명을 씌워, 장차 의학계를 짊어질 총명하고 잠재력 있는 청년 의사들로 하여금 의학계를 멀리하게 할 것"이라고 우려했다.《미국의학협회지》편집자인 반 뷰렌 손 박사는 1922년《뉴욕타임스》에 기

◆ 6세기 대항해 시대의 스페인 탐험가로, 젊음의 샘을 찾기 위해 모험을 떠난 인물로 유명하다. 비록 기적의 샘을 발견하지는 못했지만, 그의 노력으로 오늘날의 플로리다가 처음 서양에 알려졌다.

고한 칼럼에서 "보로노프와 브링클리에게 이미 호되게 당한 바 있는데, 이번에는 슈타이나흐인가!"라고 푸념하며, 슈타이나흐를 "간교한 말장난을 일삼는 자"라고 불렀다. 다른 의사들은 환자들의 증언을 플라세보 탓으로 돌렸다. 이에 대해, 슈타이나흐는 "긍정적인 연구 결과가 당신들의 주장을 일축한다"고 응수했다. 하지만 그가 제시하는 연구 결과에는 문제가 많았다. 많은 의사들이 정관수술의 효과를 테스트하기 위해, 영문 모르는 환자들에게 마구잡이로 시술을 제공하는 잘못을 범했기 때문이다. 예컨대 어떤 남성은 탈장을 치료하러 왔다가, 어떤 남성은 낭종cyst을 제거하러 왔다가 자신도 모르는 사이에 정관수술까지 덤으로 받았다. 그로부터 몇 달 후, 의사가 기억력·성욕·활력 등에 대해 묻자, 아무것도 모르는 환자들은 덮어놓고 '좋다'고 대답했다. (참고로, 고지에 입각한 사전 동의가 의무화되기 한참 전에 이 같은 덤터기 수술이 암암리에 자행되곤 했다. 그러나 오늘날에는 어림 없는 일이다. 환자들은 수술을 받기 전 '수술실에서 행해질 일들'이 자세히 적힌 동의서를 읽고 서명날인을 한다.)

덤으로 수술받은 환자들의 긍정적 대답을 정관수술의 효능을 입증하는 증거로 받아들일 수 있을까? 당사자들은 자신이 정관수술을 받았다는 사실을 몰랐겠지만, 의사가 환자의 건강 증진을 위해 모종의 시술을 제공했음을 인지하고 있기는 했다. 나중에 의사가 "기분이 좀 어떠세요?"라고 물을 때, 환자들은 웬만하면 좋은 쪽으로 대답하는 경향이 있다. 따라서 의사들이 보고한 성공률은, 오늘날 황금률로 간주되는 원칙(무작위 대조 이중맹검 시험double-blind randomized controlled trial)과거리가 먼 '증언에 기반한 시험'이었다. 오늘날 흔히 기대되는 것과 달리, 슈타이나흐는 남성들을 무작위로 두 그룹으로 나눈 다음 한쪽(시험군)에는 진짜 시술을 제공하고 다른 쪽(대조군)에는 가짜 시술을 제공하는 방법을 사용하지 않았다. 또한 그는 환자와 의사 모두에게 '시험군과 대조군에 속한 사람들이 누구인지'를 숨기지 않았다. 무작위 대조 이중맹검 시험은 오늘날에는 일반화된 관행이지만, 20세기 말까지만 해도 그렇지 않았다. 슈타이나흐는 자신의 시대에 통용되는 관행을 따랐을 뿐이므로 그를 마냥 탓할 수만도 없다.

빈번한 수술 사례와 긍정적인 여론은 정관수술의 인기몰이를 가속화했다. 정관수술을 받은 칠십 대의 영국인 앨프리드 윌슨은 자신의 결과에 만족하며 희희낙락했다. 그는 700파운드를 지불하고 정관수술을 받은 다음, 자신의 회춘을 대중과 공유하고 싶어 했다. 그래서 청중 앞에서 원기왕성한 모습을 과시하며 질문도 받을 요량으로 런던에 있는 로열 앨버트 홀을 빌렸다. 1921년 5월 12일로 예정된 '나는 어떻게 20년이나 젊어졌나?'라는 제목의 원맨쇼 티켓은 매진되었다. (로열 앨버트 홀로 말할 것 같으면, 1877년 독일의 작곡가 리하르트 바그너의 연주회가 열렸고, 그로부터 42년 후인 1963년 비틀즈의 공연이 열린 유서 깊은 공연장이다.) 그러나 많은 이들이 애타게 기다리던 공연일 하루 전날 밤, 윌슨은 심장마비로 급사했다. 그의 사망 소식은 타블로이드 신문에 크게 실렸고, 슈타이나흐는 "윌슨의 죽음과 정관수술 사이에는 아무런 관련이 없다"고 극구 부인했다.

우여곡절의 와중에도 정관수술의 인기는 당분간 지속되었다. 런던에서 개업 중인 호주 출신의 부인과의사 노먼 헤어는 슈타이나흐에 관한 책을 썼다. 그는 그 책에서 정관수술을 성공시킨 사례 20여 건을 열거했는데, 그 많은 남성들이 무슨 생각으로 부인과를 찾아가 정관수술을 받았는지 참 궁금하다. 환자 중 한 명은 쉰일곱 살의 의사였다. 그 의사는 정관수술 덕분에 발기부전이 치료되어 젊은 아내와의 불화가 말끔히 해소되었다고 한다. 세계성개혁연맹이 1929년 런던에서 개최한 국제회의에서, 독일의 의사 페터 슈미트는 600건의 정관수술을 집도해 모두 좋은 결과를 거뒀다고 말해 우레와 같은 박수를 받았다.

오늘날에는 일부 연구들이 "정관수술 후 테스토스테론 수준이 미세하게 상승할 수 있다"고 제안하고 있지만, 대부분의 연구들은 "정관수술이 호르몬 수준에 영향을 미치지 않는다"고 보고하고 있다. 다시 말해서, 정관수술 후에 '정자가 더 이상 배출되지 않는다'는 점 말고는 딱히 달라지는 게 없다는 것이다. 그러나 정관수술의 상업적 성공에 종지부가 찍힌 궁극적인 이유는 '수술에 하자가 있었다'거나 '리비도 증강 효과가 없었다'가 아니라, '성호르몬이 분리되었기 때문'이다. 이 덕분에 수술보다 쉬운 호르몬 결핍 해결 방안이 등장했으니, 바로 약물이었다.

슈타이나흐가 정관수술의 작용 메커니즘을 설명할 때 핵심을 벗어났던 점은 '간질세포의 과잉 증식을 유도한다'는 것이었다. 이는 분명히 틀린 말이었다. 그러나 그는 많은 점을 올바로 이해했다. 그는 간질세포가 남성호르몬의 주요 원천임을 분명히 했다. 또한 그는 '성행위는 생식샘과 뇌(신경 입력nerve input을 포함함) 사이의 복잡한 상호작용'

이라는 아이디어의 선구자였다. 그리고 (올바로 이해한 내용이라고 하기에는 부적절해 보이지만) 슈타이나흐는 성호르몬과 관련된 고수익 비즈니스 모델의 탄생에 기여했고, 그 결과 호르몬에 기반한 갱년기 치료제 시장이 창조되었다.

정관수술을 둘러싼 광기 어린 분위기 속에서도 진지하게 과학을 연구한 연구자들은 많았다. 연구자들은 생물학과 화학을 결합함으로써 새로운 실험 연구 분야에 진출했다. 그리하여 수많은 발견들이 언론의 헤드라인을 장식했는데, 그중에는 에스트로겐과 프로게스테론 분리, 그리고 테스토스테론 분리도 포함되어 있었다.◇ 그러나 우리가 종종 간과하는 호르몬인 사람융모성생식샘자극호르몬human chorionic gonadotropin(hCG)도 있었다. hCG에 관한 최초의 연구는 1920년대 말 독일에서 시작되어, 거의 10년 후 미국의 볼티모어에서 대단원의 막을 내린다. 볼티모어의 존스홉킨스 의대에서는 당찬 여대생 한 명이 "내가 의학 미스터리 하나를 꼭 해결하고 말 테야"라고 벼르고 있었다.

◇ 에스트로겐과 프로게스테론은 1929년, 테스토스테론은 1931년에 분리되었다.

6장 성호르몬의 소울메이트

조지아나 시거 존스 박사는 거의 반세기 동안 남편 하워드 W. 존스 주니어 박사와 한 책상을 같이 썼다. 2인용 책상이었는데, 커다랗고 고풍스런 마호가니 테이블의 양쪽에 서랍이 하나씩 달려 있어서 1인용으로 설계된 공간에서 두 사람이 일하기에 안성맞춤이었다.

존스 부부는 평생 동안 해로하며 서로에게 헌신한 것으로 유명하지만, 이것 말고도 유명해진 이유가 몇 가지 더 있다. 두 사람은 1965년 케임브리지대학교의 로버트 에드워즈와 함께 인간의 난자를 연구실에서 수정시켰는데, 이는 사상 유례가 없는 일이었다. 에드워즈는 1978년 세계 최초로 시험관아기를 창조했고, 존스 부부는 그로부터 3년 후 미국 최초로 인공수정in vitro fertilization(IVF)에 성공해 현대적인 난임 치료 사업이 출범하는 데 기여했다.

시험관아기 이야기가 나오면 다들 한마디씩 하지만, 존스 부부가 은퇴한 후 현대적인 난임 치료 사업을 런칭했다는 사실을 아는 사람은 드물다. 더욱이 배양접시에서 아기들이 만들어지기 훨씬 전에, 그리고 남성들이 독점하던 산부인과 분야에 여성이 처음 진출하기 한참 전에, 조지아나 시거 존스가 내분비학에 큰 영향을 미쳤음을 아는 사람은 더더욱 드물다.

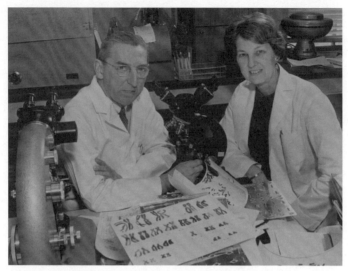

하워드와 조지아나 존스, 1958. Courtesy of A. Aubrey Bodine.

이 모든 일은 한 운명적인 날 저녁에 시작되었다. 그 날은 1932년
2월 29일, 윤일閏日이었다. 대학 4학년생 조지아나 시거(처녀 적 이름)는
산부인과 의사이던 아버지의 강권에 따라 존스홉킨스병원에서 열린
강의에 참석했다.

강사는 당대 최고의 신경외과의사이자 내분비학자 하비 쿠싱이었
다. 그런데 하필 가는 날이 장날이라고, 그날 저녁 시거와 존스 사이의
로맨스에 불이 붙었다. (존스의 아버지도 시거의 아버지와 같은 병원에 근무
하는 의사였고, 시거의 아버지가 1910년에 존스의 분만을 담당했다. 시거와 존스
가 젖먹이 시절 주말마다 병원의 잔디밭에서 함께 노는 동안, 두 사람의 아버지는
환자를 돌봤다.) 그후 수십 년 동안, 시거는 '홉킨스에서 보낸 저녁시간'

이 자신의 인생을 바꿨다고 입버릇처럼 말했다. 그러나 존스의 말은 뉘앙스가 좀 달랐다. "조지아나는 그날 저녁에 우리가 재회했다는 점을 강조하지만, 사실 그녀에게 그날 저녁의 하이라이트는 쿠싱의 강연이었어요. 그녀는 내분비장애에 관한 쿠싱의 강연에 큰 감명을 받아 당시 비교적 생소한 주제였던 내분비학이 산부인과의 전문 분야로 부상할 거라고 확신했죠."

시거는 아버지의 소원대로 이듬해에 존스홉킨스 의대에 진학했다. 사랑의 열병에 걸린 2학년생 존스는 해부학 시간에 시거에게 접근하려고 무던히 노력했다. 그녀는 알 슈바르츠와 시신을 공유했는데, 슈바르츠는 암허스트 학부생 시절부터 존스와 우정을 쌓아온 절친한 친구 중 한 명이었다. 존스는 "슈바르츠의 묵인하에 시거와 관계를 맺을 좋은 기회"라며 쾌재를 불렀다. 홉킨스에서 데이트란 도서관에서 함께 공부하는 것을 의미했다. 또한 시거와 존스에게, 데이트란 병리학 실험실에서 현미경을 통해 난소 표본을 함께 관찰하는 것을 의미하기도 했다. 두 사람의 진척 상황을 옆에서 지켜보던 슈바르츠는 마침내 존스에게 결정적인 힌트를 줬다. "이제 시거에게 정식 데이트를 신청할 때가 된 것 같아."

존스는 용기를 내어, 시거에게 추수감사절에 승마를 함께 하자고 제안했다. 그녀가 승마를 좋아한다는 말을 들은 적이 있었기 때문이다. 그러나 공교롭게도 약속한 날 아침에 비가 억수같이 쏟아졌다. 그로부터 80년 후 존스는 이렇게 회고했다. "웬일인지 전 그녀에게 다른 장소를 제안하지 않았어요. 이유는 모르겠지만, 지금 생각하면 그저 어이가 없을 따름이에요." 그후 한 달쯤 지나 두 사람은 마침내 첫 번째 데이트를 했다. 상쾌하고 화창한 1933년 정월 초하루, 그들은 볼티모어 북부에 있는 승마장으로 향했다.

"그 당시에 의학계에 발을 들여놓은 여성들을 우리는 헨 메딕hen medic이라고 불렀어요. 아마도 '외모에 별로 신경 쓰지 않고, 굽 낮은 구두와 수수한 드레스를 즐겨 착용한다'는 뜻에서 그렇게 불렸던 것 같아요." 존스는 말했다. "저는 그 말을 '촌닭'이 아니라 '학구적인 용모'라는 의미로 해석했어요. 여학생들은 결혼 따위에는 별로 관심이 없었던 것 같아요." 100살이 넘어 흑백 사진첩을 넘기며 자신(1910-2015)과 시거(1912-2005)의 젊은 날 모습을 유심히 바라보던 존스는 감개무량한 것 같았다. "그러나 시거는 여느 여성 의학도들과 달랐어요. 하이힐을 즐겨 신고 옷을 잘 차려 입었으며, 패션 감각이 뛰어났죠."

의대 초년생 시절, 존스는 일주일에 한 번씩 그녀와 함께 저녁을 먹으려고 갖은 노력을 다했다. 그는 클럽을 하나 만든 다음 학생 10여 명과 지도 교수를 초청해 자신의 애정 행각을 합리화했다. 물론 그 클럽의 주된 의도는 시거를 만나는 것이었지만, 또 다른 의도는 최근 출간된《성性과 내분비》라는 책에 관해 토론하는 것이었다. 급성장하고 있던 '성에 대한 연구'라는 분야와 성호르몬이라는 주제에 관심이 많은 의학도들에게, 그 책은 크고 무거운 보물단지나 다름 없었다. 그 책의 편집자는 워싱턴대학교의 에드거 앨런 교수였는데, 그는 1929년 에드워드 도이시와 함께 에스트로겐을 정제함으로써 명성을 날린 인물이었다. 그 책에는 생리학, 생물학, 심리학은 물론 곤충학과 조류학

크레이지 호르몬

에 이르기까지 다방면에 걸친 호르몬 연구자들이 집필한 장들이 여럿 포함되어 있었다. 곤충의 짝짓기 습관에서 시작해 새의 깃털로 방향을 튼 다음, 인간의 성적 이상sexual abnormality의 생리학에서 절정을 이뤘다.◇ 이 책은 진지하고 복잡하고 두툼한 의학 서적으로, 성, 섹슈얼리티, 사춘기의 생리학에 대한 최신 이론들을 총망라했다.

존스는 자신이 주도하는 모임을 섹스클럽Sex Club이라고 불렀다. 회원들은 매주 금요일 오후 다섯 시에 '샵'이라는 곳에서 모였다. 그곳은 울프 기념비의 모퉁이에 있는 허름한 대중음식점으로, 캠퍼스에서 도보로 5분 거리에 있었다. 그들은 햄버거와 밀크셰이크를 먹으며 한 번에 한 장씩 토론했다. 첫 번째 모임에서는 햄버거를 먹으며 성 분화sex differentiation의 기본적인 생물학을 심도 있게 논의했다. '모든 배아들이 동일한 상태에서 시작되지만, 모종의 요인(예컨대 화학적 유발 요인, 또는 모체의 식생활과 같은 환경요인) 때문에 암컷이나 수컷으로 분화하는 게 틀림없다'는 사실은 이미 알려져 있었다. 《성과 내분비》에서 반복적으로 제기한 의문은 다음과 같았다. 수컷다움maleness과 암컷다움 femaleness을 조절하는 것은 무엇이며, 이 두 용어는 각각 무엇을 의미하는가? 모두 염색체나 호르몬과 관련된 것인가, 아니면 제3의 요인과 관련된 것인가?

이런 개념들은 새롭고 혼란스럽지만 흥을 돋우었다. 회원들은 조

◇ 흥미로운 점은 킨제이의 초기 연구가 곤충, 그중에서도 특히 벌wasp에 집중되었다는 것이다. 곤충생물학에서 시작해 인간의 성性으로 넘어가는 것은 자연스러운 경향인 듯하다.

건화된 성conditioned sex과 무조건적 성unconditioned sex이라는 개념과 마주쳤는데, 그 내용은 이러했다. "여성호르몬은 여성 배아를 자극해 여성의 해부학적 구조를 발달시키고, 남성호르몬도 방향만 다를 뿐 메커니즘은 똑같다. 그에 반해, 아무런 성적 자극을 받지 않은 신체 부위는 무조건적이다." 무조건적인 성 특징의 한 가지 사례는 남성의 젖샘이었다.

회원들은 '배아가 성을 바꿀 수도 있다'거나 '성 분화 과정에서 뭔가가 개입될 경우 양성성을 띨 수도 있다'는 내용을 읽었다. 예컨대 과학자들은 한 실험에서, 수컷 송아지의 피를 암컷 배아에 주입함으로써 간성송아지intersex calf(당시에는 암수한몸 송아지hermaphrodite calf라고 불렀다)를 만든 적이 있었다. 그 책의 1장을 집필한 시카고대학교의 생물학과장 프랭크 릴리는 이렇게 말했다. "이런 점에서 볼 때, 모든 접합자zygote◆는 암수한몸의 잠재력을 보유하고 있다고 할 수 있다. 왜냐하면 결정인자의 조건에 따라 암컷 또는 수컷, 또는 양성(즉, 암수모자이크◆◆ 또는 간성)의 특징을 나타낼 수 있기 때문이다."

존스와 시거는 그 책에 매혹되었다. 그래서 910쪽의 책을 독파했을 때, 그들은 첫 페이지부터 다시 읽기 시작했다. 향학열에 불타는 시거는 한걸음 더 나아가, 강의와 섹스클럽 모임에 참석하지 않거나 일주일에 한 번씩 개최되는 모임을 준비하지 않을 때, 조지 오토 가이의

◆ 난자와 정자가 수정된 수정란을 뜻한다.
◆◆ 한 동물 개체에 수컷의 형질을 나타내는 부분과 암컷의 형질을 나타내는 부분이 뚜렷한 경계를 이루며 혼재하는 현상. 성性모자이크라고도 한다.

연구실에서 자원봉사를 했다. 그녀는 임신 진단을 담당했는데, 연구실에서 테크니션으로 일한 경험은 장차 그녀가 이룩할 중요한 발견의 밑거름이 되었다. 왜냐하면 그녀는 단순히 정해진 절차만 밟은 게 아니라, 각각의 단계를 거칠 때마다 과학적 원리를 곰곰이 생각했기 때문이다.

::

시거가 가이의 연구실에서 일하던 1930년대의 임신 진단법은 발명자인 독일의 의사 젤마 아슈하임과 베른하르트 존데크의 이름을 따서 아슈하임-존데크 호르몬 검사(간단히 A-Z 검사)라고 불렸다. 그 방법은, 임신이 예상되는 여성의 소변을 채취해 생쥐에게 주입한 뒤 100시간쯤 지나 생쥐의 난소를 검사하는 거였다. 만약 생쥐의 난소에 부종이나 빨간 반점이 생기면 임신이고, 아무런 변화가 없다면 임신이 아니었다. 오늘날 표준으로 자리잡은 '소변 검사 스틱'과 비교하면 느리고 복잡하지만, 그때만 해도 빠르고 간단한 방법으로 정평이 났었다. A-Z 검사가 등장하기 전에, 여성은 월경이 두세 달 나오지 않는 것을 확인한 후 의사를 찾아갔다. 그러면 의사는 청진기를 들이대보고 임신 몇 개월인지를 판정했다.

A-Z 검사는 1930년대 초부터 몇십 년 동안 임신 진단법으로 군림했다. 궁극적으로 생쥐는 토끼를 거쳐 개구리로 대체되었는데, 이는 참으로 반가운 소식이었다. 생쥐와 토끼는 검사가 끝난 후 죽었지만,

개구리는 알을 낳으므로 죽지 않았기 때문이다. (1950년대에 임신을 에둘러 표현하기 위해 '토끼가 죽었음'이라는 완곡어구가 탄생한 것은 바로 이 때문이다. 그러나 이건 틀린 말이다. 임신 진단에 사용된 토끼는 결과와 무관하게 죽을 운명이었기 때문이다.)◇

그 당시 의사들은 임신 진단법을 히포피젠포더라펜레악티온 hypophysenvorderlappenreaktion이라는 전문용어로 불렀는데, 이는 독일인들조차 발음하기 어려운 단어였다. 그것은 뇌하수체 전엽 반응을 의미하는 용어로, 제 딴에는 '매우 중요한 호르몬을 분비하는 분비샘'의 이름을 넣어 만든 걸작이었다. 그러나 열 개의 까다로운 음절로 이루어졌다는 점을 차치하더라도 이 작명은 실패작이었다. 과학자들은 그 단어를 보고 머리를 긁적일 수밖에 없었다. 뇌하수체가 임신과 관련되어 있다고? 도대체 무슨 근거로? 임신한 여성의 소변 속 물질이 뇌에서 나온 걸까? 정말로?

하비 쿠싱이 뇌하수체를 집중적으로 연구한 이후, 과학자들은 뇌하수체가 '호르몬과 관련된 모든 것'에 관여한다고 가정해왔다. 사실, 아슈하임과 존데크는 뇌하수체 조각을 설치류에 주입한 후 배란이 일어난 것을 발견했다. 설치류의 난소는 임신한 여성의 소변을 주입받은 경우와 똑같은 반응을 보이는 것처럼 보였다. 따라서 그들은 '뇌하수체 속의 화학물질과 소변 속의 화학물질이 동일하다'는 결론을 내

◇ 나의 어머니는 1950년대에 임신 진단을 받으러 병원에 다녀온 후, 계산서 두 장을 우송받았다. 한 장에는 진료비와 검사비가, 다른 한 장에는 토끼 값이 적혀 있었다. 어머니는 음성 판정을 받았지만, 토끼는 사망했다.

렸지만, 뇌하수체에서 그 물질을 분리하지는 못했다. 따라서 그들이 제시한 증거는 나름 타당했지만, 결정적인 증거는 아니었다.

대부분의 의사들은 그 정도의 증거에 만족했으며, 특히 그 분야에서 인정받는 아슈하임과 존데크가 제시한 증거이기 때문에 더욱 그러했다. 그러나 일부 전문가들은 회의적이었다. 스탠퍼드대학교의 얼 엥글이라는 연구자는 면밀한 연구를 통해, "설치류의 난자는 임신부의 소변과 뇌하수체에 대해 각각 다른 반응을 보인다"고 보고했다. 즉, 임신부의 소변을 주입받은 후, 설치류의 난소에서 난포follicle가 배출되고, 성숙하는 난자 주변에 혈류가 증가하며, 황체corpus luteum가 성장하는 것으로 나타났다. 그에 반해, 뇌하수체를 주입받은 후에는 난포가 배출되었지만, 그게 전부였고 혈류 증가나 황체 성장 등의 후속 사건은 일어나지 않았다. (황체란 모든 난자의 내부에 존재하는 노란색 방울로, 임신에 결정적으로 중요하다. 그것은 '미성숙 난자'를 '배출되어 수정될 수 있는 난자'로 전환시키는 호르몬을 분비한다. 또한 황체는 임신을 유지시키는 호르몬을 분비하고 에스트로겐과 프로게스테론을 내뿜는데, 에스트로겐과 프로게스테론은 인체에 '자궁 내벽에 쿠션을 깔라'는 신호를 보낸다.)

그뿐만이 아니었다. 생쥐 10여 마리를 이용한 소규모 연구에서는, 태반 조각이 임신부의 소변과 똑같은 반응을 초래하는 것으로 밝혀졌다. 즉, 생쥐의 태반을 분쇄한 후 걸쭉한 죽처럼 만들어 어린 생쥐에게 주입했더니, 난포(난자)가 부풀어오르고 혈류가 증가하며 황체가 발달하는 것으로 나타났다. 이는 소변 속에 존재하는 물질이 태반에도 존재한다는 것을 시사한다.

1933년, 조지아나 시거는 '인간의 호르몬 분리'를 노리는 과학자들 간의 경쟁에 가담했다. 듣도 보도 못한 어린 여대생 신분으로 내로라하는 남자 교수들이 우글거리는 각축장에 겁 없이 뛰어든 것이다. 그러나 그녀가 자원봉사자로서 A-Z 검사를 수행하던 조지 오토 가이의 연구실에는 첨단 장비가 널려 있었다. 그중 하나는 (살아 있는 세포를 연구할 수 있게 해주는) 회전관 배양기roller tube machine로, 오늘날의 기준에서 보면 평범하기 이를 데 없지만 그 당시에는 획기적인 장비였다. 그도 그럴 것이, 모든 연구자들이 오랫동안 갈망해왔던 방법, 즉 인간의 세포를 체외에서 배양하는 방법을 제공했기 때문이다. 그 장비를 사용하면 죽은 조직 덩어리를 응시하는 게 아니라 살아 있는 생체 과정을 실시간으로 관찰할 수 있었다. 또한 새로 개발된 치료법의 효능을 테스트할 수도 있었다. 종전에는 살아 있는 세포들을 배양접시에서 키우려고 노력했지만, 아무리 좋은 영양소를 공급해도 시들시들하다가 죽어버리기 일쑤였다. 그러나 가이의 연구실에서는 살아 있는 세포에 신선한 영양소를 지속적으로 공급할 수 있었다. 세포의 입장에서 볼 때, 기존의 배양법이 '지저분한 욕조에 몸을 담그고 있는 것'이라면, 회전관 배양기는 '샤워 부스 속에 우아하게 서 있는 것'이라고 할 수 있었다.

가이는 모든 장비들을 손수 제작하는 재주꾼으로, 볼티모어에 있는 제이크 샤피로의 고물상에서 유리와 금속을 잔뜩 수집했다. 그리고는 그 유리를 이용해 자신만의 시험관을 만들고 손수 제작한 금속제 원통의 좁은 구멍 속에 밀어 넣었다. 시험관에는 세포와 영양소가

크레이지 호르몬

들어 있었으며, 원통과 함께 한 시간에 한 바퀴씩 천천히 회전했다. 시험관이 회전하는 동안 세포들은 원심력에 의해 유리벽 쪽으로 밀려났고, 영양소는 세포 위를 골고루 뒤덮었다. 그리고 원통 속으로는 이산화탄소가 일정한 시간 간격으로 공급되어 pH를 적정 수준으로 유지해줬다. 가이가 1951년 불멸의 헬라세포주HeLa cell line를 만들 수 있었던 것도 바로 이 회전관 배양기 덕분이었다. 헬라세포는 헨리에타 랙스의 자궁경부암에서 채취한 암세포로, 여러 해 동안 모든 종류의 의학 연구에 사용되었다.

가이는 말과 생각이 빠른 사람으로서 수많은 프로젝트들을 동시에 진행했으며, 늘 새로운 방법을 고안해내는 데 몰두했다. 간호사 출신의 아내 마거릿은 의학 테크니션으로 맹활약했다. 그녀는 억척 같은 일꾼으로, 남편의 연구에서 핵심적인 역할을 수행하며 남편의 아이디어가 실현되는지 꼼꼼히 확인했다. 시거와 존스(존스는 종종 연구실로 여자친구를 방문했다)는 가이 부부와 함께 도시락을 먹으며 최근의 과학 논쟁에 관한 정보를 얻었다. 또한 시거는 홉킨스의 연구실에서 샌드위치를 먹으며 뇌하수체와 태반에 관한 연구 소식을 들었다. 그녀는 가이에게 "회전관 배양기를 이용해 태반호르몬 이론을 검증해도 될까요?" 하고 물었다.

가이는 시거가 회전관 배양기를 사용하는 데는 반대하지 않았지만, 그녀가 태반호르몬 이론을 검증할 수 있으리라는 것을 도저히 상상할 수 없었다. 왜냐하면 연구에 사용할 태반을 구하는 게 간단한 문제가 아니었기 때문이다. 가이는 이렇게 설명했다. "산도birth canal를 통과한 태반을 연구에 사용해서는 안 된다. 왜냐하면 태반호르몬이 태반에서 유래하는 것인지, 아니면 산도를 통과하는 과정에서 획득된 것인지 알 수 없기 때문이다." 연구용으로 적당한 것은 제왕절개 과정에서 적출된 태반이지만, 그 당시에는 제왕절개가 드물어 전체 출산의 약 2퍼센트에 불과했다. 그러나 시거는 포기하지 않았다.

그러던 중 요행히도 시거의 친구 루이스 헬먼이 시거를 위해 순수한 태반을 구해줬다. 그는 존스홉킨스의 레지던트였는데, 하버드연구소에 몇 주간 머무는 동안 희귀한 종양을 하나 발견했다. 그것은 자궁에서 적출된 것이었는데, 특이하게도 호르몬을 분비하고 있었다. 문제의 여성은 임신 진단에서 양성 판정을 받고 임신이라고 생각했지만, 사실은 그런 게 아니었다. 온전한 정자가 난자를 수정시키는 대신 정자의 부스러기가 난자 속으로 들어가(이는 간혹 일어나는 현상이었다), 종양과 유사한 덩어리를 초래하고 태반을 형성한 것이었다. 순간적으로 '시거에게 필요한 것'이라고 직감한 헬먼은 아서 허티그 소장의 허락하에 태반 샘플을 유리병에 담아 들고, 그 길로 케임브리지역으로 내달렸다. 그리고는 기차에 올라타 단숨에 볼티모어에 도착했다.

시거는 격하게 감동했다. 헬먼에게서 넘겨받은 태반을 즉시 분쇄해 회전관 배양기에 넣고 세포가 증식하기를 기다렸다. 세포가 증식하는 것을 확인하고 본격적인 실험에 착수했다. 인간의 태반세포가 젊은 암컷 시궁쥐의 난소를 변화시킬 수 있을까? 만약 그렇다면, 그것은 태반에 '아기를 만드는 호르몬'이 포함되어 있다는 증거였다. 태반 샘플을 암컷 시궁쥐에게 주입했더니 아니나 다를까! 임신부의 자궁에

크레이지 호르몬

서 일어나는 것과 똑같은 변화(혈류 증가, 난포 성장, 황체의 성장 및 퇴화)가 일어났다. 태반 한 개를 이용한 소규모 연구였지만 매우 꼼꼼하게 수행되었다. 그리하여 그 연구 결과는 "임신호르몬을 분비하는 것은 뇌하수체가 아니라 태반"이라는 관념을 뒷받침하는 확고한 증거로 간주되었다.

연구 결과를 확실히 하기 위해 더 많은 태반을 찾는 동안, 가이는 시거에게 그 발견을 당장 출판하라고 권했다. 가이는 《사이언스》에 단문letter 형식으로 투고할 것을 제안했는데, 단문은 논문article보다 더 빨리 기고할 수 있다는 장점이 있었다. 가이의 전략이 적중한다면, 시거는 '뇌하수체-태반 논쟁의 해결사'로서 기치를 드높일 수 있었다. 그러나 사소하지만 중요한 문제가 하나 있었으니, 여성의 이름으로 논문을 제출할 경우 명망 있는 저널의 심사위원들에게 퇴짜를 맞을 가능성이 높았다. 가이는 궁리 끝에 퍼스트 네임(조지아나) 대신 '퍼스트 이니셜 + 미들 네임'을 쓰는 묘안을 제시했고, 저자의 이름은 'G. 에모리 시거'로 낙착되었다.

단문은 1938년 9월 30일 《사이언스》에 실렸다. 주요 저자lead author 로 맨 먼저 이름을 올린 사람은 가이였지만, 이는 학계의 오래된 관례인지라 어쩔 도리가 없었다. 왜냐하면 연구실의 최고 선임자는 가이였기 때문이다. 시거는 무시받는 듯한 느낌이 들었지만 불평하지 않았다. 작업량에 관한 한 시거에 결코 뒤지지 않는 마거릿 가이가 저자 명단에 끼지도 못한 것에 비하면 양반이었다. 저자의 이름은 경력과 기여도를 감안해 가이, 시거, 헬먼(하버드에서 존스홉킨스로 태반을 배달한

레지던트) 순으로 기재되었다.

　1939년 베른하르트 존데크가 강연 요청을 받고 존스홉킨스를 방문했는데, 그는 아직도 '임신호르몬이 뇌하수체에서 유래한다'고 철석같이 믿고 있었다. 대학 측에서는 메릴랜드클럽이라는 회원제 음식점에 저녁 식사를 예약했는데, 시거는 학생임에도 불구하고 연구에서 차지하는 비중을 감안해 그 자리에 초청받았다. 클럽의 약관에 따르면, 회원이 아닌 사람은 모임에 참석하기 전에 클럽의 승인을 받아야 했다. 클럽에서는 모임을 주관한 부인과 전문의 에밀 노박에게 전화를 걸어, "우리 클럽은 남성 전용이므로 시거를 받아들일 수 없습니다"라고 통보했다. 격노한 노박은 "연구의 중요성을 감안할 때, 조지아나는 가장 중요한 내빈이다. 만약 그녀의 참석을 거절한다면 만찬 장소를 다른 곳으로 옮길 수밖에 없다"고 강력하게 항의했다. 클럽에서는 마지못해 시거의 참석을 허용했다.

　1942년 가이와 시거는 대규모 연구 결과를 《존스홉킨스병원 회보》에 발표했다. 또한 그들은 임신호르몬의 이름을 바꿨다. 아슈하임과 존데크는 임신호르몬을 프롤란prolan이라고 불러왔는데, 그 어원은 '자손'이라는 뜻을 가진 라틴어 프롤레스proles였다. 시거는 융모성생식샘자극호르몬chorionic gonadotropin이라는 용어를 새로 제안했는데, 그 의미(태반의 일부인 융모에서 유래하며, 생식샘에 영양분을 공급하는 물질)를 새겨보면 임신호르몬의 정체를 제대로 기술했음을 알 수 있다. 새로운 논문에는 일곱 개의 태반을 이용한 연구 결과가 포함되어 있었다. 두 건은 자궁외임신ectopic pregnancy◆, 두 건은 제왕절개를 통해 분만한 만기 임신full-term pregnancy, 세 건은 포상기태hydatidiform mole◆◆에서 적출한 태반을 이용한 연구였다. 시거는 그 내용을 1945년 3월 15일 뉴올리언스에서 열린 미국생리학회 모임에서 다시 발표했고, 융모성생식샘자극호르몬이라는 용어는 이 모임에서 확정되었다. 그녀는 나중에 '인간'이라는 접두사를 붙였고, 이렇게 탄생한 사람융모성생식샘자극호르몬은 오늘날 hCG라는 약어로 불린다.

시거는 의학의 미스터리 중 하나를 해결했을 뿐만 아니라, 임신호르몬에 이름을 붙였고 메릴랜드클럽에서 개최한 만찬회에 참석한 최초의 여성이 되었다. 그리고 이 세 가지 업적 중 두 가지는 의대생 시절에 달성되었다.

그 당시에는 의대생들에게 결혼이 허용되지 않았다. 그래서 하워드 존스와 조지아나 시거는 수련의 생활을 마친 1940년 어느 날, 작은 교회에서 결혼식을 올렸다. 존스가 결혼 생활 몇 년 만에 2차 세계대전에 징용되자 시거는 신랑 곁에 머물기 위해 입대를 신청했다. 그녀는 두 살배기와 젖먹이를 키우고 있었지만, 친척과 유모에게 맡길 심산이었다. 그러나 징병 검사에서 담당 의사가 강력히 만류하는 바람에 뜻을 이루지 못했다.

병사들은 편지에 자신의 위치를 적지 못하도록 되어 있었지만, 존스는 시거에게 위치를 몰래 알려주는 방법을 고안해냈다. 존스는 전

◆　배아가 자궁 외, 예컨대 나팔관에서 성장하는 경우를 말함.
◆◆　종양 비슷한 덩어리로, 시거가 오리지널 연구에서 사용한 것과 똑같은 태반을 형성함.

선으로 떠나기 전에 편지와 똑같은 크기의 유럽지도 두 장을 구입해 그중 한 장을 시거에게 나눠줬다. 그러고는 "앞으로 편지를 쓸 때마다 지도 위에 편지를 올려놓고 내가 있는 장소 위에 바늘로 작은 구멍을 뚫겠소"라고 했다. 시거는 존스가 보낸 편지를 받을 때마다 자신이 갖고 있는 지도 위에 편지를 올려놓고 구멍이 뚫린 곳의 위치를 확인했다.

전쟁이 끝난 후 두 사람은 아이를 한 명 더 낳고 의료 현장에 복귀해 2인용 책상에서 서로 마주보며 근무했다. 그때부터 생명이 다하는 날까지, 환자와 동료들은 두 사람을 각각 하워드 박사와 조지아나 박사라고 불렀다.

조지아나 박사는 단발머리와 보수적인 복장을 하고 정확하고 확신에 찬 행동을 하며, 남자들로만 이루어진 의료계에서 당당하게 권위를 내세웠다. 그러나 병상 곁에서 환자들을 대하는 태도는 사뭇 달랐다. 20세기 중반의 의사들은 환자들과 거리를 유지하도록 훈련받았지만, 조지아나 박사는 상냥하고 연민 어린 태도를 유지했다. 한 환자는 이동식 들것에 실려 분만실로 들어가는 자신을 향해 허리를 구부리며 기운을 내라고 속삭이던 그녀의 모습이 두고두고 가슴에 남는다고 했다.

시거는 대중의 여론에 휘둘리지 않고 데이터를 꼼꼼히 챙겼다. 그녀는 1950년대에 스태프들에게 디에틸스틸베스트롤diethylstilbestrol(DES)을 처방하지 말라고 권고했다. DES란 하버드를 비롯한 주요 의료 기관에서 널리 사용하던 합성 에스트로겐 약물로, 유산을 방지하기 위해 설계된 것이었다. 그녀는 증거를 면밀히 검토해보고 DES의 효능과 안전성을 확신할 수 없다는 결론을 내렸다. 시장에 출시된 지 20년 후인 1971년, DES의 독성 효과가 마침내 밝혀졌다. 그 내용인즉, DES가 질암과 자궁 기형을 유발하고, 출생 전에 DES에 노출된 여성들에게는 불임을 유발할 수 있다는 것이었다.

조지아나 박사는 만년에 알츠하이머병에 걸렸다. 그 즈음 하워드 박사는 일선에서 물러난 상태였다. "그녀와 함께할 수 없는 삶은 더 이상 흥미롭지 않았어요"라고 그는 말했다. 그러나 그는 가능한 한 조지아나 박사를 대동하고 사무실에 계속 출근하고 학회에도 참가했다. 그들의 행정 비서인 낸시 가르시아는 사무실에서 조지아나 박사의 헤어스타일을 고데기로 다듬어줬다. "조지아나 박사가 자신의 사무실로 걸어 들어오면 하워드 박사는 '당신은 정말 아름다워, 조지아나'라고 말하곤 했어요. 그녀가 바라는 건 그게 전부였어요"라고 가르시아는 회고했다. 조지아나 시거 존스는 2005년 3월 26일, 아흔다섯 살을 일기로 세상을 떠났다.

존스 부부의 삶은 곧 생식내분비학의 역사였다. 두 사람은 종종 생식내분비학의 전면에서, 또는 한복판에서 핵심적인 역할을 수행했다. 그들의 연구와 연구 계획서는 성발달 호르몬에 대한 이해를 넓히는 새로운 길을 제시했다. 그러나 명예롭게 은퇴한 지 몇 년 후, 그들은 거센 논쟁의 중심에 서게 된다.

7장　성gender은 어떻게 결정되나

캐더린 설리번이 1956년 여름 뉴저지 주에 있는 웨스트허드슨병원에서 아기를 낳았을 때, 겸자forcep를 이용해 아기를 꺼낸 의사는 두 다리 사이를 들여다보더니 이렇게 말했다. "…아무것도 없네." 설리번 여사는 첫 출산이었으며, 아기를 낳은 직후 의사의 입에서 그런 말이 나올 거라고는 전혀 상상하지 못했다. 그저 "딸이에요"나 "아들이에요"라고 할 줄 알았지, "아무것도 없네"라고 할 줄이야.

의사는 당황했다. 아기의 성기는 여자 것도 남자 것도 아니고, 그 중간의 어디쯤이었다. 그런 상황을 환자에게 뭐라고 설명해야 할지 난감했다. 명색이 의사로서 어느 상황에서든 불확실하다고 말하는 것은 민망하지만, 아기의 성별과 같은 기본적인 사항에 대해서는 더욱 그러했다. 어떻게 모를 수가 있을까? 모른다는 것을 어떻게 인정할 수 있을까? 잠시 후 설리번 여사가 마취에서 깨어나자, 의사는 아기가 아들인지 딸인지 판단하는 데 필요한 시간을 벌기 위해 다시 한 번 마취를 했다. 설리번 여사의 남편 아서 설리번도 당황스럽기는 마찬가지였다. 처음 며칠 동안은 친구들에게, 그 후에는 자녀들에게 그 일에 대해 입도 뻥긋하지 않았다. 그러므로 그가 의사에게 (만약 말을 들었다면) 무슨 말을 들었는지 아는 사람은 아무도 없었다. 의사가 그를 마취하지 않았던 것만은 분명할 텐데 말이다.

그로부터 3일 후, 설리번 여사는 의사에게서 아기를 건네받았다. 의사는 "아들입니다"라고 선언하며 말끝을 흐렸다. "심각하게 변형된 부분이 한군데 있기는 하지만…." 의사는 설리번 부부에게 성기 수술을 하면 도움이 될 거라고 말해줬지만, 그들은 몇 년 동안 아무 일도 손에 잡히지 않았다. 아들을 데리고 귀가한 후에는 의사에게서 아무런 소식도 듣지 못했다. 설리번 여사가 의사에게 연락을 취하려고 노력했지만 의사는 전화를 받지 않았으며, 간호사에게 전화해달라고 전달했음에도 묵묵부답이었다.

아기의 이름은 브라이언 아서 설리번이었다. 성기의 모양만 제외하면, 어린 브라이언은 어느 모로 보나 여느 남자아기들과 똑같았다. 모든 성장 단계를 (빠르지는 않았지만) 제때 통과했다. 그러나 맨 처음 꿈틀거리며 옹알이를 시작할 때부터 문제가 하나 있었다. 고추가 작아도 너무 작았던 것이다. 아무리 아기임을 감안한다고 해도. 심지어 포피foreskin도 없었다. 설리번 여사는 다른 엄마들로부터 '기저귀를 갈아줄 때 살펴보니, 소변줄기가 빨랫줄처럼 뻗치더라'라는 이야기를 들었다. 그러나 브라이언의 소변줄기는 마치 여자아기들처럼 맨 밑에서부터 갈라져 나왔다. 지금 당장은 기저귀 속에 비밀이 감춰져 있지만, 더 크면 어떻게 될까? 급우들이 그를 놀리지 않을까? 혹시 앉아서 오줌을 누게 되는 건 아닐까? 다른 부모들이 그 사실을 알면 어떻게 하지? 자기 아이들과 놀지 못하게 하지 않을까?

아기의 중요한 부분이 소위 정상이라는 기준과 일치하지 않을 때,

부모들은 '우리들에게 무슨 결함이 있을지 모른다'고 생각할 수밖에 없다. 그들이 무슨 유전적 변이를 갖고 있다가 아들에게 물려준 건 아닐까? 임신 기간 중에 무슨 잘못을 한 건 아닐까? 설리번 여사의 경우, 임신 5개월째에 출혈 때문에 침대에 누워 줄곧 휴식을 취했다. 그게 큰 잘못을 알리는 신호였는데 모르고 그냥 넘어갔던 건 아닐까? 설리번 부부가 당황한 나머지 공포에 질린 것은 당연했다. 아무런 지침도 없고 도움도 받지 못했으니 말이다.

만약 아기가 천식이나 당뇨병을 앓았다면, 친구들에게 동정이나 조언을 구할 수도 있었을 것이다. 그러나 입양이나 불임이 터부시되던 1950년대에 비정형생식기atypical genitalia를 가진 아기를 양육할 방법은 막막했다. 아무런 지원망도 존재하지 않는 상태에서 부모들은 곤란한 이슈를 혼자 힘으로 해결하기 위해 이리 뛰고 저리 뛰어야 했다. 설리번 부부는 어린 브라이언을 보호하고 가능한 한 정상아처럼 보이도록 만들기 위해 최선을 다했다. 그러나 부모의 막연한 공포감은 아들을 바라보거나 치료하는 방식에 어두운 그림자를 드리웠다. 브라이언이 몇 년 후 회고한 바에 따르면, 부모는 늘 그에게 화를 냈고 그의 일거수일투족을 감시했으며, 그의 어설픈 행동은 늘 부모로 하여금 자격지심을 느끼게 했다고 한다. 만약 브라이언이 작은 페니스와 기형적인 음낭scrotum(음낭 속은 텅 비어 있었고, 한가운데가 완전히 열려 있었다)만 갖고 있지 않았다면, 그런 일은 없었을 것이다.

설리번 부부와 흉금을 털어놓고 지내는 (몇 안 되는) 사람 중 하나인 설리번 여사의 언니는, 그들을 대신해 전문가의 조언을 받아보려고 백방으로 수소문했다. 그러던 중 의사 한 명을 발견했는데, 다행히도 뉴저지주 키어니에 있는 (설리번의 집에서 멀리 떨어지지 않은) 컬럼비아 대학교에 재직하고 있었다. 사실 컬럼비아대학교뿐만 아니라 하버드, 존스홉킨스, 펜실베이니아대학교의 의사들도 브라이언과 비슷한 어린이들을 연구하고 있었다. 의사들은 '호르몬의 비정상적인 조합', '여성호르몬의 과부하', '남성호르몬 결핍'이라는 세 가지 가능성을 염두에 두고 있었다. 아마도 컬럼비아대학교의 의사가 브라이언의 부모에게 뭐가 잘못됐는지 말해줄 수 있을 것이다. 심지어 올바른 치료제를 처방해줄 수 있을지도 모른다. 어쩌면, "브라이언과 같은 어린이들은 늦깎이이므로, 학교에 들어갈 때쯤 되면 다른 어린이들과 똑같은 용모(정확히 말하면 페니스)를 갖게 될 것"이라고 말해줄지도 모른다.

설리번 부부가 전문가를 처음 만난 것은 브라이언이 생후 3개월째일 때였다. 컬럼비아장로회병원의 의사는 브라이언을 검사한 후, 9개월 뒤에 다시 찾아오라는 말만 했다. 아무것도 설명해주지 않았고, 무슨 질병이 걱정된다거나 의심된다는 등의 언질도 전혀 주지 않았다. 설리번 부부도 더 이상 꼬치꼬치 캐묻지 않았다.

브라이언은 무럭무럭 자라 수다도 떨고, 날째게 움직이기도 하고, 트럭과 블록을 갖고 놀기도 했다. 그리고 브라이언이 생후 10개월일 때 동생 마크가 태어났다. 설리번 부부는 브라이언 때문에 계속 초조해했지만, 마크로 인한 불면의 밤과 각종 뒤치다꺼리 때문에 병원을 방문할 겨를이 없었다. 생후 17개월째인 1958년 1월 마지막 주, 파란색 방한복을 입은 브라이언을 데리고 컬럼비아장로회병원을 방문했

크레이지 호르몬

다. 이번에는 의사가 철저한 검사를 제안하며, "외모에서 전형적인 모습이 보이지 않을 경우 내부에서 뭔가가 일어나고 있음을 암시하는 징후일 수 있다"고 설명했다. 의사는 탐색 수술exploratory surgery을 원했다. 브라이언의 복부를 절개해 생식기관을 확인하기 위해서였다. "만약 교정해야 할 것이 있다면 즉시 교정한 다음 결과를 지켜보는 게 좋겠다"고 의사는 덧붙였다.

1950년대에 보호자는 의사에게서 자상한 행동, 동정 어린 목소리, 자세한 설명을 기대할 수 없었다. 오늘날 환자나 보호자들에게서 볼 수 있는 모습, 예컨대 최선의 치료 방법을 둘러싸고 의사와 옥신각신하는 행동은 상상조차 할 수 없었다. 거의 항상 의사는 모든 것을 알고 있는 것으로 간주되었다. 그리고 의사들은 십중팔구 '현명한 남성'이었다. (그 당시에는 여의사가 별로 없었다.) 의사들은 의대에서 다년간 공부한 의학 전문가이므로 어느 누구의 '어설픈 충고'에도 귀를 기울일 필요가 없었다. 특별한 주제에 관해 미팅을 하거나 생물학 특강을 들을 필요도 없었다.

소위 환자의 권리장전Patients' Bill of Right◆을 요구하는 환자들은 존재하지 않았다. 사전 고지에 입각한 동의◆◆라는 개념도 아직 등장하지 않았다. 의사의 사전에 '건강 파트너'나 '환자 옹호자'라는 단어는 없

◆　1970년대에 탄생한 개념으로, '병원을 방문한 환자가 기대할 수 있는 것'을 자세히 설명한 선언문을 말함.

◆◆　의사의 진단에 관한 모든 것(예: 잠재적 위험을 수반하는 부작용)이 기재된 계약서에 환자나 보호자가 서명날인하는 것을 뜻한다.

었으므로, '환자가 진실(예: 암 진단)을 감당하지 못할 것'이라고 판단되면 재량껏 언급하지 않아도 그만이었다. 의학이란 가부장적 사업으로, 방대한 무기고(약물과 치료법)를 내세워 지배권을 강화했다. 상당수의 약물과 치료법들은 1950년대에 처음으로 등장했다. 의사들은 기술과 권력을 한 손에 쥐고 배타적이고 독점적으로 행동했으며, 환자나 제3의 지불인(예: 보험사, 건강보험공단)의 승인을 받지 않는 경우가 비일비재했다.

그러므로 "브라이언을 몇 주 동안(심지어 그 이상) 내게 맡기고, 치료에 관한 모든 결정을 나에게 일임하세요"라는 소리를 들었을 때, 설리번 부부는 의사의 언행을 안하무인이라거나 권위주의적이라고 여기기는커녕 으레 그러려니 했다. 설리번 여사는 뉴저지 집에서 뉴욕시 병원까지 하루도 빠짐 없이 차를 몰고 출퇴근하며, 병원의 허가를 받지 않고 입원실에 몰래 들어갔다. (황당하게도 보호자가 입원실에 출입하는 것은 병원의 규칙 위반이었다.) 3주쯤 지나자, 의사는 설리번 부부를 불러 문제를 완전히 파악했노라고 말해줬다. 그 내용인즉, 브라이언의 복강에서 자궁, 질, 난소를 발견했다는 거였다. 알고 보니 브라이언의 '조그만 페니스'는 페니스가 아니라 커다란 클리토리스였다. 다시 말해서, 브라이언은 남자아이가 아니라 여자아이였던 것이다.

의사의 설명은 계속되었다. "클리토리스 크기가 너무 커서 잘라버렸어요. 학교 샤워실이나 밤샘 파티에서 눈총을 받고 친구들에게 '성기 모양이 이상하다'는 놀림을 받지 않으려면 그렇게 하는 수밖에 없어요. 수술이 잘 끝났으니, 자제분은 외견상 정상적인 여자아이가 되었어요."

의사는 사무적인 말투로 이야기를 계속했다. "이제 남은 일은 '딸을 딸답게 대우하기'를 시작하는 거예요. 먼저 이름을 바꿔야겠어요. 브라이언 대신 보니는 어때요? 브라이언의 여성 버전처럼 들리니 안성맞춤이잖아요." 그리하여 '브라이언 설리번'은 하루 아침에 '보니 설리번'이 되었다. 의사는 설리번 여사에게 장로회병원의 편지지를 한 장 내놓으며, "자녀의 법정후견인 자격으로 서명을 하세요"라고 말했다. 편지지에는 다음과 같이 적혀 있었다.

지금까지 내 아이의 이름은

브라이언 아서 설리번이었으며,

이 시간 이후부터 보니 그레이스 설리번임을 확인합니다.

의사는 성전환 완료에 필요한 절차를 모두 열거했다. "새 술은 새 부대에 담아야 하잖아요. 새로운 여자아이에게는 새 단장이 필요해요. 이를테면 여자옷(바지가 아닌 핑크빛 드레스), 긴 머리칼(당시 유행하던 단발머리 스타일), 여자 어린이용 장난감(트럭이 아니라 인형)…. 그리고 보니의 새로운 신원을 확고히 하기 위해 다른 동네로 이사해야 해요. 브라이언에 대한 소문을 아는 사람이 전혀 없는 동네를 선택해야 해요. 그래야만 보니가 백지상태에서 새 출발을 할 수 있거든요. 성전환 사실을 아는 사람이 한 사람이라도 있을 경우, 보니가 완벽한 여자아이로 취급받을 수 없어요. 장담하건대, 내가 제시하는 일련의 방침을 준수하면 보니는 자기가 본래 여자로 태어난 것처럼 느낄 거예요."

전문가들은 설리번 부부에게 이렇게 훈수했다. "집을 샅샅이 뒤져서 아기 사진, 홈 비디오, 생일 카드 등 브라이언의 과거 흔적이 남아 있는 것들을 모두 치워버리세요."

설리번 부부는 브라이언의 흔적을 지우려고 최선을 다했지만, 보니가 초등학교에 들어갈 때까지 몇 년 동안 뉴저지의 마을을 떠나지 못했다. 원래 계획은 보니가 유치원에 들어갈 때쯤 이사 가는 것이었지만, 먹고살기 바쁜 데다 그 와중에 셋째 아이까지 낳고 보니, 짐을 꾸려 다른 동네로 이사한다는 게 쉬운 일이 아니었다. (셋째는 딸이었으며, 보니가 여섯 살 때 태어났다.) 설리번 여사가 바로 옆집 이웃에게 비밀을 털어놓자, 그는 보니의 처지를 동정하며 첫 번째 인형을 선물했다.

만약 50년 전에 태어났다면, 보니는 서커스단의 사이드쇼(서커스에서 손님을 끌기 위해 따로 보여주는 소규모 공연)에 뚱보나 외팔이와 나란히 출연하는 기형아 중 한 명이 되었을 것이다. 엔터테인먼트적 가치를 상상하기는 어렵지만, 20세기 초의 놀이공원 매니저들은 비정상적인 성기를 가진 사람들을 고용하기도 했다. 만약 보니가 50년 후에 태어났다면, 의사들은 수술을 시작하기에 앞서서 여러 가지 옵션들을 논의했을 것이다. 아마도 설리번 부부는 보니가 십대가 될 때까지 결정을 미뤘을 것이며, 발언권을 행사할 수도 있었을 것이다. 어쩌면 급성장하는 시민 단체를 만나 수술을 받지 않고 행복하게 사는 방법을 제안받을 수 있었을지도 모른다.

그러나 브라이언/보니는 1956년에 태어났으며, 이 시기는 내분비학의 새 시대가 정점에 이른 때였다. '테스토스테론과 에스트로겐이 외부생식기와 성발달을 빚어내는 메커니즘'에 대한 의사들의 이해가 향상되어 있었다. 의사들은 분비샘들 간의 지휘계통을 평가해, 부신 호르몬이 뇌하수체의 지배하에 있고, 뇌하수체는 시상하부의 지배하에 있음을 간파하고 있었다. 이 같은 새로운 이해는 모호생식기를 가진 어린이에 대한 진단 및 치료 방법(새로운 호르몬 약물, 최신 심리평가, 새로운 수술을 결합한 방법)의 발달을 촉진했다. 또한 의사들은 종전보다 수술을 더 많이 시도하게 되었는데, 이는 항생제 발견 덕에 수술 후 감염의 위험을 극적으로 감소시킬 수 있었기에 가능한 일이었다. 하워드 W. 존스 주니어는 1961년 콜로라도 스프링스에서 열린 미국산부인과학회 회의에서 이렇게 선언했다. "우리는 지난 10년 동안 간성성 intersexuality 치료 분야에서 혁명적인 변화를 목도했다. 간성과 관련된 문제들이 모두 해결된 건 아니지만, 최근 10년 동안 커다란 진보를 이룬 것은 분명하다." (하워드 존스는 6장에서 언급된 하워드 존스와 동일 인물이다. 그는 시험관아기의 개척자이자 부인과 외과의로, 임신호르몬 발견자인 조지아나 시거와 결혼했다.)

설리번 부부에게 남녀 구분이 불분명한 성기를 가진 아기가 태어난다는 것은 상상조차 할 수 없는 일이었다. 그들은 '브라이언/보니의 고추가 전형적인 남자아이보다 작다'는 점에 주목하고 남성성 부족만을 걱정해왔다. 브라이언/보니가 여자아이일 거라는 생각은 전혀 해보지 않았다. 어떤 면에서 보면 1년 반 동안 길러온 남자아이를 잃은 셈이었으므로, 설리번 여사는 자신이 낳은 아들이 더 이상 존재하지 않는다는 상실감을 느꼈다. 한때 떡두꺼비 같은 아들을 낳았다고 생각했는데, 18개월이 지난 후 의사에게 신원오인 판정을 받다니…….

그러나 아기의 진료 기록에 정식으로 기재된 내용은 그게 아니었다. 의사는 병명란에 '남녀한몸'이라고 기재했다.

::

남녀한몸이라는 용어는 그리스 신화에 나오는 헤르마프로디토스 Hermaphroditus에서 유래한다. 헤르마프로디토스는 십대 소년 모습을 한 신으로, 연못에서 헤엄을 치던 중 그를 연모한 님프에게 유혹을 받았다. 그는 님프의 접근을 거부했지만, 님프는 그의 몸을 칭칭 휘감은 다음 신들에게 '우리 둘을 영원히 한 몸으로 만들어주세요'라고 빌었다. 그 결과 둘은 남녀 양성을 겸비한 동체가 되었다. 헤르마프로디토스는 더 이상 남자가 아니었고, 님프도 더 이상 여자가 아니었다. 그리스 신화의 또 다른 버전에서는, 헤르마프로디토스가 아버지 헤르메스의 강인함과 어머니 아프로디테의 아름다움을 물려받았다고 주장한다. 그렇다면 그의 이름(헤르메스 + 아프로디테)과 육체(체력 + 아름다움)는 양친이 결합해 탄생한 것이며, 이상적인 인간을 상징한다고 할 수 있다.

용어의 기원이 어떻든 간에, 의사들은 브라이언/보니와 비슷한 어린이들을 기술하기 위해 남녀한몸이라는 용어를 채택했다. 하워드 존스가 공저자로 참여한 표준 의학 교재의 제목은 《남녀한몸증》이었다.

남녀한몸/남녀한몸증이라는 용어는 1990년대까지 사용되다가, "서커스의 사이드쇼를 연상시키는 용어를 사용하지 말라"는 환자들의 비난에 직면했다. 그리하여 DSD라는 용어가 사용되었는데, 이는 성발달장애Disorder of Sex Development 또는 성발달차이Difference of Sex Development를 의미한다. 성발달차이에서 '장애' 대신 '차이'라는 단어를 쓰는 이유는, 많은 사람들이 장애라는 단어에 거부감을 느끼기 때문이다. 그래서 많은 학자들은 DSD라는 용어를 아예 폐기하고, 간성이라는 용어를 선호한다. 간성이라는 단어는 비정상이라는 의미를 함축하지 않기 때문이다.

오늘날에는 모호생식기 사례가 낭성섬유증cystic fibrosis(폐 질환의 일종)만큼이나 흔히 보고되지만, 언급되는 빈도는 낭성섬유증보다 훨씬 더 낮다. 정확한 통계 수치는 없으나 어떤 상태를 포함하느냐에 따라 '2000명 내지 1만명당 한 명꼴'로 모호생식기를 가진 아기들이 태어나는 것으로 알려져 있다. 만약 당신이 큰 대학교에 다니거나 큰 회사에서 일한다면, 간성 때문에 사회생활에 지장을 받는 사람과 간혹 마주칠 가능성이 있다. 비록 당신은 의식하지 못하겠지만.

어머니의 자궁에 착상한 지 몇 주 동안 우리 모두의 모습은 똑같다. 맹렬히 증식하는 '동그란 세포 덩어리'라고 할 수 있다. 그다음, 구형의 세포 덩어리는 (디너롤 크로아상으로 변하는 것처럼) 길게 늘어나 구부러진 직사각형 모양이 된다. 한쪽 끝에는 발달 중인 뇌가 있고 반대쪽 끝에는 질 비슷한 것이 있는데, 질은 '모서리에 작은 손잡이가 달린 주름' 모양을 하고 있다. 그러나 여기까지는 남녀를 구별할 수 없는 유니섹스 태아이며, 향후 호르몬이 스위치를 밀고당김에 따라 남자 또는 여자가 된다. 그러므로 어떤 면에서 보면, 우리 모두는 남녀한몸에서 출발한다고 할 수 있다.

1900년대 초, 시카고대학교의 프랭크 릴리는 "임신 중 암수 이란성 쌍둥이 송아지의 혈관이 뒤섞이면 자궁과 난소가 결핍된 암컷이 탄생한다"는 사실을 발견했다. 이는 수컷 태아의 혈관 속에 들어 있는 뭔가(아마도 화합물)가 암컷의 발달을 중단시킨다는 사실을 시사한다. 이 가설을 검증하기 위해 릴리는 수컷 태아에서 채취한 혈액을 암컷 태아에게 주입해봤다. 그랬더니 아니나 다를까, 암컷 송아지는 간성으로 태어났다. 즉, 암컷의 외부 생식기 몇 개를 보유했지만, 내부 생식기관이 존재하지 않았던 것이다.

콜레주드프랑스의 내분비학자 앨프리드 조스트는 수컷 토끼 태아를 이용한 연구에서, 임신 6주째에 작동하는 화학물질을 규명해 항뮐러관호르몬Anti-Müllerian hormone이라고 명명했다. 뮐러관Müllerian duct은 암컷의 생식기관으로 성장하며, 1830년 뮐러관을 기술한 요하네스 페터 뮐러의 이름에서 유래한다. 항뮐러관호르몬은 수컷의 생식기관인 음낭과 고환의 발달을 촉진하는 데 반해, 암컷의 생식기관인 난소와 자궁의 발달을 억제한다.

남자아이들은 항뮐러관호르몬을 갖고 있지만, 여자아이들은 갖고 있지 않다. 따라서 여자아이들은 남자가 되는 경로에 시동을 걺과 동시에 여자가 되는 경로에 제동을 걸 수 있는 방법이 없다. 여자는 이처럼 '호르몬의 부재'에 의해 만들어지므로, 과학자들은 오랫동안 여성성을 디폴트 경로로 간주해왔다. 심지어 여성을 아차상◆에 비유하는 사람도 있었다. 그러나 리베카 조던-영은 《브레인 스톰: 성차에 대한 과학의 오류》라는 저서에서, "여성성이 단순한 디폴트 값이 아님을 시사하는 증거들이 속속 발견되고 있는 것으로 보아, 난소가 자체적인 신호를 갖고 있을 가능성이 높다"고 주장한다. 그럼에도 불구하고 많은 과학자들은 아직도 '여성이 수동적 과정에 의해 만들어진다'는 개념을 지지하고 있다.

물론 성이 결정되는 과정은 그리 간단하지 않다. 성이 결정되기 위해서는 많은 유전적 신호들이 활성화되어야 하며, 매우 적절한 시기에 매우 적절한 양의 호르몬들이 분비되어야 한다. 그러므로 우리가 세상에 태어날 때 소위 '통상적 범위' 안에 들어간다는 것은 기적에 가깝다.

간성이란 포괄적인 용어로, 많은 상태들을 포함한다. 보니 설리번의 시대에는 그런 어린이들을 진성과 가성으로 분류했다. 보니는 진성의 범주에 속했는데, 그 이유는 고환과 난소 조직을 모두 보유하고 있었기 때문이다. 소위 선천부신과다형성congenital adrenal hyperplasia(CAH)◆◆에 걸린 여자아이들은 가성으로 분류되었는데, 1949년 합성 코르티솔이 등장함에 따라 부족한 코르티솔 보충을 통해 안드로겐 증상androgen symptom을 완화할 수 있게 되었다. 또한 합성 코르티솔은 알도스테론

◆　대회에서 우승하지 못한 사람에게 위로 삼아 주는 작은 상.
◆◆　코르티솔 경로가 차단되어 안드로겐이 너무 많이 분비되는 질병.

aldosteron♦이 부족한 CAH 어린이들에게 생명의 은인이기도 했다.

오늘날 과학자들은 간성을 좀 더 명확하게 이해하고 있으며, 간혹 미세한 유전적 문제를 언급하기도 한다. 예컨대 어떤 XY 태아들은 고환에서 분비되는 테스토스테론에 반응하지 않으므로 (비록 자궁이나 질은 아니지만) 여성의 생식기관을 갖고 태어난다. 또 어떤 XY 아기들은 2형 5α 환원요소5-alpha-reductase type 2가 부족한데, 이 효소는 남성의 생식기관을 형성하는 데 필요한 테스토스테론을 다른 형태로 전환시키는 역할을 하므로, 태어날 때 여자아기처럼 보인다. 그러나 사춘기에 활성화되는 1형 5α 환원요소5-alpha-reductase type 1는 부족하지 않으므로, 나중에 2차 성징이 나타난다. 따라서 2형 5α 환원요소가 부족한 아기들은 최종적으로 '불완전하게 남성화된 모습'을 갖게 된다.

보니의 부모는 딸의 장애에 대한 진단명이나 과학적 설명을 듣지 못하고, 그저 의사의 지시 사항에 따르기만 했다. 전문성이 부족한 의사 역시 존스홉킨스병원에서 확립한 지침에 따를 뿐이었는데, 그도 그럴 것이 존스홉킨스병원은 모호생식기를 갖고 태어난 어린이의 연구 및 치료를 선도하는 핵심 의료 기관이었기 때문이다.

홉킨스는 호르몬요법(예: 코르티솔을 이용한 CAH 치료)을 개척했을 뿐 아니라, 최고 수준의 정신분석학자, 생식내분비학자, 성형외과의, 비뇨기 전문의, 부인과 전문의들을 총동원해 학제적 접근 방법을 확립하기도 했다. 생식내분비학의 개척자 조지아나 시거 존스는 호르몬 치료

_____

♦   염분과 수분의 균형을 유지해주는 부신 호르몬.

를 담당했고, 그녀의 남편 하워드 존스는 같은 팀에서 부인과 외과의로 활동했다. 존스 부부는 1954년 발표한 논문에서, 코르티손이 CAH뿐만 아니라 다른 호르몬장애를 치료하는 데 도움이 된다는 증거를 제시했다. (코르티손은 체내에서 코르티솔로 전환된다.) 그로부터 몇 년 후, 하워드 존스는 존스홉킨스가 간성 환자 치료에서 이룩한 업적을 '치료적 역작'이라고 대대적으로 알렸다.

아마도 존스홉킨스의 엘리트 팀에서 가장 영향력 있는 멤버는 존 머니였을 것이다. 그는 의사와 환자들에게 모호생식기를 가진 어린이들을 치료하는 방법에 대해 조언했다. 그는 내분비학자도 외과의도 정신분석학자도 아니었으며, 심지어 의학박사도 아니었다. 그는 자칭 정신내분비학자psychoendocrinologist로, 존스홉킨스에서 새로 설립한 정신호르몬연구소 소장이었다. 그는 1952년 하버드에 '남녀한몸의 정신건강'에 관한 학위논문을 제출한 후, 사회관계에 관한 박사학위를 취득했다. (그 당시 남녀한몸은 의학 용어로 인정받았다). 그는 호르몬이 성지향성이 아니라 성충동을 조절한다는 사실을 발견했다. 또한 그가 연구한 사람들은 의학적 치료를 거의 받지 않았음에도 불구하고, 대부분 정신병리학적 문제를 겪지 않았다고 밝혀 학계를 놀라게 했다.

머니는 주류 새떼에 속한 '특이한 새 한 마리'로, 걸핏하면 남들을 놀라게 했다. 예컨대 그는 자신의 전공 분야를 성교학fuckology이라고 불렀다. 그는 존스홉킨스에서 미래의 의사(의대생)들에게 강의하는 동안 포르노그래피를 보여주며, 그 이유를 이렇게 주장했다. "지금 음란물을 많이 봐두면, 장차 환자들과 성생활에 관해 이야기할 때 그들을 함부로 판단하지 않을 수 있다." 그래서 학생들은 그의 강의를 '머니와의 섹스'라고 불렀다. 그는 학생들에게 포르노그래피의 반감기를 구하는 수학 공식을 개발했다고 자랑하며, "검열자가 미성년자 관람불가 영화를 수천 시간 동안 보고 나면 영화의 영향력에 면역이 되더라"고 너스레를 떨었다.

그는 몇 가지 좋은 생각을 옹호했다. 일례로, 호르몬을 이용해 동성애자를 이성애자로 바꾸려는 의사들에게 "그런 치료법은 불필요하다"고 직격탄을 날렸다. 《소아과학》이라는 저널에 기고한 논문에서는 "문화사를 살펴보면 걸출한 동성애자들이 수도 없이 많았음을 알 수 있다"고 말했다. 논문을 읽은 동성애자의 부모들은 저자의 해박한 역사지식에 감동해 한시름 놓기도 했다. 그는 널리 알려진 재판에 참석해 피고를 옹호하는 증언을 한 적이 있다. 피고는 몽고메리 카운티에서 중학교 2학년을 가르치다 동성애자라는 이유로 사무직으로 밀려난 교사였다. (머니의 증언에도 불구하고 교사는 소송에 패해 교단으로 돌아가지 못했다.) 반면에 그는 나쁜 생각을 옹호하기도 했다. 그중에는 '소아성애증pedophilia은 자연스러운 것이므로 인정해야 한다'는 것도 있었다.

1950년대에 잠깐 결혼했던 머니는 "한 사람에게 성적으로 계속 이끌리기에는 사람의 수명이 너무 길기 때문에, 결혼에서의 일부일처제는 더 이상 이치에 맞지 않는다"고 선언했다. 언론 노출을 꺼렸던 동료들과 달리, 그는 언론에 추파를 던지며 자칭 '섹스 전문가'로 활동했다. 1973년에는 《플레이보이》의 후원하에, 포르노 배우 린다 러브레이스와 나란히 토론회에 참석했다.

머니는 그저 도발적으로 행동하기만 한 게 아니라, 자신이 내세운 이론에 헌신적이고 확고부동하게 몰두했다. 그가 홉킨스에 부임했을 때의 통념은 '사람은 생식샘에 의해 규정되어야 한다'는 것으로, 난소는 여성, 고환은 남성과 동일시되었다. 그 원칙은 대부분 옳지만, 모든 간성에 적용될 수는 없었다. 머니는 이렇게 주장했다. "생식기의 모양, 생식샘, 염색체 중 하나만을 근거로 한 아기에게 성을 할당해서는 안 된다. 성은 '세 가지 요소 플러스 알파'의 혼합체다. 걸음마기를 넘어선 어린이들이 경우, 꿈과 매너리즘(본인은 의식하지 못하는 타성)과 성적 판타지를 추가로 고려해야 한다." 그는 모호생식기를 갖고 태어난 어린이를 올바로 평가하고 다루는 데 필요한 일곱 가지 기준을 제시했다.

1. 성염색체(XX 또는 XY)

2. 생식샘의 구조(고환이나 난소의 유무, 활발한지 위축되었는지)

3. 외부생식기의 형태학(너무 작은 페니스, 너무 큰 클리토리스)

4. 내부생식기의 형태학(질의 유무)

5. 호르몬 상태

6. 양육성별

7. 성역할(gender role)

머니가 제시한 일곱 가지 기준 중에서 가장 참신한 것은 뭐니뭐니 해도 '성역할'이라는 개념이다. 그는 문법책에 나오는 젠더gender라는 단어를 이용해 이 개념을 만들었다. (문법책에서 젠더란 명사의 성별, 즉 여성·남성·중성을 의미한다.) 그가 젠더(사회적 성)라는 용어를 사용하기 전까지, 섹스sex(성)라는 용어는 매우 모호해서 어떤 때는 성교 행위를, 어떤 때는 염색체를, 어떤 때는 여성적이거나 남성적인 것을 의미했다. 머니는 '섹스'를 '젠더'로 대체한 후 이렇게 설명했다. "성역할이란 우리가 남자(또는 소년)나 여자(또는 소녀)의 신분을 보유하고 있음을 드러내기 위해 말하거나 행동하는 모든 것을 의미한다."

머니 이론의 핵심은 '치료의 타이밍'에 있었다. 그는 젠더가 호르몬과 관련된 세 가지 단계를 거쳐 형성된다고 주장했다. 첫째로, 엄마의 자궁 속에 있을 때, 에스트로겐과 테스토스테론이 당신의 뇌에 배선을 깐다. 둘째로, 세상에 태어난 후, 당신은 뇌의 배선(여성 또는 남성)에 따라 행동한다. 당신의 행동은 주변 사람들에게서 특정한 반응을 이끌어내어 당신을 소년 또는 소녀로 취급하게 된다. 예컨대 에스트로겐에 흠뻑 젖은 아기는 소녀처럼 행동하므로 그렇게 취급받는다. 이 같은 초기의 인간적 상호작용은 당신의 성적 감각을 지속적으로 형성한다. 셋째로, 사춘기 때 대량으로 분비되는 호르몬이 당신의 성정체성을 공고히 한다.

머니의 이론에 따르면, 성정체성은 생후 18개월이 될 때까지 유연성이 있다. 생후 18개월이라면 뇌가 첫 번째 호르몬 세례를 받은 이후이지만, '굳히기'가 일어나는 사춘기가 되려면 까마득히 먼 시기다. 또한 그 시기에는 사람들이 남성적/여성적 규범에 따라 어린이를 취급하기 시작하지만, 어린이를 달리 취급할 기회는 여전히 남아 있다. 종

크레이지 호르몬

전에는 호르몬이 성정체성의 핵심적인 결정 요소로 간주되었지만, 머니는 양육하는 방식이 중요하다는 점을 강조했다.

홉킨스 팀은 자체적인 임상 경험과 머니의 새로운 관점을 절충해 치료 원칙을 수립했다. 예컨대 그들은 "음경왜소micropenis라는 희귀 질환을 갖고 태어난 남자아기들은 여자아기로 개조해야 한다"고 믿었다. (이를 위해, 하워드 존스는 생식기 조직으로 질을 만드는 외과수술 기법을 개발했다.) 그들은 고환을 제거한 다음, 보호자에게 (컬럼비아장로회병원의 의사들이 설리번 부부에게 그랬던 것처럼) 한때 아들이었던 자녀를 딸로 취급하는 방법을 교육시켰다. 마지막으로, 사춘기가 되면 여성의 몸매를 촉진하기 위해 에스트로겐을 처방했다. 홉킨스의 의사들은 모호생식기를 갖고 태어난 아기의 존재 가치를 인정하지 않았다. "음경이 너무 작은 남자아기는 소녀로 자라는 게 더 행복하고, 클리토리스가 너무 큰 여자아기는 그것을 잘라버리는 게 더 행복하다"는 게 그들의 소신이었다.

'태아기 호르몬prenatal hormone이 성정체성에 미치는 장기적 영향'은 아직 논의 대상이 아니었고, 수십 년 후에나 검토되었다. 그리고 무작위 대조연구도 수행되지 않았다. 즉, 모호생식기 어린이들을 두 그룹으로 나눠, 한 그룹에는 성전환수술을 실시하고 다른 그룹에는 수술을 하지 않은 후, 어느 쪽 삶의 질이 더 높아지는지 확인하는 연구는 수행되지 않았다. 외과수술이나 호르몬 치료를 한 후 어린이들을 관찰하거나 보호자와 연락을 주고받다가, 나중에 "그중 상당수가 만족스러운 삶을 영위한다"고 보고할 뿐이었다.

존스홉킨스의 지침은 어린이들에게 가능한 한 정상적이라는 느낌을 주기 위해 제정되었다. 의사들은 자신이 어린이들의 정서적 안정성을 뒷받침하고 있다고 믿었다. 존스홉킨스의 심리학자 존 햄슨은 1959년에 열린 미국비뇨기과학회 회의에서 동료들에게 다음과 같이 설명했다. "모호해 보이는 생식기를 가진 상태에서 수년 동안 남자아이 또는 여자아이로 산다는 것이 중대한 장애라는 데는 의심의 여지가 없다. 심리학적으로 볼 때, 모호생식기를 가진 어린이는 가능한 한 빨리 수술하는 것이 매우 중요하다."

::

그러나 햄슨이 언급하지 않았던 중요한 문제가 하나 있었으니, 바로 '수술이 종종 완벽하지 않아서 나중에 생식기가 정상적으로 보이지 않거나 (의사와 환자가 바라는 만큼) 기능을 수행하지 못한다'는 것이었다. 그로부터 반세기가 지난 2015년, 많은 국제연합(UN) 기구들이 간성 유아들에 대한 생식기수술 관행을 비판했고 몰타는 생식기수술을 금지한 첫 번째 국가가 되었다. 2017년 여름, 휴먼라이츠워치Human Rights Watch와 인터액트InterACT(간성 어린이들의 권익을 옹호하는 단체)는 생식기수술을 맹비난하는 보고서를 발표하고, 미국 하원에 생식기수술을 금지하라고 요구했다.

1950년대로 다시 돌아가보면, 엘리자베스 라이스 박사가《불확실한 몸》에서 언급한 바와 같이, 홉킨스 팀은 구체적인 수술 원칙을 제시함으로써 종전에 혼란스러웠던 부분을 명확히 했다. 라이스는 이렇게 말했다. "머니의 대담한 논문은 이례적으로 확신에 차 있었으므로, 내과의사들이 제시한 상이한 솔루션 때문에 혼동을 겪고 있던 전문가들에게 안도감을 심어줬다." 그럼에도 불구하고 이견은 존재했다. 하와이에 있는 태평양성性및사회연구소의 소장이자《성의 결정》이라는 교과서의 저자인 밀턴 다이아몬드는, 서론에서부터 머니의 주장을 정면으로 반박했다. "나는 그의 영리함을 인정하며, 그의 태도와 아이디어에 상당 부분 공감한다. 그러나 성발달에 대한 그의 견해에는 동의할 수 없다. 내과의사들은 신중히 생각해보지 않고 머니의 아이디어를 덥석 받아들이는 경우가 비일비재하다. 머니는 의사들을 오도하는 잘못을 범했다." 1997년 다이아몬드가 쓴 준열한 과학 논문은《롤링스톤》에 실린 칼럼과《타고난 성, 만들어진 성》이라는 책에 영감을 제공했다. 이 칼럼과 책의 저자는 모두 존 콜라핀토였다.

다이아몬드와 콜라핀토는 한 남자아기의 삶을 자세히 설명했다. 그 아기는 쌍둥이 중 하나로서 간성이 아님에도 불구하고 홉킨스 팀의 잘못된 포경수술 때문에 여자아기로 성전환된 사연을 안고 있었다. 머니의 이론에 따르면, 그 아기가 성전환이 된 것은 "의사가 작은 음경을 제거한 다음, 부모에게 '생후 18개월이 되기 전에 여자아기로 취급하라'고 당부했기 때문"이었다. 진료 경위서에는 수술이 성공적으로 끝난 것으로 되어 있지만, 그 아기는 우울증과 혼돈(이유 없이 남자라는 느낌이 들고 다른 아이들과 어울리지 못함)을 겪으며 성장했다. 결국에는 자신의 병력을 알고 남자로 다시 성전환을 했지만, 자살로 생을 마감하고 말았다.

또한 다이아몬드의 논문과 콜라핀토의 책(문제의 남성이 사망하기 전에 출판되었다)은 "머니가 성전환된 여자아이에게 쌍둥이 남자 형제와의 성관계를 강요했다"고 고발했다. 이에 대한 독자들의 반응은 크게 엇갈렸다. 홉킨스 팀에서는 출판물을 공개적으로 비난하고, 2006년 머니가 사망할 때까지 그를 옹호했다. 그러나 머니를 '성적 자유주의자'와 '동성애자의 권리를 옹호하는 행동가'로 숭배했던 대중은 그에게서 등을 돌리고 그를 변태성욕자로 간주하게 되었다. 오늘날 대부분의 학자들은 머니의 좋은 점과 나쁜 점을 균형된 시각에서 바라보고 있다. 스탠퍼드대학교 부설 생의학윤리센터의 의료인류학자 카트리나 카르카지스 박사는 《성의 교정》에서, 머니를 가리켜 "많은 결점과 오남용 때문에 비난받고 있음에도 불구하고, 생물학적 성의 복잡성에 대한 다각적 분석을 최초로 시도했으며, 내분비학·심리학·외과학을 결합하는 성과를 거뒀다"고 평가했다.

브라이언 설리번이 보니 설리번으로 바뀐 것은 당시에 통용되던 최선의 관행에 따른 결정이었다. 성전환은 18개월이라는 데드라인 이전에만 수행되었으며, 컬럼비아대학교의 의사들은 자신들이 옳은 일을 하고 있다고 확신했다. 홉킨스의 치료 원칙에 따라, 보니는 또 하나의 성공 스토리로 간주되었다.

그러나 보니는 행복하지 않았다. 브라이언이 지워진 다음날부터 보니는 입을 열지 않았다. 그로부터 몇 년 후 그 이유를 물었을 때 답변할 수 있는 사람은 아무도 없었으며, 심지어 보니 자신도 마찬가지였다. 그 작은 여자아이는 아마도 셀 쇼크shell-shock◆를 방불케 하는 자아상실감을 겪었던 것 같다. 그녀를 브라이언이라고 부르는 사람은 더 이상 존재하지 않았다. 보니가 누구지? 브라이언이 입었던 바지와 좋아하던 장난감에는 무슨 일이 일어난 걸까? 브라이언의 세상은 어디로 사라진 걸까?

보니는 여덟 살 때 다시 수술을 받았다. 의사는 그녀에게 "복통을 치료하기 위해 수술을 할 것"이라고 말해줬지만, 그녀는 복통을 경험한 기억이 전혀 없었다. 사실은 고환 조직을 제거하기 위해 개복 수술을 할 예정이었다. 그녀는 1964년 9월 10일 컬럼비아대학교 부설 장로회병원에 입원해, 여덟 명의 다른 소아환자들과 함께 16일 동안 병동에 머물렀다. 그녀의 특이한 질병과 교육적인 시사점 때문에, 사진사는 그녀의 나체사진(단발머리에 이목구비가 섬세한 야윈 소녀)을 촬영하고 생식기를 근접 촬영했다. 수술을 앞두고 검사할 것도 많았다. 그녀의 질과 항문에 들어온 의사의 손가락은 굴욕감을 초래했다. 그녀는 마치 기형아가 된 느낌이 들었다. 병동에 있는 다른 어린이들은 그런 검사를 받지 않았고, 사진도 찍지 않았다.

정신과의사들은 그녀에게 의학계의 자랑으로 여겨지는 수술을 할 거라고 말해줬고, 설리번 여사에게는 보니가 월경을 하고, 남자친구를 사귀며, 남자와 결혼해 아기도 낳을 거라고 단언했다. 그러나 보니

◆　전쟁 신경증의 한 형태. 전투에 참가한 병사가 신체적·정신적으로 견딜 수 없는 한계에 도달했을 때, 심한 불안으로 인해 전투 능력을 잃는 것을 뜻한다.

는 다른 소녀들과 같은 느낌이 들지 않았다. 그저 참담할 따름이었다.

열 살 때 부모는 보니에게 클리토리스가 제거되었다는 말을 해줬지만, 클리토리스가 뭔지는 설명해주지 않았다. 그저 "네가 남자아이였다면 그게 고추 역할을 했겠지만, 지금은 여자아이로서 질을 갖고 있으니 없어도 상관없다"고만 했다.

보니는 초등학교 때 동성애 욕망을 느끼기 시작하면서 자신이 외롭고 고립된 삶을 살아갈 운명이라고 판단했다. 그녀는 책에 몰입했고, 컴퓨터가 뭔지 아는 사람이 별로 없던 시절에 컴퓨터에 관심을 키웠다. 하던 공부를 멈추고 가출을 하거나 히피족과 함께 생활하다가 결국에는 MIT에서 박사학위를 받았다.

그러나 그 과정에서, 그녀는 자신의 불가사의한 병력 때문에 괴로워했다. 열아홉 살 때는 도서관에 가서 섹슈얼리티와 생식기 해부학에 관한 서적들을 탐독했는데, 그중에는 남녀한몸증에 관한 것도 있었다. 그러나 너무 섬뜩한 느낌이 들었다. 그녀는 DES에 관한 책도 읽었는데, DES란 유산 방지를 위해 임신부들에게 널리 투여되는 호르몬 약물로서, 아기에게 암과 생식관이상reproductive tract abnormality의 위험을 증가시키는 것으로 밝혀졌다. (DES는 6장에서 조지아나 시거 존스가 경고했던 약물이다.) 보니는 자신이 DES의 희생자라고 확신하고 암에 걸릴까 봐 걱정했다.

샌프란시스코에 살던 스무살 시절에는(이때는 아직 MIT에 들어가지 않았다) 부인과 전문의를 찾아가, 자신의 진료 기록을 검토해달라고 애원했다. 컬럼비아장로회병원에서 이 의사에게 세 페이지짜리 진료 기록부 사본을 보내줬는데, 원본은 그보다 훨씬 두꺼운 게 분명했다.

의사는 그녀에게 서류를 건네주며, "당신의 부모는 당신이 남자인지 여자인지 확실히 몰랐던 것 같다"고 말했다.

보니는 그 서류에서 '남녀한몸'이라는 단어를 읽었다.

그리고 "성별이 의심스러운 어린이로, 음경과 질을 모두 갖고 있음"이라는 구절도 읽었다.

그리고 그녀의 출생명은 '브라이언 아서 설리번'이었다.

그녀는 나에게 이렇게 말했다. "나는 세 페이지짜리 진료 기록부를 받았지만, 아무에게도 이야기하지 않았어요. 너무 놀랍고 수치스러웠거든요." 그녀의 마음 속에서는 분노가 부글부글 끓어올랐고, 나중에는 자살 생각에 시달렸다.

이윽고 보니는 진료 기록부를 모두 입수했고, 1958년에는 절단된 클리토리스에 대한 병리학 보고서까지도 손에 넣었다. 그 보고서에는 이렇게 씌어 있었다. "클리토리스는 음경 모양의 기다란 원통형 구조로, 길이가 3센티미터다." 여기서 3센티미터란 노출된 부분뿐만 아니라 안쪽 부분까지도 포함한다. 의사들은 보니의 두 부분을 모두 제거했다. 어떤 여성들은 수술 후 약간의 클리토리스가 남아 있어 가벼운 성감각을 느낄 수 있지만, 보니는 그렇지 않았다. 그녀의 생식샘에 대한 생검 보고서에는 "난소 조직과 고환 조직이 공존하는 진성 남녀한몸임"이라고 적혀 있었다. 그리고 여덟 살 때 병원에 입원했을 때 간호사가 남긴 메모에는 "조용하고 말이 없음. 병동 청소를 도왔음"이라고 기록되어 있었다.

보니는 페미니즘 문헌에서 위안을 얻었다. 1993년 브라운대학교의 교수 앤 파우스토-스털링은 《더사이언시즈》에 기고한 논문에서, "비정형특징을 갖고 태어난 어린이들을 강제로 남자 또는 여자로 만드는 이유가 뭔가?"라는 의문을 제기했다. 파우스토-스털링은 농담 반 진단 반으로 '두 가지 성' 대신 '다섯 가지 성'의 개념을 제시했다. 또한 "한 사람의 성생활을 파괴할 수 있다"면서 신생아의 생식기수술 관행을 비판했다.

명망 있는 저널에서 자신과 같은 사람들에게 적용되는 표준 치료법에 의문을 제기한 것을 보고 보니는 용기를 얻었다. 그리고 편집자에게 편지를 보내 "의사들은 남녀한몸이라는 용어를 사용하지 말아야 합니다"라고 주장하고, 남녀한몸은 서커스에 출연하는 기형아를 상기시키므로 간성으로 바꿔야 한다고 제안했다. 그녀의 편지는 《더사이언시즈》 다음 호에 실렸다. 간성이라는 용어는 보니가 만든 것은 아니었고, 몇 년 동안 남녀한몸과 혼용되던 말이었다. 그녀의 목표는 남녀한몸이라는 딱지를 떼는 것이었다.

그 즈음 그녀는 친구들에게 자신의 의학적 고민을 털어놓기 시작했다. 그러자 많은 사람들이 그녀와 비슷한 사례를 알고 있거나, 사랑하는 사람이 간성이라거나, 자기 자신도 그녀와 같은 문제를 겪고 있다고 말해주기 시작했다. 그녀는 《더사이언시즈》에 보낸 편지에서, 자신과 같은 문제를 겪고 있는 사람들에게 "연락을 통해 그룹을 형성하고 만남의 공간을 마련해 경험을 공유하고 절망적인 외로움을 달래자"고 제안했다. 간성 어린이를 치료하는 의사들에게는 "당신들의 치료는 크게 잘못되었다"고 일침을 가했다. 자신의 이름 옆에 북아메리카간성협회의 주소를 적고, 원하는 사람들은 누구나 가입해달라고 했다. 단, 가족을 보호하기 위해 셰릴 체이스라는 가명으로 우편 사서함을 신청했다. 셰릴 체이스라는 이름은 전화번호부를 무작위로 펼쳐 선택한 것으로, 계속 사용할 의도는 없었지만 당분간 본명 대신 사용했다.

사실, 북아메리카간성협회는 아직 빈껍데기였으며, 관련된 정보라고는 편지에 적힌 이름과 사서함 번호가 전부였다. 그러나 우체국 편지함은 몇 주 내에 손편지로 가득 찼고, 편지마다 은밀하고 자세한 사연이 빼곡히 적혀 있었다. 편지에는 전화번호도 적혀 있었다. 그녀는 답장을 쓰고 통화하며 동병상련을 나눴고, 수화기를 한 번 잡으면 몇 시간 동안 내려놓을 줄 몰랐다. 발신자들의 주된 이야깃거리는 외로움과 당혹감이었지만, '비정형 호르몬이 성정체성과 성적 성향에 미치는 영향'에 대한 궁금증도 많았다. 많은 사람들이 보니와 마찬가지로 수술 치료와 나체사진 촬영에 대해 분개했고, 지속적으로 성감각 상실과 끊임없는 부작용, 평생 동안 호르몬을 복용하는 문제를 경험하고 있었다.

체이스에게 편지를 쓴 사람 중에는 알린 바라츠 박사도 있었다. 박사는 이렇게 말했다. "나는 그런 고민이 있는 사람들과 꼭 이야기해보고 싶었어요." 그녀는 간성이 공론화되지 않았던 시절부터 그 역사를 알고 있었다. "그런 여성들이 1950년대와 1960년대에 일어난 일에 대해 이야기할 때, 가슴이 찢어지는 것 같았어요. 그들은 남몰래 고립되어 살았는데, 난 그게 내 딸과 거리가 먼 이야기인 줄 알았어요."

그런데 웬걸. 1990년 그녀의 여섯 살 난 딸 케이티가 안드로겐무 감성증후군androgen insensitivity syndrome(AIS)으로 진단받았다. 무심코 탈장을 치료하던 의사가 딸의 복강에서 고환을 발견했다. 내과의사였던 바라츠는 AIS가 뭘 의미하며 딸의 앞날에 어떤 일이 기다리고 있는지 잘 알고 있었다. 케이티는 남자아이들에게 전형적인 XY 염색체를 갖고 있었지만, 테스토스테론에 반응하지 않아 외견상 여자아이처럼 보였다. 그러나 난소나 자궁을 갖고 있지 않았다.

AIS를 앓는 아이들은 자궁이 없기 때문에 월경을 하지 않는다. 그러나 종종 에스트로겐이 충분하기 때문에 유방이 발육할 수 있다. 그러나 케이티는 십대가 되었을 때 사춘기를 잘 넘기고 뼈를 튼튼히 하기 위해 에스트로겐 알약을 먹어야 했다. "내 감정은 대부분의 엄마들과 똑같아요. 엄마들은 딸아이의 불임을 걱정하잖아요." 바라츠는 말했다. "하지만 나는 마음을 고쳐먹었어요. 생물학적인 아이를 낳지 못하는 것 빼면 아무 문제될 것 없다는 마음으로 딸을 키웠어요."

케이티는 여성 잡지 《마리끌레르》와 인터뷰했고, 〈오프라 윈프리 쇼〉에 엄마와 함께 출연해 "나와 같은 처지에 있는 사람들을 위한 활동가가 되고 싶어요"라고 말했다. 그녀는 의대에 진학해 생명윤리 석사학위를 땄으며, 현재 정신과의사로 일하고 있다. 또한 결혼을 한 후 난자 제공자와 대리모 덕분에 엄마가 되었다.

1950년대와 달리, 오늘날 전문가들은 의사들에게 "간성 어린이의 부모들과 처음부터 차분하고 허심탄회하게 대화하라"고 권고한다.

크레이지 호르몬

2013년 스위스와 독일의 연구자들이 다음과 같이 발표한 것은 전혀 놀라운 일이 아니다. "의사에게 '성급히 수술할 필요가 없다'는 말을 들으면, 대부분의 부모들은 성전환수술을 늦추거나 회피할 가능성이 높다. 그러나 '상황이 매우 심각합니다'라는 말을 들으면, 당황한 부모들이 자녀의 성을 일방적으로 결정하고 즉시 성전환수술을 선택할 가능성이 높다." 또한 셰릴 체이스를 비롯한 활동가들과 많은 온라인 및 오프라인 활동 그룹 덕분에, 어린이와 부모들은 더 이상 고립감을 느끼지 않는다. (간성인의 권익옹호단체를 처음으로 조직한 사람이 체이스는 아니지만, 그 이전의 사람들은 체이스와 달리 암암리에 활동했다.)

수술을 둘러싼 논쟁은 계속되고 있다. 브라이언/보니/셰릴 체이스는 이제 보 로랑이라는 이름으로 활동하고 있다. '보'는 보니를 의미하며, '로랑'은 19세기의 로랑 클레르라는 학생을 의미한다. 클레르는 청각장애인이 종종 정신장애인으로 취급받는 것에 격분해 그들의 권익을 옹호하기 위해 싸웠다. (보 로랑의 외조부모는 모두 청각장애인이어서, 어머니가 맨 처음 사용한 언어는 수화였다.) "나는 간성인들을 위해 클레르처럼 싸우고 싶어요"라고 그녀는 말했다.

보 로랑은 현재 노던캘리포니아 소노마 카운티에 있는 조용한 시골 마을의 아늑한 집에서 파트너와 함께 살고 있다. 굴곡 있는 몸매에, 어깨 바로 아래까지 흘러내리는 새까만 머리칼을 갖고 있으며, 전 세계의 환자와 의사들로 구성된 커뮤니티와 소통을 계속하고 있다. 차분하고 상대방을 달래는 듯한 그녀의 음성을 들으면, (의료계가 지금껏 그녀와 같은 사람들을 치료해온 방법에 대한) 깊은 분노를 전혀 실감할 수

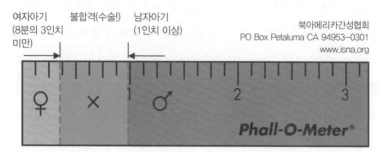

여자아기
(8분의 3인치
미만)

불합격(수술!)

남자아기
(1인치 이상)

북아메리카간성협회
PO Box Petaluma CA 94953-0301
www.isna.org

실제 척도. 위의 그림은 현재 미국에서 실제로 통용되고 있는 의학 기준이다. 북아메리카
간성협회는 이 같은 임의적 기준에 반대하며, '수치'와 '비밀'과 '원치 않는 생식기 성형수
술'이 없는 세상을 만들기 위해 노력하고 있다. '특정 컷오프에 기반한 수술'에 대한 분노
를 표현하기 위해 보 로랑이 만든 그래픽. Courtesy of Bo Laurent.

없다. 하지만 그녀의 생각은 단호하다. 그녀는 간성인에 대한 생식기
수술을 '생식기 훼손'과 동일시한다. 수술은 지금도 계속되고 있으며,
자신이 태어난 이후 별로 달라진 게 없다는 것이 그녀의 소신이다.
"간성인들의 의사소통이 증가하고 의사들의 허위 진술이 감소한 것은
사실이지만, 그건 의사들의 자발적인 노력 때문이 아니라 '행동가들
이 인터넷을 통해 환자와 보호자들과 의사소통을 한다'는 사실을 알
고 몸을 사리기 때문이에요"라고 그녀는 말했다. 그녀의 말은 계속되
었다. "변화에 저항하는 의료 체계 때문에, 간성 어린이와 가족들은 오
늘날에도 출생 시에 도전적 상황에 직면하고, 불필요한 고통을 겪고
있어요."

이미 수도 없이 시도해봤지만, 보 로랑은 자신의 과거를 지울 수

크레이지 호르몬

없었다. 나는 그녀와 2년 동안 함께 지내며 은밀한 사생활, 진료 기록, 어린 시절 사진이 담긴 낡은 가죽 앨범을 공유했다. 그녀의 옛 모습을 보여주는 유일한 증거인 앨범은 어머니가 돌아가신 후 이모에게서 건네받은 것이었다. 여느 어린이들의 사진과 마찬가지로 사진에 나온 그녀가 남자아기인지 여자아기인지 육안으로 구별하는 것은 불가능했다. 앨범 표지의 오른쪽 맨 밑 구석에는 (한때 금金으로 양각되었던 게 틀림없는) '브라이언 설리번'이라는 이름이 새겨져 있었지만, '브라이언'이라는 글자는 지워져 있었다. 삭제된 부분은 긁히고 벗겨져 있었는데, 아마도 포장 테이프를 칼로 긁어 벗길 때 포장과 판지의 맨 위층이 함께 벗겨졌기 때문인 듯했다.

전쟁 후 경제가 최고조로 부흥했던 1956년 브라이언이 태어났을 때, 사람들은 말뚝 울타리로 둘러싸인 전원주택을 찾아 도시를 떠나고 있었다. 당시 미국인들의 꿈은 일하는 남편과 가정을 지키는 아내가 자녀 두 명을 데리고 사는 것이었다. 여기서 두 명이란 '분홍색 옷을 입은 얌전한 여자아이'와 '파란색 옷을 입은 씩씩한 남자아이'였다. 설리번 부부도 자신들의 자녀가 그런 이미지에 들어맞기를 바랐다. 어떤 학자들은 20세기 중반의 그런 시기를 회고하며, "생식기수술과 호르몬요법이 '남자아이는 이래야 하고, 여자아이는 저래야 한다'는 식의 이분법적 성별시스템을 공고히 했다"고 제안한다. 오늘날 호르몬과 호르몬이 성발달에 미치는 과정에 대한 새로운 과학적 통찰은 남성성과 여성성에 대한 오래된 관념과 여러 가지 면에서 상충되며, 데이터들은 인간성에 관해 훨씬 더 복잡한 그림을 보여준다.

보 로랑이 수술을 받은 지 10년 후인 1960년대에, 수많은 부모들이 또 다른 형태의 비정형 어린이에 대한 의학적 치료를 원하게 된다. 이번에는 키가 너무 작은 게 탈이었다. 부모들은 성장호르몬 투여를 원했는데, 이는 당대의 과학에 의해 뒷받침된 최첨단 수술 원칙이었다. 1950년대의 부모들과 달리, 1960년대의 부모들은 의사 편에 서서 호르몬요법을 적극적으로 옹호하는 활동가들이었다. 그러나 부모들의 목표는 10년 전이나 그때나 똑같았으니, '다른 아이'를 표준에 끼워 맞춤으로써 행복하게 해주는 것이었다.

크레이지 호르몬

8장 성장호르몬열풍

여느 일곱 살짜리 어린이들과 마찬가지로, 제프리 발라반은 매년 실시되는 신체검사에 짜증을 냈다. 어른이 여기저기를 쿡쿡 찔러보며 심문하듯 이것저것 물어보는 데 좋아할 어린이는 아무도 없을 것이다. 제프는 자신이 건강한 어린이라고 생각했지만, 의사들은 때때로 그를 이상한 눈으로 바라보며 '도대체 키가 얼마나 되는지' 궁금해했다. "걔는 너무 작았어요"라고 어머니 바버라 발라반은 말했다. 그 당시 제프의 키는 104센티미터였다. "하지만 사람마다 생김새와 행동이 다르니까 차이에 대해 공연한 법석을 떨 필요가 없다는 게 우리의 생각이었죠."

1960년 어느 날, 소아과의사는 모든 것이 정상이라고 말하고 나서 이렇게 물었다. "혹시 성장 전문가를 만나 이야기할 생각은 없나요?" 발라반 여사는 일언지하에 거절했다. "아뇨, 관심 없어요." 그걸로 끝이었다.

제프는 반에서 키가 제일 작았으며, 아마 학년 전체에서도 제일 작았을 것이다. 머리 꼭대기가 한 급우의 귓불에 달락말락 한 적도 있었다. 형과 여동생도 키가 작았지만, 그 정도는 아니었다. 부모의 키도 평균 이하였다. 발라반 여사는 155센티미터 주변을 맴돌았고, 아버지 알 발라반 박사는 170센티미터와 172센티미터 사이였다. 자녀의 키가 작으니 전문가에게 끌고가 의학 상담을 받으라고? 도대체 뭘 어쩌란 말인가! 부모는 모든 게 부질없는 짓이라고 생각했다.

다음 해 신체검사 결과도 마찬가지였다. 제프의 건강이 양호함에도 불구하고, 소아과의사는 여전히 어머니의 신경을 거슬리게 했다. "전문가와 만나 성장 문제를 상담해보시지 그래요?" 이번에는 한술 더 떠서 "장담컨대, 제프는 120센티미터를 절대로 넘지 못할 겁니다"라고 덧붙였다. 발라반 여사는 쇼크를 받았다. 의사가 (왜소증과 난쟁이를 비롯해) '키 작은 사람'을 지칭하는 1960년대식 호칭을 총동원했기 때문이다. 제프의 키가 유난히 작다는 건 그녀도 잘 알고 있었다. 다섯 살 난 여동생보다도 3.8센티미터나 작았으니 말이다. 그래도 제프의 키가 장애나 질병이라고 생각해본 적은 단 한 번도 없었다.

::

키가 작다는 건 진단이 아니라 소견이다. 그러나 때때로 그것은 '뭔가가 잘못됐다'는 징후일 수도 있다. 성장을 저해하는 의학적 증후군에는 최소한 200가지가 있다. 예컨대 연골무형성증achondroplasia의 경우, 유전적 결함으로 인해 뼈의 이상 발육이 초래됨으로써 사지가 너무 짧아지고 머리가 상반신에 비해 너무 커진다. 또는 성장호르몬이 부족할 경우, 어린이의 전형적인 수직 성장에 제동이 걸린다. 의사들은 그런 어린이들을 뇌하수체왜소증hypopituitary dwarf 또는 간단히 하이

크레이지 호르몬

포피트hypopit라고 부른다. 모든 유전자와 호르몬이 지극히 정상적으로 작동함에도 불구하고 키가 작은 어린이들도 간혹 있는데, 그건 단지 부모의 키가 작기 때문이다.

살아 있는 생물은 모두 성장하기 마련이지만, 우리 인간은 그 페이스가 독특하다. 다른 포유동물들과 달리 우리는 출생 직전 가속페달을 밟은 다음, 바깥 세상에 나가자마자 살며시 브레이크를 밟는다. 그 후에도 성장하지만, 속도가 훨씬 더 느려진다. 간단히 정리하면, 우리는 출생 직전에 급성장한 후 성장 속도가 점차 느려지면서 느긋하고 긴 유년기로 들어간다. 반려동물과 비교해보라. 대부분의 아이들이 음수대에서 물 한 모금 마실 요량으로 까치발을 하고 있을 동안, 반려동물들은 벌써 다 커서 새끼를 낳지 않는가! 만약 당신이 아기를 낳을 때쯤 독일산 셰퍼드 새끼 한 마리를 데려온다면(내가 그랬다), 6개월 후 아기는 스너글리Snugli◆ 속에 아늑하게 들어가겠지만 셰퍼드는 도저히 그러지 못할 것이다.

인류학자들의 이론에 따르면, 우리가 포유류 사촌들에 비해 긴 유년기를 거치는 이유는 선대가 후대에게 물려주는 지식을 더 많이 습득하기 위해서라고 한다. 의사들은 이를 호르몬이라는 프리즘을 통해 바라본다. '작은 인간'과 '작은 반려견'이 다른 것은, 부분적으로 호르몬이라는 화학물질이 분비되는 타이밍이 다르기 때문이다. 생후 6개월짜리 반려견은 열두 살짜리 아이에 상응하며, 뇌 속에 있는 하나의

◆   아기를 가슴이나 등에 메고 다닐 수 있도록 만든 아기 바구니.

분비샘(시상하부)이 다른 분비샘(뇌하수체)에게 성장호르몬의 분비량을 늘리라고 지시한다. 과학자들의 발견에 따르면, 수직 성장은 성장호르몬뿐만 아니라 성호르몬에도 의존한다. 또한 성장호르몬은 다른 도우미 호르몬들의 분비를 촉진함으로써 뼈와 근육을 성장시킨다. 성장하지 않는 어린이는 성장호르몬이 부족해서일 수도 있지만, 성장호르몬은 충분한데 도우미 호르몬이 부족해서일 수도 있다. 또는 신호 전달 이론에 따르면, 모든 호르몬들이 충분하지만 인체가 메시지를 제대로 전달하지 못해서일 수도 있다.

사지의 연장, 근육의 강화, 내부 기관의 확대를 포괄하는 성장 과정 전체는 '스위스 시계의 타이밍'과 '마스터 셰프의 세심한 주의'에 달려 있다. 이는 마치 케이크를 굽는 것과 같다. 달걀, 설탕, 버터, 밀가루의 정량을 모두 측정할 수 있어도 그것들을 배합하는 방법을 모르거나 오븐의 스위치를 제때 켜지 못한다면 디저트는 엉망이 된다.

성장호르몬을 연구하는 과학자들에게, 1960년대 초는 이상한 나라의 앨리스 시대°나 마찬가지였다. 그들은 연구실에서 어떤 실험동물들의 성장을 촉진하고 어떤 동물들의 성장을 억제했으며, 어린이들을 대상으로 테스토스테론, 갑상샘호르몬과 함께 성장호르몬을 테스트했다. 제프 발라반은 단순히 '키 작은 부모의 산물'일 수도 있었고,

---

◇　하비 쿠싱은 그런 시대가 도래하는 것을 목도하고 있었다. 그는 수십 년 전 다음과 같이 예견했다. "오늘날의 루이스 캐럴은 왼손에 버섯(뇌하수체를 말함), 오른손에 달걀 노른자(난소를 말함)를 든 채, 이쪽저쪽 돌아가며 야금야금 베어먹는 앨리스를 등장시키게 될 것이다! 앨리스는 거인이 될 수도 있고 난쟁이가 될 수도 있다!"

아니면 성장호르몬 결핍의 결과일 수도 있었다. 하지만 당시에는 호르몬 수준을 제대로 측정할 검사가 없었으므로, 의사들은 지식에 근거한 추측과 임상적 판단에 의존할 수밖에 없었다. 의사는 그를 호르몬 결핍으로 판단했던 것일까?

성장호르몬이 분리되기 한참 전, 의사들은 일찌감치 호르몬이 왜소증을 치료할 수 있을 거라고 예측했다. 또는 내분비학회 회장을 역임한 오스카 리들 박사가 1937년 AP통신 기자들에게 말한 것처럼, "왜소한 사람들은 열등감 콤플렉스를 겪고 있으므로 언젠가 의사들이 성장호르몬 주사를 통해 지적·신체적 잠재력을 완전히 실현하게 해줄 것"이라 생각했다.

1960년대 초, 의사들은 마침내 왜소증에 대해 뭔가 할 수 있게 되었다. 잡지와 과학 저널에 무더기로 실린 기사들이 "키 작은 사람들, 특히 어린이들은 끔찍한 최후를 맞도록 운명지어졌다"는 해묵은 주장을 되풀이하며, 의사들이 조성한 열광적 분위기에 기름을 들이부었다. 《퍼레이드》라는 잡지의 커버스토리는 "지옥 같은 왜소증 환자의 삶"이라는 제목을 내걸고 새로운 호르몬 치료법을 선전했다. 그 기사는 유명한 성정체성 전문가 존 머니가 쓴 것으로, "성인들은 왜소한 어린이의 응석을 본의 아니게 받아주고 나이에 비해 어리게 대우함으로써 미성숙과 불안감을 조장하게 된다"고 주장했다. 또한 전문가들은 "왜소한 어린이들은 키 큰 형제자매들보다 결혼을 하거나 직장을 얻을 가능성이 낮다"고 주장했다. 셰일라와 데이비드 로스먼은 《완벽성 추구: 의학적 향상의 전망과 위험》에서, "내분비학(호르몬 결핍 상태를 확인함)과 정신분석학(부적응의 정도를 분석함)을 종합하면, 왜소증은 질병이며 결코 사소한 일이 아니다"라고 했다.

설상가상으로 공포감을 부추기는 사회적 분위기가 치료의 긴급성을 가중시켰다. 아마도 새로운 치료법의 등장이 연구의 감성적 편향성을 초래해, 새로 발견된 약물의 필요성을 강조하게 된 것 같다. 연구자들은 질병을 치료하기 위해 치료법을 개발한 걸까, 아니면 치료법을 먼저 만들어낸 다음 거기에 알맞은 질병을 찾아낸 걸까? 왜소한 자녀, 특히 아들을 둔 부모들은 자녀의 건강·행복·결혼·취직을 위해서라면 뭐든 해주려고 하는 것이 인지상정이었다.

"수십 년 전과는 상황이 다르다. 호르몬요법은 더 이상 돌팔이 치료법이 아니다"라고 의사들은 주장했다. 그들은 현대 의학을 앞세워 유수의 연구소에서 화학물질을 추출하고, 성분을 측정하고, 어린이들의 호르몬 수준을 모니터링했다.

::

발라반 부부와 세 명의 자녀가 거주하는 뉴욕주의 그레이트넥은 맨해튼에서 승용차로 약 40분 거리에 있는 롱아일랜드의 교외였다. 바버라 발라반은 다양한 편집 및 비서 업무를 수행했고, 공립학교와 지역사회에서 자원봉사 활동을 했다. 알 발라반은 정신과의사로서 새로운 의학 정보를 꾸준히 업데이트했지만, 성장 치료 분야에 대해서는 아는 바가 별로 없었다. 신문만 대충 들여다봐도 간헐적으로 보도

크레이지 호르몬

되는 성장호르몬에 관한 최신 뉴스를 접할 수 있었는데 말이다. 1944년에는 "화학자들이 소의 뇌에서 성장호르몬을 채굴했다"는 뉴스가 신문의 헤드라인을 장식했다. 그로부터 10년 후에는 과학자들이 성장호르몬의 구조를 해석해 다시 한 번 헤드라인을 장식했다. 1958년에는 성장호르몬으로 왜소증을 치료할 수 있다는 기사가 보도되며, 맞춤형 호르몬요법의 가능성이 부각되었다. 그러나 획기적인 의학적 발견들이 줄을 잇는 가운데, 전 세계에서는 연일 새로운 뉴스(예: 인종 폭동, 우주 탐사, 베트남 사태)가 쏟아져 나왔다. 그러니 직접적인 관심사가 아닌 한, 의학적 발견들을 꼼꼼히 챙기는 사람들은 그리 많지 않았다. 제프의 여덟 번째 신체검사를 앞둔 발라반 부부에게 신장은 초미의 관심사로 대두되기에 충분했다.

의사로부터 "전문가의 의견을 원하시나요?"라는 판에 박힌 질문을 받았을 때, 발라반 여사는 문득 '내가 그동안 너무 무관심했던 건 아닐까?'라는 생각이 들어 가슴이 덜컹했다. 아마도 그녀는 신문에서 읽은 기사 내용을 떠올린 것 같았다. 종전에는 제프가 건강하다고 생각했지만, 지금은 아닐 수도 있다는 생각이 고개를 들었다. 사실 상담을 받아서 손해 볼 것은 없었다.

발라반 부부는 제프가 테스트, 치료, 꼬리표labeling 때문에 힘겨워할 거라는 예감이 들었다. 그러나 장기적으로는 제프가 고마워할 거라고 믿었다. "제프는 힘든 시기를 겪고 있었어요. 상반되는 평가를 받고 있었거든요." 발라반 박사는 말했다. "제프는 귀여움을 받으며 자랐고, 수다스럽고 붙임성 있고 재미있는 아이라는 평을 들으며 사람들의 인기를 한 몸에 받았어요. 다른 한편 제프는 지독한 말썽꾸러기이기도 했어요. 걔를 귀여워한 선생님들은 무슨 짓을 해도 용서해줬지만, 운동장에서는 아이들에게 괴롭힘을 받았어요. 인기와 학대를 동시에 받았던 거죠."

1961년 어느 날 오후, 발라반 여사는 방과 후에 제프를 데리고 알버트아인슈타인병원의 소아과의사 에드나 소벨 박사를 찾아갔다. 병원은 브롱크스에 있었으며, 집에서 승용차로 한 시간 거리였다. 소벨 박사는 호르몬 문제 전문가로서, 그 분야를 선도하는 인물 중 한 명이었다. 하버드에서 훈련을 받고, 왜소증에 관한 기념비적 연구에 여러 번 참여한 경력이 있었다. 동료와 환자들 중에서는 소벨 박사를 '인정 많은 의사'로 알고 있는 사람들도 있었지만, 발라반 여사는 그녀를 '거칠고 퉁명스러운 의사'로 기억했다. 발라반 여사의 기억에 따르면 그녀는 종종 휠체어에 앉아 있었고, 때로는 일어서서 허리를 구부리고 있었다. 그녀는 키가 매우 작았으며, 심지어 발라반 여사보다도 작아 보였다. 환자들에게는 아무런 말도 안 했지만, 소벨 박사는 어릴 때 폴리오 때문에 뼈가 변형되어 성장 장애가 일어났었다. 그래서 한쪽 신발의 굽을 높이는 바람에 만성 통증에 시달리고 있었다.

"검사는 비용이 많이 들고 시간도 너무 오래 걸렸어요." 발라반 여사는 말했다. 혈액검사를 비롯해 온갖 검사를 다 받아야 했다. 제프는 행복하지 않았다. 학교에 결석하는 것이 싫었고, 기형아 같은 느낌이 드는 게 싫었다. 여자 앞에서 발가벗는 것을 싫어했는데, 상대방이 의사라도 싫은 건 마찬가지였다.

크레이지 호르몬

소벨 박사는 제프가 뇌하수체저하증을 앓고 있을 거라고 생각했다. 즉, 그의 뇌하수체가 충분한 성장호르몬을 분비하고 있지 않다는 것이었다. 발라반 박사는 충격을 받았다. "뇌하수체저하증에 대해서는 의대생 시절에 들어본 적이 있어요. 엄지손가락 톰(영국 동화에 나오는 엄지만 한 주인공) 비슷한 이야기였죠." 그는 이렇게 이야기하고는, 1800년대 말 서커스에 출연했던 1미터짜리 난쟁이를 언급했다. 그는 자기 아들을 그런 범주에 넣어본 적이 단 한 번도 없었다. 제프는 정상 아이지, 서커스에나 나오는 기형아가 아니었던 것이다.

의사들의 주요 관심사는 왜소성장stunted growth이 아니라, 성장호르몬이 수행하는 그밖의 모든 기능들이었다. 성장호르몬의 역할을 모두 말하자면 한이 없지만, 몇 가지만 예를 들어보면 성장호르몬은 혈당의 균형, 단백질과 지방의 대사, 심장과 신장의 건강 유지, 면역계 자극 등에 도움이 된다. 따라서 성장에만 관여하는 게 아니며, 성장하는 데 성장호르몬만 필요한 것도 아니다. 이런 의미에서 성장호르몬은 단순한 '키크기 호르몬'이 아니라 '성장 발육 호르몬'이었다.

소벨 박사는 먼저 갑상샘호르몬 투여를 제안했다. 왜냐하면 제프의 대사를 향상시키면 성장에 도움이 될 수 있기 때문이었다. 몇 년 전 같았으면 제프는 테스토스테론 주사를 맞았을 것이다. 그러나 테스토스테론은 '빨리 크게' 할 뿐, '더 크게' 하지는 않는 것으로 밝혀졌다. 마치 고속열차와 같아서, 도착 시간만 이를 뿐 종착역은 똑같았던 것이다. 테스토스테론이 키를 늘리지 않는다는 사실을 밝힌 핵심 논문의 저자가 바로 소벨 박사였다.

발라반 부부는 갑상샘 치료를 시도하는 데 동의했다. 몇 개월에 걸쳐 주사를 여러 번 맞은 후, 제프는 억지로 학교를 조퇴하고 롱아일랜드에서 브롱크스까지 내키지 않는 드라이브를 했다. 붐비는 병원 대기실에서 다른 왜소한 어린이들 사이에서 몸을 비비 틀며 자기 차례를 기다렸다. 의사와 15분간 이야기하기 위해 두 시간을 기다려야 했으니, 이만저만한 고역이 아니었으리라. 마침내 제프의 이름이 호명되고, 의사를 만나 치료 결과를 통보받았다. "아드님은 이미 클 만큼 커서 갑상샘호르몬 주사가 듣지 않았습니다. 성장 동력이 전혀 없네요. 사실, 손톱만큼도 자라지 않았어요."

제프가 두 달만 늦게 병원을 방문했더라도 의사들은 여러 번의 혈액검사를 통해 성장호르몬 수치의 증감을 측정했을 것이다. 그러나 그런 검사법은 아직 고안되지 않은 상태였다. 그 대신 제프는 병원에 한 달 동안 입원했고, 의사들은 제프의 식품 섭취 현황과 결과를 측정했다. 부모의 뇌를 엑스선으로 촬영해 뇌하수체 이상을 제프에게 물려주지 않았는지도 확인했다. 1961년에는 정교한 뇌영상화 장치가 존재하지 않았으므로, 의사들은 뇌하수체가 자리잡은 접시 모양의 뼈를 엑스선으로 촬영해 단서를 수집했다. 뼈가 으스러지거나 벌어졌다면 문제가 있는 게 틀림없었다. 왜냐하면 그러한 문제는 종양을 시사하는 (증거는 아니지만) 단서였기 때문이다. 제프는 기뇌조영상 pneumoencephalogram이라는 특별한 엑스선검사를 받았다. 이는 1918년 고안된 야만적인 두개골 영상화 방법으로, 좀 더 우아한 기법이 개발되기 전인 1970년대까지 사용되었다. 의사들은 제프의 척수에서 체액을

크레이지 호르몬

빼낸 다음 머리에 공기를 주입하고 엑스선 촬영을 했는데, 이렇게 하면 좀 더 선명한 영상을 얻을 수 있었다. 제프는 극심한 두통으로 몸부림치며 귀가했다. 기뇌조영상 촬영의 전형적인 후유증이었다.

모든 검사에서 종양이 없는 것으로 판명되자, 소벨 박사는 한 가지 옵션을 더 제시했다. 바로 사람성장호르몬human growth hormone(hGH)을 투여하는 것이었다. hGH 투여는 최신 치료법으로, 초기 임상시험 결과는 매우 유망했다. 대조연구 결과는 발표되지 않았지만, 성장호르몬이 결핍된 것으로 보이는 어린이들에게 성장호르몬을 투여한다는 것은 이치에 맞았다. 부족한 것을 투여해 정상화시키자는 것이니 말이다.

발라반 부부에게, (효과를 보지 못한) 갑상샘호르몬에서 (효과가 기대되는) 성장호르몬으로 갈아타는 것은 쉬운 결정이었다. 시작이 어렵지, 일단 호르몬 치료를 시작한 마당에 다음 단계로 넘어가는 것은 식은 죽 먹기였다. 이제 제프는 '사람'에서 '환자'로 전환되었으며, 그의 인생은 '주사 맞기 전'과 '주사 맞은 후'로 나뉘게 되었다. 주사 맞기 전에는 왜소증이 '소견'이었지만, 주사 맞은 후에는 '진단'이었다. 건강과 비건강 사이의 희미한 경계선을 넘어서자 다른 의약품을 시도해봐야겠다는 마음이 샘솟았다.

그러나 갑상샘호르몬과 성장호르몬 사이에는 발라반 부부가 아직 모르는 엄청난 차이가 있었다. 갑상샘호르몬은 공급이 풍부하지만 성장호르몬은 그렇지 않았던 것이다. '성장호르몬을 이용한 어린이 왜소증 치료'는 의사들 간의 골드러시와 같은 것이어서, 귀중한 광맥을 둘러싼 쟁탈전이 치열했다. 발라반 여사가 성장호르몬요법에 쉽게 동의하자 소벨 박사는 씩 웃었고, 발라반 여사는 '저 썩은 미소는 뭐지? 나를 비웃는 건가?'라는 생각이 들며 어안이 벙벙해졌다. 잠시 어색한 침묵이 흐른 후, 소벨 박사가 이렇게 설명하자 의문이 풀렸다. "알버트 아인슈타인병원에는 성장호르몬 재고가 조금밖에 없는데, 다른 어린이 이용으로 이미 예약되어 있어요." 소벨 박사가 웃음을 참지 못했던 것은 발라반 여사의 반응 때문이었다. 발라반 여사는 성장호르몬요법을 쉽게 생각하고 있는 것 같았다. 성장호르몬이 병원의 캐비닛 속에 잔뜩 들어 있고, 꺼내어 쓰기만 하면 되는 것처럼 말이다. 그러나 천만의 말씀이었다.

어린이 치료용 성장호르몬은 죽은 사람의 뇌(뇌하수체)에서 추출한 것이었으므로, 성장호르몬(GH) 대신 사람성장호르몬(hGH)이라고 불렸다. 왜소증 어린이는 하루에 한 번씩 적어도 일 년 동안 주사를 맞아야 했는데, 하나의 뇌하수체는 하루에 한 명의 어린이를 치료하는 데 충분한 양만 공급했다. (용량에 관한 연구는 아직 수행되지 않았지만, 좌우지간 뇌하수체 하나에 들어 있는 분량이 정량으로 간주되었다.) 따라서 한 명의 어린이를 치료하려면 365개의 뇌하수체, 그러니까 365구의 사체가 필요했다. 미국의 심각한 왜소증 어린이들을 모두 치료하려면 어마어마한 시체가 필요하므로, 수많은 영안실과 입도선매 계약을 맺어야 할 판이었다.

소벨 박사는 발라반 여사에게 (의사가 환자의 부모에게 할 수 있는) 가장 황당한 제안 하나를 했다. '만약 아들을 위해서 희귀한 성장호르몬을 확보하고 싶다면, 당신이 성장호르몬을 직접 구해오라'는 것이었다. 소벨 박사는 발라반 여사의 얼굴을 빤히 쳐다보며 이렇게 말했다. "아는 병리학자나 의사에게 부탁해 성장호르몬을 100그램만 구해 오세요. 그럼 나머지는 내가 알아서 처리할 테니까요."

만약 소벨 박사가 거액의 치료비를 요구했다면 어떻게든 마련해 보려고 했을 것이다. 설사 워싱턴을 가로질러 행진하라고 했어도 기꺼이 그렇게 했을 것이다. 그러나 인체의 일부, 그것도 뇌 속 깊숙한 곳에서 분비되는 물질을 수집한다는 것은 비非의료인의 한계를 벗어나는 일이었다.

소벨 박사의 진료실에서 아들의 손을 꼭 잡고, 발라반 여사는 '길고 이상한 여행'을 계획했다. 그러나 그게 얼마나 이상한 건지는 미처 깨닫지 못했다. 그로부터 불과 몇 주 후, 그녀는 남편과 함께 전국의 영안실을 샅샅이 뒤지며 성장호르몬을 구걸함과 동시에, 엘리트 의학 모임을 찾아다니며 최신 의학 정보를 귀동냥하기 시작했다. 그녀는 '걱정하는 엄마'에서 미국을 주름잡는 '뇌하수체 수집가'로 변신했다. 그러기 위해서는 약간의 운, 약간의 인간관계, 그리고 많은 용기와 투지가 필요했다. 두 사람은 안면을 몰수하고 성장호르몬 수집에 필사적으로 매달렸다.

::

1866년 프랑스의 신경학자 피에르 마리는 '거인이 거인인 이유'를 알아냈다. 그 이유는 다른 사람들보다 뇌하수체의 크기가 크기 때문이었다. 그로부터 무려 80년 후, 의사들은 뇌하수체에 존재하는 많은 물질 중에서 성장을 유도하는 화합물을 정확히 겨냥하기 시작했다. 성장호르몬 발견을 위해 경쟁하는 연구자들은 마치 바다 밑에 가라앉은 보물을 찾기 위해 앞다퉈 다이빙하는 잠수부들 같았다. 모든 사람들은 똑같은 해역에서 헤엄을 치지만, 보물을 처음으로 발견하는 사람만이 명성과 보상을 모두 거머쥐게 된다.

성장호르몬 발견의 영예는 UC 버클리의 과학자 두 명에게 돌아갔다. 하비 쿠싱의 제자인 허버트 에반스 박사와 생화학자 초 하오 리 박사는 1944년 《사이언스》에 발표한 논문을 통해 자신들의 승리를 선포했다. 에반스와 리는 뇌하수체 조각으로 연구를 시작해, 그 속에 정말로 '성장에 필요한 성분'이 들어 있음을 확인했다. 먼저 뇌하수체 조각을 시궁쥐에게 먹여본 결과, 시궁쥐들의 몸집이 풍선처럼 부풀어오르는 것으로 나타났다. 또한 시궁쥐의 뇌하수체를 제거해보니, 몸집이 오그라드는 것으로 확인되었다. 마지막으로 뇌하수체 추출물을 이 시궁쥐에게 다시 주사해보니, 시궁쥐의 몸집은 다시 커졌다.

첫 번째 논문이 발표된 지 얼마 지나지 않아, 두 과학자는 뇌하수체 덩어리에서 (좀처럼 정체를 드러내지 않았던) 성장호르몬을 분리해냈다. 몇몇 회의론자들은 그들이 순수한 성장호르몬을 분리해냈다는 사실을 의심하며, "에반스와 리가 발견한 것은 갑상샘·난소·고환 분비액의 혼합물이다"라고 주장했다. 다시 말해서, "성장호르몬이라는 단일 호르몬은 존재하지 않으며, 뇌하수체가 인체에 많은 영향을 미칠

크레이지 호르몬

뿐"이라는 것이 그들의 생각이었다. 에반스와 리는 《사이언스》에 기고한 논문에 적힌 "5밀리그램의 표본은 젖샘자극, 갑상샘자극, 부신피질자극, 난포자극, 간질세포자극 활성을 보이지 않았다"라는 결론을 상기시키며 자신들의 제안을 옹호했다. 이 결론대로라면, 그들이 분리한 물질은 성장호르몬이며 뇌하수체에 포함된 다른 생물학적 활성 물질은 일절 혼입되어 있지 않았다.

언론의 스포트라이트를 받은 에반스-리의 연구에는 두 마리의 강아지가 사용되었다. 그들은 도축장에서 암소의 머리를 구해, 뇌하수체에서 성장호르몬을 추출한 다음 미세한 분말로 만들어 닥스훈트 강아지에게 주입했다. 그러자 그 강아지들은 한배 새끼들보다 훨씬 더 크게 자라는 게 아닌가! 그 결과 강아지들은 더 이상 형제자매가 아닌 것처럼 보였고, 성장호르몬을 주입받은 강아지 한 마리는 크게 자라기만 한 게 아니라 목도 굵어지고 턱도 커진 것으로 나타났다.《라이프》잡지의 한 페이지를 장식한 닥스훈트의 사진 밑에는, "커다란 강아지는 닥스훈트가 아니라 불 마스티프♦처럼 보인다"는 설명이 달렸다. 이 실험은 성장호르몬이 키만 키우는 게 아니라 (말단비대증 환자들을 치료하던 의사들이 생각한 것처럼) 안면 변형까지 유도한다는 사실을 입증했다. 이는 수년 전 쿠싱을 자극해《타임》잡지의 편집자에게 "못난이 컨테스트 기사를 내보내지 말라"고 꾸짖는 편지를 보내게 한 것과 유사한 현상이었다.

♦ 초대형 호신견이자 애완견. 19세기 영국에서 불도그와 마스티프를 교배하여 만들었다.

의사들은 처음에 동물이 성장호르몬의 충분한 공급원이라 생각했다. 즉, 어디서 채취했든 성장호르몬은 성장호르몬이라는 것이었다. 소에게서 채취한 호르몬이 시궁쥐와 개에게 작용한다면 사람에게도 작용하지 않을 이유가 없었다. 인슐린을 보라. 돼지에게서 추출된 것이 인간의 혈당 변화를 조절하지 않았는가!

그러나 안타깝게도, 성장호르몬은 인슐린과 같은 방식으로 작용하지 않았다. 돼지의 성장호르몬은 생쥐를 성장시켰지만, 사람의 키에는 1센티미터도 보태주지 않았다. 소의 성장호르몬으로 환자를 치료하던 의사들은 그게 아무런 도움도 되지 않는다는 사실을 깨달았다.

1958년 터프츠대학교의 모리스 라벤 박사는 "인간의 시신에서 추출한 성장호르몬을 사용해 왜소증 환자를 성장하게 했다"고 발표했다. 그의 간단하고 무미건조한 논문은《임상내분비학 및 대사학 저널》8월호 901페이지에 실렸다. 그는 "사람성장호르몬 1밀리그램을 일주일에 한 번씩 두 달 동안 투여한 후, 용량을 2밀리그램으로 높여 일주일에 세 번씩 7개월 동안 투여함으로써 환자의 키를 6.78센티미터 늘렸다"고 보고했다.

라벤은 에반스 연구실을 비롯한 다른 연구실들과 치열한 경쟁을 벌인 끝에 사람성장호르몬의 성공 사례를 사상 최초로 보고하는 성과를 올렸다. (그는 동물의 성장호르몬을 분리하는 경쟁에서 에반스에게 1패를 당한 바 있었다.) 라벤은 그 결과를 논문 대신 단문으로 발표했는데, 약간의 PR을 통해 에반스의 논문과 마찬가지로 언론의 주목을 받았다. 터프츠의 호르몬 정복 스토리는 신문의 헤드라인을 장식했으며,《뉴욕

헤럴드트리뷴》에는 다음과 같은 제목의 기사가 실렸다. "호르몬이 난쟁이의 키를 늘리다: 암, 비만, 노화 치료에도 단서를 제공할 듯"

'인간은 사람성장호르몬만을 사용할 수 있다'는 뉴스는 열광적인 반응을 불러일으켰지만, 일부 의사들은 남용의 가능성을 우려했다. 하버드의 내과의사 필립 헤네먼은 "사람성장호르몬이 농구선수들을 탁월하게 만드는 건 아니다"라고 꼬집었다. 그러나 더 큰 문제는 수급 불균형에 있었다. 사람성장호르몬만이 인간의 키를 늘릴 수 있다면, 왜소증 환자들에게 필요한 성장호르몬의 원천은 제한적일 수밖에 없었다. 대부분의 사람들은 조만간 공급 부족이 심화될 거라는 의미를 간파하지 못했다.

∷

제프 발라반이 소벨 박사의 진료실에 다시 나타난 것은 1961학년도가 시작되던 때로, 왜소증 치료제가 발견되어 세상이 떠들썩해진 지 2년 후였다. 소벨 박사는 일주일에 세 번씩 성장호르몬 주사를 맞아야 한다고 말했다. 하루에 한 번씩 주사를 맞는 게 이상적이지만, 이는 현실을 감안하지 않고 내키는 대로 계산된 용량이었다. 그렇게 하려면 물량이 너무 달리므로, 일주일에 세 번이 바람직했다.

제프의 경우에는 1년에 156개(52주×3개)의 뇌하수체, 즉 시신 156구가 필요했다. 발라반 부부는 제프가 향후 10년 동안 치료를 받을 수 있으리라고 생각조차 할 수 없었다. 그의 키를 자라게 하려면 묘지 하나를 가득 메운 시신들이 필요했으니 말이다. "일단 뇌하수체 100개를 확보할 수 있다면 치료를 시작해볼 수 있을 거예요"라고 소벨 박사는 말했다. 발라반 부부는 의사와 병리학자 친구들을 수소문해봤지만, 하나같이 다른 프로그램에 연루되어 있다는 답변을 해왔다. 다른 성장호르몬 수집 기관을 알아보는 수밖에 없었다.

발라반 부부가 소벨 박사의 진의를 파악한 것은, 그로부터 수십 년 후 플로리다주 남부의 실버타운에 칩거하며 지난 일을 회상할 때였다. 소벨 박사가 그들에게 '성장호르몬을 직접 구해오라'는 옵션을 제시한 것은, '그들이 뇌하수체 100개를 정말 수집할 수 있다'고 생각해서가 아니라 '성장호르몬의 수급 상황이 얼마나 절망적인지'를 암시하기 위해서였던 것이다. 소벨 박사는 발라반 박사를 안타까운 시선으로 바라보다 이렇게 말했었다. "죄송합니다, 박사님. 성장호르몬을 구하는 건 하늘의 별 따기입니다." 잠시 침묵이 흐른 후 그녀는 이렇게 덧붙였다. "알음알이를 통해 성장호르몬을 구해오신다면, 그때 가서 당신을 도와드릴 방법을 찾아보겠습니다."

정말로 도와줄 생각은 없었지만, 한 줄기 희망의 빛이던 소벨 박사의 말은 발라반 여사의 마음을 움직였고 발라반 박사의 마음을 짓눌렀다. 발라반 여사는 나에게 이렇게 털어놓았다. "우리 부부는 서로 마주보고 앉아 사흘 동안 대성통곡했어요. 모든 것이 우리의 책임이라고 자책하며 아이의 키를 10센티미터만 늘릴 수 있다면 뭐든 다 할 수 있고 그러는 게 마땅하다고 생각했어요. 우리는 할 수 있는 것을 다했다고 당당하게 말할 수 있어요."

차라리 치료 방법이 존재하지 않았다면 시도하지도 않았을 것이다. 전문가의 조언을 받아보라는 의사의 권고에 동의하지만 않았더라도, 그림의 떡인 실험적 치료법을 향한 여정을 시작하지도 않았을 것이다. 그러나 주사위는 이미 던져진 상태였다.

바버라 발라반은 아들을 행복하게 해줄 수 있는 것, 즉 '키 크는 호르몬'을 거부할 수 없었다. 한발 늦으면 다른 왜소증 어린이들에게 기회를 빼앗길 수도 있었다. 그녀는 궁리 끝에 자신이 제일 잘할 수 있는 방법을 선택했다. '풀뿌리 캠페인'을 벌이는 것이었다. '사친회와 징병위원회에서 사용하는 방법이 뇌하수체를 구하는 데 적용되지 않을 이유가 없다'는 게 그녀의 생각이었다. "우리 부부는 거국적인 캠페인을 벌이기로 했어요. 다행히도 내 남편은 관대해서, 집에서 모임을 개최하거나 사람들을 초대하는 데 돈 쓰는 것을 개의치 않았어요"라고 그녀는 말했다.

발라반 박사는 의대 동창생 중에서 병리학 쪽에 진출한 사람과 접촉해보려고 했지만 발라반 여사는 '그 정도로는 불충분하다'며 손사래를 쳤다. "모든 지인들에게 편지를 보내, 뇌하수체를 기증해줄 의향이 있는 병리학자를 아느냐고 묻는 게 더 나을 거예요." 그녀는 남편을 바라보며 이렇게 말했다. "당신은 어디에서부터 시작할 거예요? 국가기관?"

먼저 발 빠르게 움직인 사람은 발라반 여사였다. 그녀는 먼저 인간성장재단에 접촉했다. 그 재단의 목표는 가족들에게 '왜소증 치료법 및 진단에 대처하는 법'에 관한 정보를 제공하는 것이었다. 이윽고 그녀는 남편과 함께 국립뇌하수체기구(NPA)의 창립 멤버가 되었다.

다음으로, 발라반 여사는 식탁에 앉아 모든 지인들에게 편지를 썼다. 그녀에게 '모든 지인'이란 '남편과 의대를 함께 다닌 사람들'과 '본인이 그동안 참석했던 위원회의 멤버들'과 '세 자녀 동급생의 부모들'을 총칭했다. 이메일 등 사이버 메시지가 존재하지 않던 그 당시, 모든 지인들에게 편지를 쓰기란 보통 어려운 일이 아니었다. 그녀는 편지에 가족의 참담한 사정을 호소했다. "우리 아들을 비참한 난쟁이의 삶에서 구원하기 위해 뇌하수체가 필요합니다." 친구들에게는 "병원을 접촉해보고, 학교와 교회와 유대교 회당에 소식을 널리 전파해달라"고 재촉하며, "뇌하수체를 튜브에 넣고 아세톤(매니큐어 지우개)으로 방부 처리를 해달라"고 당부했다. 1961년 11월, 그녀는 최초로 쓴 편지들을 일괄 발송했다.

며칠 후 한두 사람씩 전화를 걸어 뇌하수체 하나를 기증하겠다고 하더니, 한꺼번에 세 개를 기증하겠다는 사람도 나타났다. "우리는 열광했어요. 수화기를 내려놓는 즉시 달려가 수거해왔죠. 하루는 한 친구가 전화를 걸어 '네게 줄 뇌하수체 하나를 구했어'라고 하기에, 그걸 도대체 어디서 구했냐고 물어봤죠. 그랬더니, '한 결혼식에 참석했는데, 신부의 아버지가 꾸러미 하나를 내게 넌지시 건네며 대신 전달해달라고 했어'라고 하지 않겠어요?" 이윽고 그녀의 집 앞에는 소포가 수북이 쌓였다. 내용물은 유리병이었고 그 속에 완두콩 같은 것이 하나씩 들어 있었다. (당대의 유명한 내분비학자 살바도레 라이티 박사의 말을 빌리면, 천 개의 뇌하수체를 전부 합해봐야 2리터들이 우유병 하나면

크레이지 호르몬

뇌하수체가 보관되어 있는 큰 유리병. Ralph Morse/The Life Picture Collection/Getty Images.

그만이었다.)

　대부분의 병리학자들은 아세톤이 가득 찬 병에 뇌하수체를 넣어 발라반 부부에게 직접 전달하거나 친구를 통해 전달했다. 대부분 발라반 박사가 병리학자의 연구실을 방문해 수거해오곤 했지만, 때로는 영안실로 찾아가는 경우도 있었다. 바이알에 담겨 운반된 뇌하수체는 (신선한 아세톤이 가득 찬) 커다란 유리병으로 옮겨져, 세탁실 구석의 골방에 보관되었다.

그 당시에는 누구나 뇌하수체를 (매니큐어 지우개가 가득 든) 병에 넣어 자기가 원하는 용도로 사용할 수 있었다. 필요로 하는 환자에게 건네주거나 편지 봉투 속에 넣어 우송할 수도 있었다. 어떤 병리학자들은 뇌하수체를 냉동해 보냈지만(이 경우 냉동하지 않은 경우보다 더 많은 호르몬을 얻을 수 있다), 불의의 사고(예컨대 교통 체증)로 해동될 경우 몽땅 도루묵이 되기도 했다. 그로부터 40년이 지난 오늘날 그런 생체 샘플들은 생물학적 위험물로 분류되어, 운반하기 전에 승인을 받아야 하며 취급에 신중을 기해야 한다. (사랑하는 사람의 신체 일부를 채취하기 위해 유가족의 승인을 받아야 하는 것은 물론이다.)

"우리는 그게 합법인지 여부를 생각하지 않았어요"라고 발라반 여사는 말했다. "그때는 의료정보보호법Health Insurance Portability and Accountability Act(HIPAA, 즉 환자 프라이버시 보호법)이 제정되지 않았어요. 분비샘은 생검할 때 얼마든지 구할 수 있었고, 가족들의 허락을 받을 필요가 없었어요. 병리학자들도 대수롭지 않게 뇌하수체를 채취했고 무슨 문제가 생길 거라고는 생각하지도 않았어요."

"우리는 '모처에 가서 내 이름을 대고 뇌하수체를 수령하라'는 전화를 받고 시키는 대로 하곤 했어요. 하루는 어떤 남자가 전화를 걸어서 뇌하수체 세 개가 있다고 했어요. 그래서 '지금 가지러 가도 되냐'고 물었더니, '텍사스인데 어떻게 올 거냐'고 반문하며 소포로 보내주겠다고 했어요. 며칠 후 판지로 포장된 원통형 용기가 배달되었죠. 열어보니 탈지면으로 감싼 바이알이 나왔어요. 바이알은 아세톤으로 채워져 있었고, 그 속에 뇌하수체 세 개가 들어 있었어요. 우리는 만족스

크레이지 호르몬

러워서 마주보며 미소를 짓고 세탁실의 골방으로 가져가 커다란 유리병 안에 옮겨 넣었어요."

그들은 편지에 회신용 패키지를 동봉하기 시작했다. 스크루톱(돌려서 막는 마개)과 탈지면이 딸린 바이알, 우송용 원통, 주소가 인쇄된 라벨, 우표, 포장지를 동봉해, 뇌하수체를 보내줄 만한 사람들에게 우송했다. 비용은 별로 많이 들지 않았으며, 뇌하수체를 보내오는 사람들에게는 감사 편지와 함께 더 많은 패키지를 우송했다.

발라반 여사는 세로 3인치 가로 5인치짜리 카드에 '도움의 손길을 내민 사람들'의 이름을 모두 적었다. 뇌하수체를 제공한 사람, 도움이 될 만한 사람을 소개해준 사람, 문들 두드렸을 때 조언을 해준 사람….
뇌하수체를 제공한 사람은 초록색, 병리학자를 소개해준 사람은 빨간색으로 표시해 알파벳 순으로 관리하고, 모든 사람들에게 그때그때 정중한 감사 편지를 보냈다.

발라반 부부는 1961년 크리스마스를 뉴저지의 친구들과 함께 보냈다. 친구들이 방문했을 때 우편함에는 작은 소포가 하나 들어 있었는데, 그것은 100번째 뇌하수체가 담긴 소포였다. "다른 사람들은 6개월이 걸린 것을 우리는 단 한 달 만에 끝냈어요." 발라반 여사가 감개무량하게 말했다.

그녀는 뇌하수체 100개가 들어 있는 유리병을 들고 브롱크스의 병원으로 달려갔다. 소벨 박사가 뛸 듯이 기뻐하며 제프의 치료를 즉시 시작하리라는 기대를 품고 말이다. 그러나 소벨 박사는 놀랄 만큼 태연했다. "소벨 박사가 베트남 전쟁과 고엽제를 신랄하게 비판하는 것을 보고 그녀가 무슨 생각을 하고 있는지 어렴풋이 알 것 같았어요. 그녀는 우리를 특권층이라고 생각하는 것 같았어요. 브롱크스시립병원에서 치료받는 어린이들은 가난해서 값비싼 성장호르몬 치료는 꿈도 꿀 수 없는 처지였거든요"라고 발라반 여사는 말했다.

발라반 여사를 더욱 경악하게 만든 것은, 뇌하수체에서 성장호르몬을 추출하기까지 최소한 3개월을 기다려야 한다는 것이었다. 당시 미국에는 성장호르몬을 추출하는 연구실이 세 군데밖에 없었다. UC 버클리, 터프츠대학교, 에모리대학교. 뇌하수체에서 호르몬을 정제한다는 것은, 어떤 면에서 바위 덩어리에서 보석의 원석을 끄집어내는 것이나 마찬가지였다. 고도의 인내와 주의력과 솜씨가 필요했으므로, 각각의 연구실에서는 가장 순도 높은 결과물을 얻기 위해 자신만의 독특한 기법을 개발해놓고 있었다. 발라반 부부가 수집한 뇌하수체는 에모리대학교의 알프레드 빌헬르미 박사의 연구실로 보내졌다. 이 연구실에서는 '추출된 성장호르몬 중 50퍼센트는 제프의 치료에 사용하고, 나머지 50퍼센트는 빌헬르미 박사에게 연구용으로 제공한다'는 조건을 제시했다. 발라반 여사는 달리 선택의 여지가 없었다. 어차피 호르몬 추출은 전문가에게 의뢰해야 했고, 모든 추출 전문가들은 일정 부분을 대가로 요구했기 때문이다.

제프는 처음부터 모든 게 마음에 들지 않았다. 아버지가 의사 대신 주사를 놔줄 때는 노골적으로 오만상을 찌푸렸다. "나는 제프의 얼굴에서 고뇌의 표정을 봤던 걸 기억해요"라고 발라반 박사는 말했다. 그러나 발라반 부부는 아들을 위해 옳은 일을 하고 있다고 굳게 믿었다.

발라반 박사는 아들에게 이렇게 말했다. "지금은 아무 말도 하지 않겠어. 나중에 크면 치료의 참뜻을 알게 될 테니까. 좀 더 정확히 말하면, 치료를 받지 않았을 경우 어떤 고통이 뒤따랐을지 깨닫게 될 거야."

제프는 한 달에 한 번씩 결석계를 내고 의사에게 검사를 받으러 갔다. 의사가 신체의 모든 부분을 측정할 때, 제프는 옷을 홀딱 벗고 누워 있었다. "그들은 아들의 음경을 측정했어요. 매우 끔찍했죠"라고 발라반 여사는 말했다.

"치료를 시작한 지 1년쯤 지난 어느 날이었어요. 정부에서 보낸 사람이 우리를 만나러 왔어요. 그가 하는 말이, 우리가 NIH와 재향군인 관리국에 이어 미국에서 세 번째로 많은 뇌하수체를 보유하고 있다는 거였어요. 그는 우리가 독점하고 있는 의료 자원을 푸는 게 국민된 도리라고 훈계를 했어요. 병리학자들을 만나 정부의 시책에 협조하라고 하면, 이구동성으로 '이미 발라반에게 협조하고 있어 여력이 없다'고 대꾸하더라고 말하며 혀를 내두르더군요. 그는 우리 가족의 방침을 잘 모르는 것 같았어요. 그래서 다른 사람들에게 나눠준 각서를 그에게도 써줬죠." 발라반 여사가 써준 각서의 내용은 '제프가 충분한 물량을 확보하고 있는 한 나머지 재고를 다른 사람들과 공유한다'는 것이었다.

::

로버트 블리자드 박사는 성장호르몬에 관한 독창적 실험 중 상당수를 수행한 인물이다. 그는 존스홉킨스의 환자들을 위해 뇌하수체를 수집하고 있었는데, 병리학자들에게 뇌하수체 하나당 2달러씩을 지불했다. 발라반 부부는 병리학자들에게 한 푼도 지불하지 않았다.◇

　뇌하수체를 다량 확보하려는 임상의들 간의 경쟁은 이전투구 양상을 띠기 시작했다. 어떤 의사들은 좀 더 많은 뇌하수체를 확보할 요량으로 병리학자들에게 지불하는 단가를 인상했다. 블리자드 박사는 의료계의 암시장을 우려했다. 암시장이란 가장 설쳐대는 환자나 돈 많은 환자가 우선적으로 치료받는 관행을 말한다. 그는 1963년 과학자, 왜소증 어린이 부모들과 함께 미국 최대의 뇌하수체 수집가 모임을 개최했는데, 발라반 가족도 그 모임에 가입했다.

　블리자드는 박사는 그들에게 뇌하수체 풀pool을 만들어 공동으로 관리할 것을 제안했다. 뇌하수체를 대량으로 보유한 수집가들은 '중앙집중식 수집 기관이 설립될 경우 대량 수집가의 물량이 줄어들 것'을 우려했으므로, 블리자드 박사는 '본인이 처음에 출연한 양보다 적은 양을 가져가는 회원은 없을 것'이라는 타협안을 제시했다. 1963년 뇌하수체 수집가들은 미국국립보건원(NIH)의 후원하에 국립뇌하수체기구(NPA)를 설립했다. 처음에는 블리자드 박사의 지휘하에 홉킨

◇　뇌하수체 광풍이 불던 시절, 신경병리학자로서 예일에 근무했던 길 솔리테어의 회고담에 따르면 뇌하수체를 비롯한 관심 있는 생체 샘플들을 홉킨스에 보냈지만 대가를 받은 적은 없었다고 한다. "그 당시에는 뇌하수체를 구하는 즉시 홉킨스로 보내는 것이 불문율이었어요. 그리고 흥미 있는 뇌를 확보하면 절반을 떼어 홉킨스로 보냈어요. 그래서 우리는 '홉킨스에 출입하려면 뇌 반쪽을 반드시 지참해야 한다'고 말하곤 했죠."

　크레이지 호르몬

스의 영향력에서 벗어났고, 나중에는 메릴랜드대학교의 살바토레 라이티 박사에게 지휘봉이 넘어갔다.

NIH는 과학자들의 연구를 지원하기만 하고 치료에는 직접 관여하지 않았으므로, NPA를 통해 뇌하수체를 제공받으려는 환자들은 과학 연구에 지원해야만 했다. 치료를 받는 게 매우 중요했으므로 연구에 참가한 환자들 중에서 대조군(위약 투여군)으로 분류되는 사람은 한 명도 없었다. 환자가 연구에 참가한다는 것은, 철저한 모니터링을 받으며 의료 정보가 (익명이기는 하지만) 영구적으로 보관된다는 것을 의미했다.

NPA의 회원들은 온갖 수단을 동원해 자신들의 대의명분을 알림과 동시에, 비회원들이 자신들의 영역을 침범하지 못하도록 막았다. 외국계 제약사들에게는 "외국에서만 뇌하수체를 수집하고 미국에서는 손을 떼라"고 압력을 가했다. 소식지를 발간해, "사망한 사람의 뇌를 입수한 사람은 누구든 NPA의 뜻에 동참하라"고 촉구했다. 신문방송 기자들에게는 "왜소증과 '뇌하수체의 필요성'에 관한 기사를 쓰고, 뇌하수체저하증을 〈닥터 킬데어〉나 〈벤 케이시〉와 같은 텔레비전 드라마의 소재로 사용해달라"고 호소했다. 연줄이 닿는 사람이라면 누구에게나 도움을 요청했다. 트랜스월드항공의 조종사 프레드 말러는 슬하에 네 명의 자녀를 두고 있었는데, 그중 두 명이 뇌하수체저하증을 앓고 있었다. 그는 뇌하수체를 무료로 수거하고 운반하는 데 동의하고, 뇌하수체가 담긴 원통형 용기를 조종석 내의 지근거리에 보관했다. 그가 주도하는 '뇌하수체를 위한 조종사들'이라는 모임에는 600

명의 의사와 50명의 조종사가 포함되어 있었다. 그는 1968년 개최된 미국병리학회 회의에 초빙되어 NPA를 돕는 이유를 다음과 같이 설명했다. "만약 내가 돕지 않는다면, 부모들은 자녀가 필요로 하는 것을 직접 구하기 위해 정처 없이 헤매야 합니다. 정글전이나 마찬가지죠."

NPA에서는 관련 지침도 제정했다. 예컨대 그들은 "남자아이의 경우 167센티미터, 여자아이의 경우 160센티미터가 되면 호르몬 주사를 맞지 말라"고 권고했다. 과량 투여나 장기 연용으로 인한 부작용을 우려한 것이 아니라, 희소한 약물을 공유하도록 하기 위해서였다. 즉, 모든 어린이들이 충분한 신장에 도달할 수 있도록 동등한 기회를 제공하자는 취지에서 나온 것이었다.

그러는 가운데 바이오 업체들은 시신의 필요성을 줄이고 성장호르몬의 공급량을 확대하기 위해, 기본적인 원료물질을 이용해 성장호르몬을 합성하는 방법을 개발하는 데 몰두하고 있었다. 그러나 많은 임상의들은 뇌에서 추출된 호르몬이 자연스럽고 안전한 선택이라고 여기며, 합성호르몬에 대해 우려를 표명했다. 배치batch(한 번에 일괄적으로 추출되는 성장호르몬의 양)마다 효능이 다를 수 있다는 것도 문제였다. 의사들은 뇌하수체가 제거된 시궁쥐에 미량의 샘플을 투여하고, 몇 주 동안 지켜보며 약효가 나타나는지 관찰했다. 매우 엉성했지만, 당시로서는 최선의 방법이었다.

호르몬 치료에 대한 사회적 요구와 열망, 언론의 대서특필("왜소증 종식 가능")에도 불구하고, 성장호르몬이 효능을 발휘한다고 장담할 수는 없었다. 하루에 1밀리그램씩 10년 이상 투여해도 키가 커진다는 보

크레이지 호르몬

장이 없었다. 치료군과 대조군을 비교한 임상시험 결과는 보고되지 않았다. 어떤 어린이들은 120센티미터에서 150센티미터 이상으로 성장해 효능을 입증한 듯 보였지만, 전혀 효과를 보지 못한 어린이들도 있었다. 어떤 경우든, 대조군(호르몬을 전혀 투여받지 않은 어린이들)이 얼마나 성장하는지는 알 수 없었다.

제프 발라반은 여덟 살 때부터 열일곱 살이 될 때까지 일주일에 세 번씩 주사를 맞았다. 그는 160센티미터까지 자랐는데, 부모는 그게 성장호르몬 덕분이라고 믿었다. 어쩌면 몇 센티미터 더 자랄 수 있었을지도 모른다. 제프는 호르몬 치료의 모든 절차를 혐오했다. "나는 남들과 다르다. 성장 치료는 내게 어울리지 않는다"는 생각이 늘 그의 뇌리를 떠나지 않았기 때문이다. 1971년 7월 8일, 제프는 성장 치료를 중단하겠다고 일방적으로 선언했다. 부모는 그가 자신의 결과를 이해할 만큼 성숙했음을 인정했다. 아들이 프로그램에서 탈퇴했음에도 불구하고, 발라반 부부는 자신의 자녀가 왜소증이라고 생각하는 부모들을 지원하는 그룹 활동에 계속 관여했다.

뇌하수체의 수집 및 분배 활동은 일시적으로 예상보다 훨씬 더 활발하게 진행되는 것처럼 보였다. 1977년 UCLA의 앨버트 팔로 박사 연구실이 성장호르몬의 추출을 전담하게 되었다. 팔로 박사는 다른 추출자들에 비해, 뇌하수체 하나에서 7배나 많은 호르몬을 수확할 수 있는 노하우를 보유하고 있었다. 그뿐만이 아니었다. 호르몬이 처음 정제되던 시기에 애송이 과학자였던 팔로 박사는 '경험과 (강박에 가까운) 세심함을 통해 가장 순도 높은 성장호르몬을 추출할 수 있다'고 자신만만해했다.

전 세계 국가에서 적출된 뇌하수체는 LA에 집결해 성장호르몬으로 전환된 다음, 해당 국가에 전달되어 전국의 왜소증 어린이들에게 투여되었다. 이 모든 과정은 자원봉사 부모, 소아과의사, 생화학자, 내분비학자들의 상호작용을 조율하는 복잡한 시스템에 기반한 것이었다. 그 덕분에 미국의 의학은 아주 짧은 시간 전성기를 구가했다. 반증 데이터가 제시될 때까지는.

9장 헤아릴 수 없는 것의 헤아림

1970년대에 특이한 질병 하나가 4000명 당 한 명의 아기들을 공격했다. 아기들의 머리는 너무 크고 목은 굵었으며, 피부는 건조하고 비늘로 뒤덮여 있었다. 혀는 두껍고 축 늘어져, 마치 시들어가는 꽃처럼 턱 위에 길게 걸쳐 있었다. 아기들은 겉보기엔 통통한데 이상하게 거의 먹지를 않고 봉제 완구처럼 축 늘어져 있어서 엄마들의 걱정이 이만저만 아니었다. 아기들이 성장해가면서 심란한 증상들이 늘어났다. 정확한 단어를 찾지 못해 말을 더듬거리고, 숟갈을 입으로 제대로 가져가지 못했으며, 제대로 눈을 맞추지 못했다. 의사들은 그런 증상을 보이는 어린이들을 크레틴cretin이라고 불렀고, 그 말은 곧 바보 또는 천치를 의미하는 속어가 되었다.

그런데 기이하게도, 그 질병의 치료법은 거의 100년 전부터 알려져 있었다. 의사들은 그 질병을 일으키는 원인을 알고 있었는데, 그것은 바로 갑상샘호르몬 결핍이었다. 그들은 호르몬 수치를 높이는 방법도 알고 있었다. 갑상샘 알약이 그 방법이었는데, 구하기가 쉽고 가격도 저렴했다. 그 약은 대사를 향상시키는 효과를 발휘했다. 신생아들에게 약을 먹일 때는 물에 녹이거나 유동식에 넣거나 우유에 섞으면 되었다. 그러나 증상은 완쾌되지 않았다. 태어날 때 진단받아야만 질병의 진행을 멈출 수 있었기 때문이다. 태어날 때는 외견상 건강해 보이기 때문에 질병을 탐지하기 어려웠다. 의사들은 종종 생후 6개월에 전형적인 징후를 발견했고, 그때는 이미 늦어 손을 쓸 수가 없었다. 일단 진행된 뇌손상은 갑상샘 알약으로는 되돌릴 수 없었기 때문이다.

의대 3학년생이던 1980년대에, 나는 동급생들과 함께 병원에 가서 (교과서에 나오는 사진과 설명이 아니라, 실제 환자를 통해) 생생한 교육을 받기 시작했다. 하루는 한 교수가 크레틴병cretinism으로 진단받은 여성 한 명을 대동하고 나타났다. 그녀는 비좁은 회의실에서 우리와 함께한 시간 동안 대화를 나누며 시간을 보내기 위해 (아마도 교수의 회유를 통해) 초청되었다. 나이는 나와 비슷한 이십대로, 다부진 체격과 동그란 얼굴, 갈색 숏커트 머리를 했으며, 부끄러운 듯 해맑은 미소를 지었다. 나는 그때의 대화 내용을 기억하지는 못한다. 아마도 그 자리의 어색함 때문인지도 모르겠다. 그녀는 자신이 마치 전문 연사로 초청받은 듯 특별하다고 느끼는 것 같았는데, 어떤 면에서 보면 사실이었다. 그녀는 의학도들을 가르치기 위해 연단에 서 있었다. "내가 이렇게 된 건 수십 년 전 세상에 태어났을 때 당신들이 진단하지 못했기 때문이야"라고.

오늘날 우리는 크레틴병이라는 용어를 거의 듣지 못한다. 의사들은 더 이상 그런 환자들을 소아과 병동에 일렬로 세우지 않는다. 밀레니엄 세대들에게는 이 단어가 심지어 금시초문일 것이다. 최소한 선진국에서는 이 질병이 완전히 사라졌다. 이 같은 성공은 잘 알려지지 않았지만, 매우 중요한 과학자 한 명 덕분이었다. 그 사람은 브롱크스 빈민가 출신의 여성으로, '측정할 수 없는 것을 측정하는 방법'을 고안해낸 인물이었다.

믿기 힘든 성공 스토리의 주인공은 로절린 앨로다. 그녀가 성장하던 시절 유대인들은 주요 기관에 함부로 얼씬거리지 못하도록 제한받았고 여성들은 종종 출입이 아예 금지되었다. 그리고 오늘날 전 세계의 거의 모든 환자들은, 그녀의 연구에서 힌트를 얻은 치료법이 자신들을 치료하는 데 사용되고 있다는 사실을 전혀 모르고 있다.

::

앨로는 1921년 7월 19일, 가난한 러시아계 이민 가정에서 두 명의 자녀 중 둘째로 태어났다. 앨로의 부모는 고등학교도 졸업하지 못했지만 엄청난 독서광으로서, 자녀들의 교과서를 독파함으로써 높은 지적 수준을 유지하려고 노력했다. 그녀는 적은 돈으로 살아가는 법을 배웠는데, 이는 몇 년 후 그녀가 궁핍한 생활을 하던 시절 큰 힘을 발휘했다. (그녀는 연구실이랍시고 골방 하나를 배정받고 재정적 지원도 거의 받지 못했지만, 이에 굴하지 않고 연구에 매진해 획기적인 성과를 거뒀다.) 여덟 살 때 가세가 완전히 기울어, 어머니는 부업으로 남성용 셔츠에 칼라 다는 일을 했다. 그때 앨로는 어머니가 바느질을 잘할 수 있도록 천을 팽팽하게 당기는 역할을 맡았다. 그녀의 전기 작가가 지적한 바와 같이, 앨로는 어릴 적부터 일찌감치 "최선을 다하고, 역경을 이겨내고,

연구에 집중하는 방법"을 배웠던 것이다.

그녀는 지역의 공립 고등학교를 거쳐, 지방 공립 대학인 헌터칼리지를 우등으로 졸업하고 물리학 석사학위를 받았다. 그녀는 과학자가 되고 싶었지만, 지도 교수는 과학자의 비서가 되는 게 좋겠다고 권했다. 낙담했지만 꿈을 포기할 수는 없었기에, 그녀는 '장차 내 강의를 개설하는 교수가 되겠다'는 희망을 품고 컬럼비아대학교 생화학 교수의 비서로 취직했다. 과학을 생각하던 그녀에게 교수는 엉뚱하게 속기술stenography을 배우라고 권했다.

앨로는 퍼듀대학교의 대학원 박사과정에 거의 합격할 뻔했다. 퍼듀대학교의 입학 사정관은 헌터의 교수에게 보낸 편지에, "그녀는 뉴욕의 빈민가 출신이고, 유대인인 데다 여성입니다. 만약 귀교가 그녀에게 자리를 보장해줄 수 있다면, 우리는 그녀를 조교로 채용하겠습니다"라고 썼다. 그러나 헌터칼리지에서 아무런 반응이 없자 퍼듀에서는 그녀를 불합격시켰다. 취업 전망이 없는 학생에게 대학원생 자리를 낭비할 수는 없는 노릇이었기 때문이다. 앨로는 결국 일리노이대학교의 대학원에 들어갔다. 많은 남학생들이 2차 세계대전에 참전하는 바람에 결원이 생겼기 때문이었다. 그녀는 몇 년 후 냉소적인 표정을 지으며 이렇게 말했다. "남학생들이 우르르 전쟁에 나가는 바람에 어부지리로 박사학위를 따고 물리학 교수까지 됐지 뭐예요." 일리노이대학교 공과대학에 여자 대학원생 자리가 하나 났을 때, 그녀는 이때다 싶어 즉시 지원했다. 합격 통지서를 손에 받아 쥐는 즉시, 속기술 교재를 쓰레기통에 집어던지고 서쪽으로 향했다. 일리노이대학교

크레이지 호르몬

대학원 박사과정에 입학한 지 불과 며칠 후 동료 박사과정생 애런 앨로와 만나 다음 해에 결혼했다.

박사학위 과정이 거의 끝나가던 어느 날, 학과장이 그녀를 사무실로 불렀다. 학과장의 책상 위에는 그녀의 성적표가 놓여 있었다. 그녀는 거의 전과목에서 A 플러스를 받았지만, 한 과목에서만 유일하게 A 마이너스를 받았다. 학과장은 A 마이너스를 받은 과목을 가리키며 이렇게 빈정거렸다. "여성이 연구를 제대로 할 수 없다는 증거로군."

그러나 앨로는 20세기 의학사에서 가장 획기적인 혁신 중 하나를 향해 묵묵히 나아가고 있었다. 그녀는 1945년 남편보다 1년 먼저 박사학위를 마치고 뉴욕으로 돌아왔다. 대학교 부설 핵물리학 연구실에서 일하고 싶었지만 아무 곳에서도 제안을 받지 못했다. 그녀는 헌터칼리지의 임시 조교수직 제안을 받아들였지만, 그 자리를 '수준 이하의 일자리'로 간주했다. 왜냐하면 헌터칼리지는 여자 대학교로, 물리학을 대단찮게 여겼기 때문이다. (헌터칼리지는 1964년 남녀공학으로 바뀌었다.) 앨로는 학생들을 가르치며 특히 과학에 관심이 있는 몇몇 여학생들을 격려했다. 그녀는 여학생을 '장래의 비서'로 훈련하는 관행을 못마땅해했다. "그분은 내게 '무슨 일이든 절대로 포기하지 말라'고 늘 강조하며, 나를 좀 더 넓은 세계로 이끌었어요"라고 그녀의 제자 중 한 명인 밀드레드 드레셀하우스가 말했다. (드레셀하우스는 MIT의 첫 번째 여성 물리학 교수로, 여성 최초로 공학 부문에서 국가과학메달National Medal of Science in Engineering을 받았으며, 2017년 제너럴 일렉트릭의 공익광고에 등장해 크게 유명해졌다.◆ 이 광고는 과학계에서 맹활약하는 여성들을 홍보하는 동영상으로, 파파라치와 십대 소녀들이 여든 살짜리 여성 과학자를 마치 팝스타처럼 흠모하며 우러러보는 장면이 나온다.)

남편 애런 앨로는 맨해튼에 있는 쿠퍼유니온대학교에서 물리학 교수 자리를 얻었다. 그는 따뜻한 반쪽으로서 아내의 경력을 뒷받침하는 한편, 지역 유대교 회당에서 만난 이웃 및 친구들과 공동체 활동을 했다. 로절린은 종교적인 사람은 아니었지만, 애런을 위해 코셔가정kosher home◆◆을 유지하는 데 동의했다. 그녀는 매일 저녁 음식을 요리하고, 강의나 과학 모임 때문에 가정을 비울 때를 대비해 냉장고를 '개별 포장된 코셔음식◆◆◆'으로 가득 채워놓았다.

앨로는 헌터칼리지에서 학생들을 가르치는 동안 컬럼비아대학교의 물리학자들과 꾸준히 접촉하며, 장차 있을지도 모를 공동연구 활동에 대비해 인맥을 형성했다. 그녀의 인맥 형성은 주효했다. 브롱크스재향군인관리국이 핵의학과를 신설할 때 컬럼비아대학교를 지명했고, 컬럼비아대학교의 물리학자들은 앨로를 천거했다. 그녀는 1950년 재향군인관리국에 새 자리를 얻어 희망에 부풀었지만, 자신의 연구실이 없는 것을 알고 적이 당황했다. 그녀는 궁리 끝에 건물의 수위가 사용하던 골방을 연구실로 개조했다.

재향군인관리국은 여성 과학자를 거의 채용하지 않았으며, 그나마 몇 안 되는 여성 과학자들도 임신을 하면 그만둬야 한다는 사실을

◆　　https://youtu.be/drKOixEGARo
◆◆　전통적인 유대교 율법을 따르는 가정.
◆◆◆ 전통적인 유대교 율법에 따라 식재료를 선택하고 조리한 음식.

알고 앨로는 분노했다. 그녀는 전기 작가인 유진 스트라우스 박사에게 이렇게 말했다. "내가 아이를 가졌을 때, 내가 맡은 역할이 너무 중차대했기에 재향군인관리국은 나를 해고할 수가 없었어요. 규칙에 따르면 임신 5개월까지 사직을 해야 했어요. 나는 '휴가원을 내지 말고 사직서를 쓰라'는 압력에 끝없이 시달렸지만, '3.7킬로그램짜리 생후 5개월 아기를 키우는 유일한 여직원이 되리라' 마음 먹고 꿋꿋이 버텼어요."

그녀는 연구와 가정사를 구분했지만, 종종 구분이 모호한 경우도 있었다. 동료들을 식사에 초대하거나 휴가를 함께 떠나기도 했다. 매일 연구실에 출근하고 종종 야근을 했으며, 심지어 토요일에도 야근을 마다하지 않았다. 자녀들이 주말에 연구실에 머무는 경우도 있었다. 재향군인관리국에서는 자녀들이 연구실에 출입하는 것을 금했으므로, 자녀들에게 뒷좌석에 엎드려 있으라고 한 채 승용차를 몰고 정문을 통과했다. 연구실에 무사히 진입한 자녀들은 엄마가 실험을 하는 동안 설치류와 놀거나 숙제를 하며 시간을 보냈다.

앨로는 재향군인관리국에 입사지원서를 제출한 솔로몬 버슨과 마주쳤다. 그녀가 채용 인터뷰를 담당했는데, 버슨은 연구에 목말라하는 내과 전문의였지만, 그 당시만 해도 연구 경험이 일천한 임상의였다. 그러나 앨로가 버슨에게 질문하는 대신 버슨이 까다로운 수학 문제를 잇따라 내며 앨로의 도전 의욕을 자극했다. 버슨의 지적 능력과 문제풀이 솜씨에 감탄한 그녀는 그를 그 자리에서 당장 채용했다. 버슨은 서른두 살, 앨로는 스물아홉 살이었다. 두 사람의 첫 만남은 평생 동안의 우정과 동반자 관계와 지적 유대관계로 이어졌다. 하느님까지는 아니더라도 '과학의 신'이 맺어준 관계였다.

앨로는 취미가 전혀 없는 사람이어서, 잡기雜技에 한눈 파는 사람들을 용납하지 않았다. 그러다 보니 친구의 범위가 자연히 좁아졌다. 그러나 그녀에게도 부드러운 구석이 하나 있었으니, 바로 실험용 설치류를 처리하는 방식이었다. 그녀는 매일 아침 먹이를 줄 때마다 설치류를 어루만졌고, 실험이 끝난 후의 표준 출구전략, 즉 '실험동물 안락사'를 거부했다. 설치류를 모두 살려주는 바람에 앨로의 집은 지속적으로 유입되는 기니피그와 토끼로 넘쳐났다.

그녀를 의학사에 길이 남을 업적으로 이끈 사상의 핵심은 기초내분비학을 연구하던 시절에 형성되기 시작했다. 그 당시의 통념은 '호르몬은 농도가 너무 낮아 측정이 불가능하다'는 것이었다. 또한 같은 맥락이지만 의사들은 '호르몬으로 환자를 치료할 때는 면역반응◆을 걱정할 필요가 없다'고 가정했다. 예컨대, 그 당시에는 인슐린이 동물에서 채취되었는데, 대부분의 동물 제품이 면역반응을 촉발함에도 불구하고 '호르몬요법만은 극소량이 투여되므로 그렇지 않다'는 생각이 지배적이었다. 하지만 외래 물질(일례로 이식된 장기)이 체내에 유입되었을 때, 면역계가 모종의 공격 반응을 보이는 것은 당연하다.

앨로와 버슨은 '수많은 환자들이 호르몬요법에 면역반응을 보인다'는 증거를 제시함으로써, 통념이 틀렸음을 증명했다. 상세한 논문

◆　면역에 관여하는 세포가 외래성 및 내인성 이물질에 대해 일으키는 일련의 반응.

에 기술된 세심한 방법론에도 불구하고, 당대의 선도적인 두 저널《사이언스》와《임상연구저널》은 논문 게재를 거부했다. 그들의 방법론을 검토한 동료 심사자들은 연구의 타당성을 인정했지만, 저널의 편집자들은 요지부동이었다.

격분한 앨로는 편집진에게 편지를 보내, 자신과 버슨의 데이터가 패러다임을 바꿨다고 강력히 주장했다.《임상연구저널》은 결국 출판에 동의했지만, '항체antibody라는 단어를 삭제하라'는 단서를 달았다. 항체라는 것은 특이적specific인 면역 물질인데, '인체가 치료용 인슐린 치료에 대한 항체를 만든다'는 사실이 증명되었다니 도저히 납득할 수 없었기 때문이다. 편집진은 그 대신 글로불린globulin이라는 비특이적nonspecific 단어를 제안했다. 하지만 이는 마치 기상학자들이 토네이도라고 부르기 애매한 것을 그냥 '강풍'이라고 부르는 것이나 마찬가지였다. 앨로와 버슨은 편집진이 제시한 용어에 마지못해 동의했다. 두 사람의 논문이 1956년에 출판된 직후, 다른 연구실에서도 그 결과를 재현한 논문들을 속속 발표했다.

항인슐린 항체에 대한 논문을 발표한 후, 이 '일벌레 듀오'는 탄력을 받아 훨씬 더 혁명적인 주제에 몰입했다. 두 사람을 사로잡은 의문은 '미량의 인슐린을 어떻게 측정할 것인가?'라는 것이었다. 종전에는 '호르몬은 측정할 수 없다'는 상식이 지배했지만, 그들은 그 방법이 필시 존재할 거라고 확신했다. 물리학과 내분비학 분야의 전문성을 결합해, 두 사람은 한 가지 솔루션을 창안했다. 그들이 발명한 측정 도구는 '인체 내의 화합물들은 서로 결합한다'는 기본 원칙에 기반한 것이었다. 고등학교 시절의 생물학 수업 시간을 회상해보라. 선생님들은 '하나의 화합물이 다른 화합물에 달라붙을 때, 두 화합물은 자물쇠와 열쇠처럼 결합한다'고 입버릇처럼 말하지 않았던가! 두 사람은 "하나의 열쇠가 하나의 문에 꼭 들어맞는 것처럼, 하나의 호르몬은 한 가지 종류의 면역세포에 결합한다"고 굳게 믿었다.

그들의 주장은 '단단히 결합한 금속 덩어리'를 연상시키지만, 이는 번짓수가 틀린 메타포다. 다른 화학적 상대와 결합할 때, 호르몬은 와락 부둥켜안는 게 아니라 마치 '한 쌍의 댄서'처럼 느슨하게 포옹한다. 그런 식으로 가까이 다가섰다 멀어지고 다시 다가섰다 다시 멀어지며, 때로는 '구르는 돌(경쟁 호르몬)'이 비집고 들어와 '박힌 돌'을 밀어내고 파트너를 가로채기도 한다. 얼핏 생각하면 항체가 호르몬 침입자를 추격하며 끼어들기를 일삼는 것 같지만, 사실은 호르몬들끼리 서로 경쟁하며 상대방을 항체에서 떼어내는 것이다.

버슨과 앨로는 이 같은 미시적 난교microscopic promiscuity를 이용해 방사면역측정법radioimmunoassay(RIA)이라는 기법을 고안해냈다. RIA의 사용 방법은 다음과 같다. 첫째, 댄스 파트너, 즉 '샘플 호르몬'과 '호르몬에 결합하는 항체'를 준비해야 하며, 각각의 양을 알아야 한다. 둘째, 샘플 호르몬과 항체의 혼합물에 '환자의 혈액'을 첨가하는데, 이 혈액에는 '환자의 호르몬'이 포함되어 있으며, 그 양은 알 수 없다. 지금까지의 상황을 정리하면, 비커 속에는 샘플 호르몬(기지량既知量)과 항체(기지량)와 환자의 호르몬(미지량未知量)이 들어 있다. 셋째, 환자의 호르몬 중 일부가 항체에 결합되어 있는 샘플 호르몬을 떼어내고 항체를 차지할 것이다. 항체에서 떨어져 나온 호르몬의 양을 측정하면, 환자의 혈액 속에 얼마나 많은 호르몬이 들어 있는지 알 수 있다. 호르몬의 양이 너무 적어 양을 직접 측정할 수는 없지만, 호르몬과 항체가 결합하면 큰 덩어리를 형성한다. 그리고 샘플 호르몬은 방사선으로 처리하면 발광하므로 포착하기가 훨씬 더 쉬워진다. 앨로와 버슨은 이상과 같은 방법으로 항체에서 떨어져 나온 샘플 호르몬의 양을 측정할 수 있었다.

그들은 '호르몬-항체 결합'의 강도에 기반한 공식을 개발했다. (결합 강도는 호르몬에 따라 다르다.) 그러고는 떨어져 나온 (방사선 처리된) 샘플 호르몬의 양을 측정해 공식에 대입했다. 만약 떨어져 나온 호르몬의 양이 많다면 환자의 혈액 속에 포함된 호르몬 양이 많다는 것을 시사한다. 그들은 환자의 혈액 속에 포함된 호르몬의 양을, 혈액 1밀리리터당 '10억 분의 1그램' 수준까지 측정할 수 있었다.

RIA가 개발되기 전까지만 해도, 예컨대 성장호르몬의 역가potency◆를 측정하고 싶어 하는 의사들은 샘플을 시궁쥐에게 주입한 뒤 효과가 나타날 때까지 2주 동안 기다렸다. 그러고는 시궁쥐의 앙상한 다리뼈에서 성장판을 측정했는데, 시간이 많이 걸리는 데다 번거롭기 짝이 없었다. 그에 비하면 RIA는 즉석에서 결과를 보여주는 것이나 마찬가지였다.

의사들은 RIA를 이용해 사상 최초로 호르몬을 측정할 수 있게 되

◆ 항체, 독소 등의 생물학적 활성 또는 효력을 정량적으로 측정해 나타내는 값.

었다. 1940년대와 1950년대에 의사들은 호르몬이 얼마나 부족한지도 모르면서 호르몬 결핍증 환자를 진단했고, 필요한 호르몬 양이 얼마인지도 모르면서 환자들에게 호르몬을 투여했다. 1961년 제프 발라반을 처음 만났을 때, 소벨 박사는 많은 검사를 실시했음에도 불구하고 정작 제프의 성장호르몬 수치를 측정하지 못했다. 지금 생각해보면 말도 안 되는 이야기지만, RIA가 아직 개발되지 않았으니 그랬을 수밖에.

어떤 동료들은 앨로와 버슨에게 특허를 출원하라고 권고했지만, 두 사람은 RIA가 널리 이용되기를 바랐다. "우리는 그런 허튼 수작에 신경 쓸 여력이 없었어요. 특허출원이란 돈 벌 목적으로 유용한 물건에 접근하지 못하게 가로막는 짓이거든요"라고 그녀는 회고했다. 그래서 두 사람은 1960년 《임상연구저널》에 기고한 논문에서 RIA의 작용 메커니즘을 상세히 설명했다. 또한 RIA를 배우고 싶어 하는 사람들을 모두 연구실로 초청하고, 전 세계 과학자들에게 RIA의 장점과 유용성을 적극 홍보했다. 그리하여 1년도 채 지나지 않아 RIA는 전 세계에서 사용되는 표준검사로 자리잡았다.

쉰네 번째 생일을 며칠 앞둔 1972년 4월 11일, 버슨은 어틀랜틱 시티에서 열린 학술회의 석상에서 심장마비로 세상을 떠났다. 좀처럼 감정을 드러내지 않던 앨로는 그의 장례식에서 흐느껴 울었다. 그녀는 그와 함께 운영했던 연구실 이름을 "솔로몬 A. 버슨 연구실"로 바꿔, 향후 연구실에서 발표되는 논문마다 그의 이름이 반드시 실리도록 했다.

그런데 버슨의 갑작스러운 죽음은 앨로의 경력에 먹구름을 드리울 조짐을 보였다. RIA 발명으로 인해 노벨상 수상이 유력시되던 상황에서 남성 동료가 세상을 떠난 것은 커다란 마이너스 요인이었기 때문이다. 또한 과학계에서는 버슨을 두뇌, 앨로를 (단지 여자라는 이유로) 단순한 테크니션으로 간주했을 뿐만 아니라, '이학박사PhD가 지휘하는 연구실'을 의학박사MD가 지휘하는 연구실'보다 한 수 아래로 보는 경향이 있었다. 그녀는 쉰한 살의 나이에 의대 진학을 고려했는데, 그 이유는 개업하고 싶어서가 아니라 노벨상 수상의 장벽을 극복하기 위해서였다. 하지만 결국에는 의사 면허를 포기하고 연구에 더욱 매진해 뛰어난 연구 결과를 계속 발표했다. 그리하여 1976년에는 노벨상 등용문으로 알려진 앨버트래스커 기초의학연구상Albert Lasker Medical Research Award을 수상하고, 이듬해에 마침내 노벨생리의학상을 수상했다.

RIA를 모르면 내분비학의 역사를 제대로 이해할 수 없으며, 로절린 앨로를 모르고서는 RIA의 가치를 제대로 평가할 수 없다. 왜냐하면 그녀의 인생은 총명한 머리뿐만 아니라 헌신과 불굴의 의지가 아로새겨진 스토리이기 때문이다. 노벨상위원회가 언급한 것처럼, "1977년 12월 10일 그녀가 노벨상을 거머쥐었을 때, 인류는 내분비학의 새 시대가 탄생하는 것을 목도하고 있었다."

모든 일을 과거지사로 돌릴 수도 있었지만, 앨로는 정상을 향해 오르는 과정에서 맞닥뜨린 숱한 장벽들을 잊을 수 없었다. 노벨상을 수상할 때쯤에는 '호르몬이 항체를 자극하고 면역세포를 불러모은다'는 것이 상식으로 통했지만, 1956년 그녀와 버슨이 그 사실을 증명하기 전에는 아무도 믿지 않았다. 노벨상 수락 연설에서, 그녀는 (아무 저널도 출판하기를 원하지 않았던) 오리지널 연구를 언급했다. 그리고 노벨상 수상 기념 전시회에는 저널 편집진이 보낸 '게재 거절 통지서'를 출품했다.

전해지는 이야기에 의하면, 그녀는 스톡홀름에서 열린 시상식에 참석한 이후부터 남편이 선물한 '노벨상 기념 목걸이'를 목에 걸고 모든 편지에 "로절린 앨로, 이학박사, 노벨상 수상자"라고 서명했다고 한다. 또한 연구실의 게시판에는 "남성의 반만큼 인정받기 위해, 여성은 두 배 열심히 노력하고 두 배 뛰어난 성과를 내야 한다"는 쪽지를 붙였다. 페미니스트의 격언이었다. 그러나 앨로는 그 뒤에 핵심을 찌르는 말을 덧붙였다. "그까짓 거, 어렵지 않다." 자녀들은 어머니의 명품 연설을 '남성 동료들을 향한 전형적인 공갈 협박'쯤으로 여기고 웃어넘겼지만, 그 쪽지의 내용만큼은 똑똑히 기억했다.

앨로는 강의를 중단하지 않았고, 기력이 다하는 날까지 실험도 계속했다. 뉴욕시에서 한 무리의 초등학생들을 대상으로 행한 마지막 강연에서, 과학계가 어떻게 돌아가는지를 다음과 같이 설명했다. "여러분이 내놓은 새로운 아이디어가 처음에는 퇴짜를 맞을 수도 있지만, 여러분이 옳다면 나중에 정설로 인정받게 되죠. 그리고 억세게 운이 좋으면 노벨상을 받을 수도 있어요."

로절린 앨로는 70대에 들어선 1990년대에 처음으로 뇌졸중을 경험한 후, 여러 번 뇌졸중을 겪다가 2011년 5월 30일 여든아홉 살을 일기로 세상을 떠났다.

::

    마치 청진기가 임상의의 필수품인 것처럼, RIA는 1960년대 초 등장하자마자 연구자들의 도구 상자에서 공통 품목으로 자리잡았다. 그로부터 불과 10년 후인 1970년대에 모든 내분비학자들은 호르몬 '10억 분의 1그램'을 측정하는 도구를 보유하게 되었다. 마치 수영선수가 수영장에 흘린 땀 한 방울을 측정하는 것이나 마찬가지였다. 그들은 호르몬을 측정하기만 한 게 아니라, 거의 비슷한 호르몬들을 구분할 수도 있었다. RIA는 내분비학을 지식에 근거한 추측에서 정밀 과학으로 바꿔놓았다. RIA와 관련된 것 중에서 헤아릴 수 없는 게 딱 한 가지 있었는데, 그것은 'RIA가 의학에 미친 영향'이었다.

    토머스 폴리는 피츠버그대학교의 젊은 소아내분비학자로, RIA를 이용해 갑상샘기능저하증을 탐지해보기로 결정한 의사들 중 한 명이었다. 그는 퀘벡에서 수행된 예비 연구 소식을 듣고, 그와 유사한 연구를 수행하기로 결정했다. 그는 최초로 양성 판정을 받은 아기를 지금까지도 기억하고 있다. 총 3577명 중에서 단 한 명밖에 없었으니 그럴 수밖에. 그는 최근 나와의 인터뷰에서 이렇게 회고했다. "RIA는 '호르몬 수준과 질병 간의 관련성'을 결정하는 능력을 크게 향상시켰어요. 그 당시 우리는 모르는 게 너무 많았지만, 그 연구를 계기로 RIA가 얼마나 유익한지를 잘 알게 되었어요." 오늘날의 소아과 의사들은 아기가 태어나자마자 뒤꿈치에서 피 한 방울을 채취해 갑상샘기능저하증을 진단한 후, 손상이 발생하기 전에 호르몬을 투여할 수 있다. 갑상샘

기능저하는 요오드 결핍에서 비롯될 수도 있으므로, 소금에 요오드를 첨가하자는 글로벌 공중보건 캠페인이 벌어졌다. (인체가 갑생샘호르몬을 만들려면 요오드가 필요하다.) 그리하여 1980년대가 되자 선천성 및 후천성 크레틴병은 거의 자취를 감췄다.

갑상샘기능저하증 탐지는 RIA가 의학에 미친 영향 중 극히 일부분에 불과하다. RIA는 모든 종류의 잠재적 장애와 관련된 호르몬들을 측정하는 데 사용된다. RIA가 없다면 오늘날 불임 치료는 불가능할 것이다. 내분비학 외에도, RIA는 너무 미량이어서 정량화할 수 없다고 간주되는 다른 물질들을 측정하는 데도 사용되고 있다. 의사들은 RIA를 이용해 약물 농도를 모니터링하고 세균을 포착했으며, HIV(AIDS를 초래하는 바이러스)를 탐지했다. RIA는 오늘날 매우 광범위하게 사용되고 있어서, 의사들은 이 측정법 없이 일한다는 것을 도저히 상상할 수 없을 것이다. 오늘날의 RIA는 앨로와 버슨이 만들었던 것과 똑같지 않고, 훨씬 더 정교한 기술이 추가되었다. 그러나 기본적인 아이디어는 동일하다.

RIA를 과소평가하거나 완전히 무시하기는 쉽다. 전문적이어서 이해하기 어렵기도 하다. 이는 치료법도 아니고 무슨 발견도 아니며, 단지 '뭔가를 측정하는 방법'일 뿐이다. 그럼에도 불구하고 이 발명품의 중요성과 과학하는 방법에 미치는 영향을 과소평가할 수는 없다. RIA는 의사들에게 완전히 새로운 비전을 제공했다. 마치 눈가리개를 푼 사람이 '내가 지금 무슨 행동을 하고 있는지'를 알게 되는 것처럼.

10장   성장호르몬의 부메랑

1984년 봄, 스무 살 청년 조이 로드리게스는 조부모를 만나기 위해 캘리포니아에서 메인으로 날아가고 있었다. 비행기가 이륙한 지 몇 시간 후 좌석에서 일어날 때 갑자기 현기증이 나는 바람에 넘어질 뻔했다. 옆에 있던 어머니가 사탕을 건네줬다. 그녀는 아들의 혈당이 다시 오를 거라고 생각했다. 전혀 걱정하지 않는 눈치였다.

조이는 나름의 의학적 문제를 안고 있었다. 아장아장 걸음마를 배우던 시절, 그는 갑상샘호르몬과 성장호르몬 결핍 진단을 받았었다. 그로 인해 인슐린 시스템(혈당 균형을 유지하는 시스템)이 제대로 작동하지 않아, 십대 동안 줄곧 세 가지 호르몬(갑상샘호르몬, 성장호르몬, 인슐린) 주사를 맞았다. 일주일에 세 번 맞는 게 보통이었지만, 조이는 NPA로부터 특별 승인을 받아 매일 한 번씩 주사를 맞았다. 왜냐하면 하루만 성장호르몬 주사를 건너뛰어도 인슐린 수치가 요동을 쳤기 때문이다. (성장호르몬은 성장뿐만 아니라 당 대사에도 영향을 미친다.) 때로는 모든 주사를 정량대로 맞아도 혈당이 곤두박질 쳐서 현기증을 겪곤 했다. 약간의 설탕이 효과가 있으므로, 어머니는 만일을 대비해 늘 단 것을 몸에 지니고 있었다.

메인에 일주일간 머무는 동안 현기증이 다시 찾아와, 조이는 기분

이 좋지 않았다. 할아버지가 모터보트를 태워 주겠다고 했을 때, 조이
는 "이미 어지러울 만큼 어지러운데 뱃멀미로 고생할 필요가 뭐 있나
요?" 하고 대꾸했다. 어머니는 처음에 대수롭지 않게 생각했지만, 집
으로 돌아가는 동안 아들의 증상은 악화되었다. 단순한 현기증이 아
니었다. 증상이 평상시와 달랐고, 조이는 예전의 그가 아니었다. 비행
기에서 내릴 때 넘어졌고, 가냘픈 몸매임에도 불구하고 균형을 못 잡
는 것처럼 비틀거리며 걸었다. 술을 한 모금도 마시지 않았는데도 마
치 술에 취한 것 같았다. 난생 처음으로 언어장애 증상이 나타나, 미세
한 추가 혓바닥을 짓누르는 것처럼 떠듬떠듬 말했다.

로드리게스 여사는 아들을 즉시 스탠퍼드대학교로 데리고 가, 그
의 호르몬을 모니터링해온 의사들과 상담했다. 의사들은 아무런 이상
도 발견하지 못했다. 그래서 그녀는 어렸을 때 조이를 돌봤던 전문의
에게 전화를 걸었다. 레이몬드 힌츠 박사는 조이의 모든 약물 치료를
시작했고, 조이가 성장해 소아과를 졸업할 때까지 10여 년 동안 주치
의로 활동했다. 의학적 측면에서 볼 때, 이 세상에 힌츠 박사보다 조이
를 더 잘 아는 사람은 없었다.

로드리게스 여사의 겁에 질린 목소리를 듣고, 힌츠 박사는 조이를
급히 응급실로 보내라고 했다. (그는 그녀를 인내심 강한 여성으로 알고 있
었다.) 힌츠 박사는 응급실에서 로드리게스 모자를 만났다. 모든 영상
진단, 뇌 영상 촬영, 혈액검사에서 정상이 나오자 병원에서는 모자를
집으로 돌려보냈다. 그러나 로드리게스 여사는 아무 데서나 넘어지고
혀 꼬부라진 소리를 하는 아들이 괜찮다는 말을 도저히 받아들일 수

크레이지 호르몬

가 없었다. 그녀가 보기에 아들의 증상은 날이 갈수록 악화되는 것 같았다.

그녀는 신경과 전문의와 만났다. 조이는 다리를 모으면 넘어지기라도 할 것처럼 양다리를 쩍 벌리고 진료실에 들어갔다. 입에서는 침이 질질 흘렀고, 어깨는 축 처져 있었다. 머리는 앞뒤로 흔들렸다. 또렷이 말하려면 턱에 큰 힘을 줘야 했다. 무엇보다도, 그는 자각 증상을 전혀 느끼지 않는 것 같았다.

크게 당황한 신경과 전문의는 조이를 일단 입원시킨 후, 일주일에 한 번씩 열리는 전문의 회의에 참석해 비행기에서 경험한 현기증에서부터 인지기능 저하에 이르기까지 모든 증상들에 관해 이야기했다. 의사들은 몇 가지 가능성들을 제시했는데, 그중에는 메인의 숲속에서 걸렸을지도 모르는 감염병이 포함되어 있었다. 그러나 비행기에서 경험한 증상은 메인에 가기 전에도 경험했던 것이었다. 의사들은 유전성 퇴행 질환도 검토했지만, 병명이 뭔지 도통 알 수가 없었다. 그때 마이클 아미노프라는 젊은 교수(정교수는 아니었다)가 손을 번쩍 치켜들었다. "크로이츠펠트-야콥병Creutzfeldt-Jakob disease인 것 같습니다. 희귀한 치명적 뇌 질환으로, 간단히 줄여서 CJD라고도 하죠." 아미노프는 뇌파검사실electroencephalogram(EEG) lab에서 뇌 영상 촬영을 담당하고 있었다. 그는 조이의 뇌에서 전기적 변화를 감지하고, CJD로 희생된 성인들의 패턴과 비슷하다는 생각을 했다. 그의 말은 다음과 같이 계속되었다. "조이는 CJD 환자인 듯합니다. 별다른 이유 없이 신속히 진행되는 치매로 고통받게 됩니다."

고참 의사들은 다음과 같은 원칙을 내세우며 그의 제안을 기각했다. 우선, 젊은 사람들은 CJD에 걸리지 않으며, 전형적인 환자들의 나이는 약 여든 살이었다. 둘째로, CJD는 어설픈 행동에서부터 시작되지 않고 치매에서부터 시작된다.

CJD를 진단할 수 있는 검사는 전혀 없다. 뇌 영상의 일종인 EEG가 단서를 제공할 수 있지만, 확진을 내릴 수는 없다. CJD 여부를 판가름할 수 있는 유일한 방법은 부검 때 뇌를 조사하는 것이다. 병리학자는 CJD의 명백한 징후를 쉽게 포착할 수 있는데, 바로 '스펀지처럼 구멍이 숭숭 난 뇌'다.

아미노프(지금은 신경과 전문의로, 캘리포니아대학교 샌프란시스코UCSF 산하 파킨슨병 및 운동장애 클리닉의 소장을 맡고 있음)는 조이의 진료 기록을 읽어본 후, 그가 투여받은 성장호르몬이 오염되었을지 모른다고 생각했다. "성장호르몬을 투여한 병원에 찾아가, 공여자의 뇌 질환 병력을 조사해봐야 합니다." 고참 의사들은 아미노프의 의견을 무시했다. 그의 말은 '경험 없는 청년 의사의 지나친 열정에서 나온 순진한 추측'으로 치부되었다.

그로부터 6개월 후, 조이는 스물한 번째 생일을 맞이하지 못하고 세상을 떠났다. 부검 결과 그의 뇌에는 스펀지처럼 구멍이 숭숭 뚫려 있었다. 그의 사인은 CJD가 분명했다. 그리고 며칠 후, 조이의 CJD는 (그리고 그와 비슷한 처지에 있는 수백 명 어린이들의 CJD도) 오염된 성장호르몬과 관련된 것으로 판명되었다.

::

조이의 성장호르몬 스토리는 의학적 발견이 잘될 수도 있고 잘못될 수도 있음을 보여준 전형적 사례였다. 과학자들의 독창성, 의사들의 자만심, 부모들의 필사적인 몰입의 합작품이었다. 그들의 가장 큰 우려는 '성장호르몬이 작동하지 않거나, 키가 자라지 않을 수 있다'는 것이었고, '호르몬의 오염'이라는 비극적인 현실은 몇 년 동안 수면 위로 부상하지 않았다.

처음에는 모든 사람들이 성장호르몬을 지지했다. 1960년대의 부모들은 1940년대에는 어린아이였는데, 그때는 항생제가 등장해 '감염병을 영원히 없애줄 것'이라고 야단법석을 떨던 시기였다. 그들이 십대였던 1950년대는 폴리오 백신이 등장해 '불구의 위협을 지구 밖으로 날려보낼 것'이라고 호언장담하던 시기였다. 숨겨진 독소를 우려하는 오늘날의 회의론자와는 달리, 그들은 의학의 힘을 믿었고 의학이 그들에게 가져다줄 온갖 선善을 믿었다.

게다가 그들은 행동가였다. 전쟁을 반대하고, 시민권을 옹호하고, 인종·종교·성차별을 반대하는 시위를 주도했다. '우리는 뭐든 할 수 있다'는 마인드를 갖고 있었으며, 자신들에게 필요한 의약품을 요구하는 것을 당연한 권리로 여겼다. 걱정이 많지만 낙관적이었고, 필사적이지만 조직적이었다. 뇌하수체를 맹목적으로 수집한 바버라 발라반을 지배했던 동일한 낙관주의가 그들로 하여금 성장호르몬의 잠재적 해악에 눈멀게 했다.

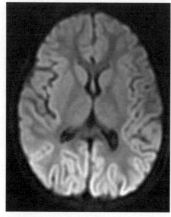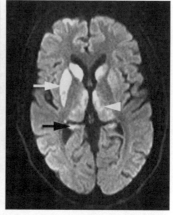

왼쪽은 건강한 정상인의 뇌 영상이고, 오른쪽은 시신에서 추출된 성장호르몬 때문에 CJD에 감염된 뇌 영상이다. Left image courtesy of Dr. William P. Dillon, University of California, San Francisco; right image courtesy of Peter Rudge, MRC Prion Unit at University College London.

성장호르몬을 둘러싼 전설은 임상의들이 만들어낸 이야기이기도 했다. 그들은 보수적 성향임에도 불구하고 (자녀들에게 정상인이라는 느낌을 주려고 노력했던) 부모들만큼이나 성장호르몬에 열광하고 언론의 헤드라인에 흥분했다. 백신과 항생제를 나눠주는 선봉에 서서 의학이 인류에게 제공할 수 있는 모든 것을 선사하는 데 열중했다. 신생아 사망률이 급락하고 환자의 기대 수명이 사상 최고로 증가하는 것을 목도하며, 현대 의학의 경이로움을 찬양했다.

몇 년 후 한 내분비학자가 말한 것처럼, 그것은 한마디로 '천진난만한 부모'와 '대담한 의사'가 어울려 한바탕 벌인 굿판이었다. 나중에 회고경retrospectroscope으로 들여다보면 과거지사가 모두 선명하고 일목

요연하게 보이는 법이다. 그러나 그 당시에는 모든 일들이 마치 안개에 휩싸인 것처럼 무작위적이고 두서없는 것처럼 여겨졌으리라. 현실을 파악하는 데 필요한 단서는 전혀 보이지 않았고, 몇몇 뜻있는 사람들의 경고도 귀에 들어오지 않았을 것이다.

조이의 사후에 CJD가 드러나자, 그의 소아과 주치의였던 레이몬드 힌츠 박사는 패닉에 빠졌다. CJD는 희귀 질환으로, 매년 백만 명당 한 명꼴로 발생한다. CJD와 유사한 뇌 질환은 많다. 몇 가지를 들어보면 영국의 소에 나타나는 광우병, 양에 나타나는 스크래피scrapie, 파푸아 뉴기니의 한 부족에게 나타나는 쿠루kuru가 있다. 의사들은 이러한 질병들을 모두 뭉뚱그려 전염성해면상뇌병증transmissible spongiform encephalopathy(TSE)이라는 범주로 부른다. TSE는 많은 증상들을 초래하는데, 그중에는 우리가 아는 것도 있고, 모르는 것도 있다. 우리는 그것이 전염될 수 있고, 뇌를 겨냥해 스펀지 같은 구멍을 남긴다는 정도만 알고 있다.

힌츠는 2년 전 한 호르몬 학술회의에서 누군가가 '감염된 뇌 조직이 성장호르몬 속으로 유입될 가능성이 있다'고 언급한 것을 떠올렸다. 그 당시에는 가능성이 매우 낮고 가설적 상황인 것처럼 보였지만, 이제는 현실인 것처럼 느껴졌다. 1985년 2월 25일, 힌츠는 미 FDA, NIH, NPA에 서한을 보내 자신의 우려를 표명했다. 그러자 NIH의 관리자들은 소아 내분비학자들에게 전화를 걸어, 과거에 성장호르몬을 투여받은 환자들을 체크해보라고 강력히 권고했다. 그들은 힌츠가 '하나의 우연성'을 목격했는지, 아니면 '하나의 관련성'을 발견했는지 여부를 확인할 필요가 있었다.

1985년 3월 8일, 한 무리의 성장호르몬 전문가들이 워싱턴 D.C.에서 만났다. 그들 중 대부분은 회의적이었고 상당수는 화가 나 있었다. 그도 그럴 것이, 그들은 오직 한 소년의 사례만을 이야기하고 있었기 때문이다. 그들은 '전국적인 전염병'보다 '전 국민의 패닉'을 더 우려하고 있었다. 만약 공포감이 불필요하게 확산된다면 수천 명의 어린이들이 필수적인 치료를 받지 못하게 될 것이고, 그렇다면 그것은 전적으로 한 건의 무작위적인 사망 때문이었다.

참석자 중에는 뇌하수체 수집의 선봉에 섰던 로버트 블리자드 박사와 힌츠 박사도 포함되어 있었다. 블리자드는 자신의 절친한 친구 중 하나인 힌츠를 바라보며 '이 친구 너무 성급히 행동하는군'이라고 생각했다. 그러고는 이렇게 말했다. "하나의 사례가 전반적인 추세를 의미하는 것은 아니에요."

블리자드로 말하자면, 자신의 몸에 성장호르몬을 손수 투여한 인물이었다. 성장에 문제가 있는 어린이들을 치료할 때 그의 뇌리에 떠올랐던 생각은 '키 작은 것은 둘째 치고 많은 어린이들이 왠지 겉늙어 보인다'는 점이었다. 그들의 피부는 쪼글쪼글하고, 얼굴에서는 오동통한 뺨을 좀처럼 찾아볼 수 없었다. 블리자드는 성장호르몬 결핍이 그들을 일찍 늙게 만들었을 거라고 생각했다. 그리고 성장호르몬 주사가 노화 과정을 늦출 수 있을 거라고 생각했다. 한걸음 더 나아가, 어쩌면 성장호르몬이 시계를 거꾸로 돌리고, 얼굴의 주름을 펴고, 머리카락 색을 되돌릴 수 있을지도 모른다고 생각했다. 레이 힌츠가 경종

크레이지 호르몬

을 울리기 몇 년 전인 1982년, 블리자드는 자신의 몸에 성장호르몬을 투여하고 몇 명의 친구들을 구워삶아 추종 세력을 형성했다. 그들은 성장호르몬을 매일 1밀리그램씩 투여했다. 블리자드는 나에게 이렇게 말했다. "나는 2년 반 동안 끈질기게, 다른 친구들은 1년 반 동안 성장호르몬 주사를 맞았어요."

블리자드는 핵심적인 대사 지표들을 모니터링하고 골밀도를 측정했다. 그는 심지어 남성의 손톱까지도 연구했다. 블리자드는 이렇게 말했다. "나는 내 경험담을 언론에 공개하지는 않을 거예요. 그렇지만 나는 내가 알고 싶었던 사실을 알게 되었어요. 성장호르몬은 흰머리를 까맣게 만들어주지 않으며, 여자들이 당신에게 휘파람을 불도록 만들어주지도 않더군요."

아무리 그렇다고 해도, 성장호르몬이 어린이들의 생명을 앗아갈 수 있다는 것은 난센스였다.

레이 힌츠의 미망인 캐롤 힌츠는 그때의 일들을 잘 기억하고 있다. (레이 힌츠는 2014년에 세상을 떠났다.) 그녀는 이렇게 회고했다. "그때는 매우 어려운 시절이었어요. 어떤 내분비학자들은 내 남편이 궁지에 몰려 있다고 여기며 동요했어요. 그들은 그런 사태가 벌어진 것을 믿지 않았어요. 의사들은 레이에게 전화를 걸어 이렇게 말하곤 했어요. '당신이 뭘 했다고 그래요? 당신은 잘못한 게 하나도 없어요.' 블리자드 박사는 성장호르몬을 직접 투여했는데도 멀쩡했고, 여전히 원기왕성했어요. 어떤 사람들은 '조이가 마약을 했다'는 쪽으로 여론을 몰아가려고 시도했어요. 조이의 가정사를 잘 알고 있었던 내 남편은 '그건 말도 안 되는 일'이라며 고개를 절레절레 흔들었어요."

　전문가 회의가 열린 지 한 달 후, 그리고 블리자드가 '성장호르몬의 위험성'이라는 개념에 콧방귀를 뀐 지 한 달 후의 일이었다. 한 의사가 블리자드에게 전화를 걸어 자신이 종전에 치료했던 환자 한 명의 사례를 이야기했다. 그 환자는 텍사스 주 댈라스 출신의 서른두 살 남성으로, 조이 로드리게스와 동일한 증상으로 사망했다. 즉, 술 취한 듯 비틀거리며 걸었고, 치매가 신속히 진행되었다. 그 역시 수년 동안 성장호르몬 주사를 맞았었다. 주치의는 그가 운동신경 장애, 이를테면 다발경화증multiple sclerosis에 걸린 것 같다고 추정했다.

　뒤이어 소아내분비 전문의인 마거릿 맥길리브레이도 과거에 치료했던 환자의 가족으로부터 전화 한 통을 받았다. 그 환자는 뉴욕주 버팔로 출신의 스물두 살 남성으로, 조이와 똑같이 운동 제어를 상실한 후 치매를 앓다가 사망했다. 조이가 사망하기 전까지 그 환자의 질병을 성장호르몬과 관련시킨 사람은 아무도 없었다. 신경학적 증상이 나타났을 때, 어릴 적 치료받았던 소아내분비 의사에게 전화해봐야겠다고 생각한 사람은 아무도 없었다.

　두 건의 추가 사례는 블리자드 박사의 냉담함을 우려감으로 바꿔놓았다. 신경과학자 폴 브라운이 성장호르몬의 역사에 관한 논문에서 지적한 대로, 새로운 정보는 마치 두 번의 천둥 번개처럼 사람성장호르몬 치료를 재기 불능으로 만들었다.

　성장호르몬 전문가들은 1985년 4월 19일 다시 모였다. 이번에는 힌츠 박사를 선동자라고 몰아세우는 사람은 아무도 없었다. 미 FDA는 거의 모든 사람성장호르몬 치료를 금지하고, 치료를 하지 않으면 생명이 위험한 중증 호르몬 결핍증 어린이에게만 예외적으로 허용했다.

그 일이 있은 직후, FDA는 제넨텍Genentech에서 개발한 합성 버전 호르몬을 승인했다. 제넨텍은 이에 힘입어 소규모 스타트업에서 거대 바이오텍 업체로 급성장했다. 브라운 박사가 심드렁하게 말한 것처럼, "사람성장호르몬의 몰락을 애도하지 않는 것은 제넨텍밖에 없었다." 사람성장호르몬이 실패하기 전까지만 해도, 인간이나 동물에게서 추출된 호르몬은 '천연이므로 안전하다'고 간주된 반면, 실험실에서 합성한 버전은 위험하다는 편견이 지배적이었다. 그러나 사망자들이 발생하면서 균형점이 이동했다. 어느 날 갑자기 합성 버전이 천연 버전보다 더 순수하고 독성도 적은 것처럼 보였다. 사람성장호르몬의 사용을 금지했다고 해서 성장호르몬 치료가 완전히 중단된 것은 아니었다. 단지 한 가지 호르몬(뇌하수체에서 유래함)이 다른 호르몬(실험실에서 합성됨)으로 대체되었을 뿐이었다.

::

다른 모든 사람들과 마찬가지로, 의사들도 정치적 분위기, 대규모 공포, 시대의 문화에 휘둘리기 마련이다. 시신에서 추출된 사람성장호르몬은 1960년대와 1970년대에 유통되었는데, 그때는 '시신 속에 전염병이 숨어 있을 수 있다'는 우려가 널리 확산되지 않은 상태였다. 물론 알려진 바이러스에의 감염 여부는 조사되었지만, 미지의 질병을 예방하는 조치는 미흡했다. 한 생화학자가 지적한 것처럼, 인간의 조직에서 유래하는 제품이 다른 사람을 해칠 리 없다는 게 통념이었다. '성장호르몬이 치명적 병원체를 전파시킬 수 있다'는 비극적 현실이 드러난 것은 1980년대 중반, AIDS가 유행하던 시절이었다. 그제야 갑자기 '숨어 있는 질병'이라는 개념이 설득력을 얻게 되었다.

그런 가운데, NIH는 1985년 7700명에 달하는 성장호르몬 투여자들을 일일이 조사하는 복잡한 절차에 착수했다. 쉬운 일이 아니었다. 환자의 사생활 보호를 위해 성장호르몬 투여자의 이름이 공식적으로 등록되어 있지 않았기 때문이다. 공무원들은 (환자의 이름이 코드로 대체된) 데이터뱅크를 샅샅이 뒤지고, 오래된 환자의 이름을 기억하는 의사들을 찾아내 탐문 수사를 벌였다. 어떤 의사들은 이미 퇴직했고, 어떤 기록들은 사라져 있었다. 가장 큰 어려움은 환자를 찾는 데 있지 않았다. 최대 난제는 호르몬에 있었다. 인간의 뇌하수체에서 성장호르몬이 추출되었을 때, 연구소에서는 그것을 커다란 배치 속에 넣어 일괄적으로 관리했다. 그러므로 특정인이 '어떤 뇌하수체에서 추출된 호르몬'을 투여받았는지 분간할 방법이 없었다. 설사 오염된 배치를 어렵사리 찾아낸다 해도, 배치 자체가 오염된 건지 아니면 오염된 호르몬이 깨끗한 호르몬과 뒤섞인 건지 판단할 수 없었다.

그리하여, 한때 '나는 오염된 성장호르몬을 비켜갔으니 행운아'라고 여겼던 수백 명의 호르몬 투여자들이, 이제는 '나도 불운아가 될 수 있다'고 생각하게 되었다. 말러 부부(229쪽 참조), 발라반 부부, 그리고 수천 명의 사람들이, 미국국립당뇨·소화·신장병연구소에서 보낸

크레이지 호르몬

1987년 11월 27일자 소인이 찍힌 두 쪽짜리 편지를 받았다. 그 내용인즉, "지금으로부터 수십 년 전 귀하의 자녀가 투여받은 성장호르몬 주사제 중 일부가 치명적 질병에 전염되었을 수 있습니다"라는 것이었다. 편지의 내용은 다음과 같은 경고로 이어졌다. "귀하의 자녀들은 치명적 병원체病原體◆를 다른 사람들에게 옮길 수 있으므로 헌혈을 삼가야 합니다." 부모들이 진정으로 알고 싶어했던 것은, 자신들의 자녀가 병원체를 보유하고 있는지 여부였다.

그러나 부모들의 의문에 답변할 수 있는 사람은 아무도 없었다. 병원체는 수십 년 동안 뇌 속에 숨어 있다가, 어느 날 갑자기 신체장애를 일으키기 시작하며 인지 능력을 저하시킬 수 있다. 일단 활동을 개시하면 진행이 매우 빨라, 첫 번째 증상이 나타난 후 6개월 이내에 사망을 초래하는 것이 상례다. 그 동안 일어난 다섯 건의 사망 사고가 우연인지, 작지만 비극적인 에피소드의 종말인지, 유행병의 시작인지 아는 사람은 아무도 없었다. 오직 시간이 해결해줄 문제였다.

발라반 부부가 편지를 받았을 때 제프는 서른다섯 살이 되어 캘리포니아에 살고 있었다. "우리는 제프에게 그 말을 당장 해주지 않았어요." 바버라 발라반은 말했다. "우리는 곰곰이 생각한 끝에 조심스럽게, '들리는 말에 의하면 다른 어린이들에게 부정적인 반응이 일어났다더라'고 말한 것 같아요. 그렇지만 치명적인 뇌 질환이라는 말은 쓰

◆ 바이러스, 세균 등 병을 일으키는 미생물을 가리킨다. 일반적으로 질병을 일으킬 수 있는 어떠한 것이라도 포함된다.

지 않았던 것으로 기억해요."

뉴올리언스에서 변호사로 일하는 래리 새뮤얼도 성장호르몬 주사를 맞은 사람이었다. 그는 나에게 이렇게 말했다. "나는 그 편지를 받고 패닉에 빠지거나 분노하지는 않았지만, 궁금증이 생겼어요. 그래서 (평소에 나에게 늘 솔직하게 대했던) 블리자드 박사에게 물어봤더니 우려를 표명하더군요." 그는 2000년까지만 해도 아무런 문제가 없었는데, 2005년 허리케인 카트리나가 뉴올리언스를 강타한 후 떨림 증상이 생겼다고 한다. 그래서 곧바로 병원에 달려가 파킨슨병이 아니라는 진단을 받고, 블리자드 박사에게 전화를 걸어 "혹시 CJD와 관련된 게 아닐까요?"라고 다그쳐 물었다고 한다.

저널리스트인 데이비드 데이비스도 성장호르몬 주사를 맞은 사람이었다. 그는 다른 성장호르몬 투여자들과 인터뷰한 후 다음과 같은 내용의 기사를 썼다. "다른 경험자들은 나와의 인터뷰에서 '버림받았다'는 심정을 강하게 내비쳤다. 그들은 자포자기한 듯한 표정으로 내게 이렇게 말했다. '우리를 이런 구렁텅이에 빠뜨린 사람들은 나를 완전히 포기한 것 같아요. 1년에 한 번씩 새로운 소식을 보내주는 게 고작이고, 그나마 어떤 해에는 감감무소식이니까요.'"

다른 나라들도 오염된 호르몬에 관한 이슈가 '미국만의 문제인가, 아니면 전 세계적 문제인가?' 하는 의문을 품었다. 주변을 둘러보면 미국과 유사한 사망 사례가 발견된 게 분명했기 때문이다. 예컨대 영국의 경우, 성장호르몬 주사를 맞았던 세라 레이라는 젊은 여성이 1988년 CJD로 사망했다. 조사해보면 유사한 사망자가 추가로 발견될 수도 있었지만, 처음에 영국의 공무원들은 환자들에게 경고 서한을 보내지 않기로 결정했다. 국민들을 괜히 공포에 떨게 하고 싶지 않았던 것이다. 그다음에는 호주에서 사망자가 발생했다. 호주 정부에서는 의사들과 접촉해 향후 뉴스로 내보낼지 여부를 의사들에게 일임했다.

이윽고 거의 모든 나라에서 '시신에서 유래하는 호르몬 투여'를 중단하게 되었다. 영국, 뉴질랜드, 홍콩, 벨기에, 핀란드, 그리스, 스웨덴, 헝가리, 서독, 아르헨티나, 네덜란드가 천연호르몬 치료를 금지했다. 그러나 프랑스만은 예외였다. 프랑스 뇌하수체 기구를 지휘하던 소아과 의사 장-클로드 좁은, 합성 버전으로 교체하는 대신 특별한 정제 과정을 추가하기로 결정했다. 그는 향후 3년 동안 사람성장호르몬 생산을 중단하지 않았는데, 이러한 늑장 대처가 그를 두고두고 괴롭히는 망령이 될 줄이야!

사실 뇌하수체 반대론자들은 일찍부터 존재했다. 영국 에든버러 소재 신경병발생유닛의 소장 앨런 디킨슨 박사는 (CJD의 양羊 버전으로, 수년 전부터 발생하던) 스크래피 전문가였다. 그는 1976년 영국의학연구위원회에 보낸 서한에서 뇌하수체가 CJD에 오염될 수 있다고 경고했다. 그러나 그에 따르면 아무도 그의 말에 귀를 기울이지 않았다고 한다.

또 한 명의 반대론자는 앨버트 팔로 박사로, 캘리포니아 주 토랜스에 있는 하버-UCLA 메디컬센터 산하 연구실에서 뇌하수체호르몬을 추출하고 있었다. 디킨슨 박사가 경종을 울린 것과 거의 비슷한 시기에, 팔로 박사는 "뇌하수체호르몬을 추출하는 미국의 다른 시설들은 정제 과정이 불충분하다"라는 우려를 표명했다. 당시 일각에서는 "정제 과정이 추가되면 호르몬의 수율yield이 낮아진다"고 믿었는데, 뇌하수체의 물량이 워낙 부족한 상황에서 수율이 초미의 관심사이다 보니 그런 믿음이 만연했던 것 같다. 그러나 "내가 사용하는 추출 방법에는 추가적인 정제 과정이 포함되어 있어, 순도 높은 제품을 생산할 수 있다"는 것이 팔로 박사의 지론이었다.

1963년부터 1985년 사이에 성장호르몬을 투여받은 환자 5570명을 대상으로 한 연구 결과가 2011년 발표되자, 팔로의 우려가 사실이었던 것으로 드러났다. 1977년 NPA는 모든 뇌하수체 처리를 팔로 박사의 연구실에 맡겼는데, 그 이유는 아이러니하게도 '안전성이 높아서'라기보다 '더 많은 호르몬을 얻을 수 있어서'였다. 실제로 표준 방법으로는 뇌하수체 하나당 1밀리그램의 성장호르몬을 얻은 데 반해, 팔로 박사의 방법으로는 7밀리그램을 얻을 수 있었다. 2011년 발표된 연구에서는, "미국에서 발생한 22명의 CJD 희생자들 전원이 1977년 이전(팔로 박사의 연구실에서 호르몬 추출을 전담하기 전)에 생산된 호르몬을 투여받았다"는 사실이 밝혀졌다. 그리하여 질병대책센터와 NIH의 연구자들이 포함된 연구팀은 "팔로의 정제 방법이 CJD의 병원체를 크게 감소시키거나 제거했다"는 결론을 내렸다. NPA의 소장이었던 살바토레 라이티 박사는 이렇게 강조했다. "1977년 이후 생산된 호르몬에서는 아무런 문제가 발생하지 않았다. 왜냐하면 추출 기법과 관련 지식이 향상되었기 때문이다."

NIH는 지금까지도 미국산 성장호르몬 투여자들을 추적하고 있다. 추적이 처음 시작된 1985년 이후, 7700명의 호르몬 투여자 중에서 사망한 것으로 확인된 사람은 33명이었다. 프랑스에서는 1700명 중 119명이 사망했다. 다른 나라의 사망자 수를 모두 합친 것보다 많았고 단연 최악의 사망률을 기록했다. 영국의 경우 1849명의 호르몬 투여자 중 78명이 사망했으며, 2017년 8월 한 명의 환자가 추가로 CJD 진단을 받았지만 아직 생존하고 있다. 뉴질랜드에서는 159명의 호르몬 투여자 중 6명이 사망했다. 네덜란드와 브라질에서는 각각 두 명, 오스트리아·카타르·아일랜드에서는 각각 한 명의 사망자가 보고되었으며, 모든 사인은 CJD였다.

몇몇 미국 가족들은 주치의나 NIH를 고소했지만, 부주의나 의료 과실로 유죄를 선고받은 개인이나 단체는 하나도 없었다. 대부분의 의사들은 표준의료관행을 따랐다는 판결을 받았으므로, 대부분의 소송은 더 이상 진행되지 않았다.

1996년 영국 법원은 환자들의 손을 들어주며, 사망자의 가족뿐만 아니라 오염 가능성이 있는 성장호르몬을 투여받은 사람들 모두에게 보상금을 지불하기 위해 750만 달러를 예치하라고 판결했다.

2008년 프랑스의 가족들은 의사 일곱 명과 제약사 한 곳을 '우발적 살인 및 사기' 혐의로 고소했지만 패소했다. 가족들을 변호하기 위해 전문가 증인으로 법정에 섰던 뤽 몽타니에 박사는 "이 사건에서 교훈을 얻는 사람이 아무도 없다는 게 두렵습니다. '새로운 치료법이 청년과 미래 세대에게 미치는 영향'에 대해 충분한 과학적·의학적 주의를 기울이지 않는다면, 우리는 더욱 큰 공중 보건 스캔들에 직면하게 될 것입니다"라고 발표했다. 그는 AIDS를 초래하는 HIV를 분리해 공로를 인정받아 2008년 노벨생리의학상을 받은 인물이다.

성장호르몬 비극에 대해 의료 전문가 전체를 싸잡아 비난하기는 쉽다. 그러나 블리자드 박사를 비롯해 많은 의사들은 "과학에서 얻는 것이 잃는 것보다 많다"는 신념을 갖고 있다. 제프 발라반과 래리 새뮤얼은 행운아로, 의학 덕분에 몇 센티미터씩 자랐으며 독성 부작용도 전혀 겪지 않았다. 이 스토리에 영웅이 한 명 있다면 의사 레이몬드 힌츠일 것이다. 그는 외견상 무관해 보이는 두 가지 사건 사이에서 연관성을 이끌어냈다. 자신의 환자였던 조이 로드리게스가 희귀한 뇌 질환으로 사망했을 때, 힌츠는 불운, 선천성 변이, 희귀한 감염병 등의 원인을 들이댈 수도 있었다. 그러나 그는 조이와 관련된 두 가지 단서를 갖고 있었다. 몇 년 전 한 학술회의에서 누군가가 언급한 내용을 기억해냈으며, 가장 중요한 것은 조이와 그의 가족을 잘 알고 있었다는 점이다. 조이가 병에 걸렸을 때, 힌츠는 환자와 가족의 언행을 지근거리에서 듣고 관찰하며 핵심 단서를 수집했다. 그가 수집한 단서는 검사실 검사에 의존할 만한 성질의 것이 아니었으며, 오직 보호자와 직접적인 대화를 통해서만 입수할 수 있는 것이었다. 힌츠는 적시에 제대로 경종을 울림으로써 '성장호르몬과 CJD의 관계'에 얽힌 미스터리를 밝히는 데 결정적으로 기여했다. 그가 아니었다면 향후 몇 년 동안 베일에 가려질 수도 있었던 것을.

크레이지 호르몬

11장 폐경의 미스테리

산부인과 의사 플로렌스 하셀틴은 어느 누구보다도 여성건강 분야에 조예가 깊은 전문가였다. 그녀는 여성건강연구회를 창설하고, 미국여성과학자협회에서 이사로 활약했다. NIH 산하 인구연구센터 소장과 예일대학교 부교수도 지냈다. 의학박사 학위 외에 MIT에서 생물물리학 박사학위를 받았다. 또한《폐경: 평가, 치료, 건강상 문제》라는 책의 공저자이기도 한데, 이 책은 폐경에 대한 최신 정보를 요약한 것이었다. 하셀틴은 해당 분야의 핵심 인사로서, 의료 전문가들 간의 비공개 대화에 단골로 참여했다.

그러나 자신의 폐경 징후를 처음 감지했을 때, 그녀는 모종의 의학적 치료를 받기로 스스로 결정함으로써 여성건강 분야에 큰 충격을 던졌다. 그녀가 자신에게 처방한 치료법의 이름은 자궁절제술 hysterectomy로, 최신 정보가 빼곡히 적힌《폐경》에서조차 단 한 번도 언급한 적이 없는 옵션이었다.

마흔여덟 살이던 1990년 여름, 플로렌스 하셀틴은 한 부인과 전문의를 방문해 자궁절제술, 즉 자궁을 완전히 들어내는 수술을 해달라고 설득했다. 긴급한 의학적 이유는 전혀 없었으며, 수술의 통상적 이유인 고통스러운 혹이나 암과도 무관했다. 자궁절제술을 선택했을 때

그녀는 더 이상 예일의 의료진이 아니었고, (남편과 딸들이 사는) 뉴헤이
븐과 (직장인 NIH가 있는) 메릴랜드 주 베데스다 사이를 일주일에 한 번
씩 왕복했다. 그녀는 예일에서 수술받기를 원치 않았다. 옛 동료들에
게 누가 되지 않기 위해서였다. 그녀는 논쟁을 피하는 성격이 아니었
지만, 자신의 개인적 결정이 논쟁이나 가십거리가 되는 것을 원치
않았다. 그래서 그녀는 자신이 한때 수련의 생활을 했던 병원을 선
택했다. "나는 보스턴에 있는 잘 아는 부인과 전문의에게 전화를 걸
어, 노동절 이전에 수술 날짜를 잡아달라고 부탁했어요"라고 그녀는
말했다.

하셀틴은 안면홍조hot flash(간헐적으로 땀이 비 오듯 흐르고, 몸이 화끈거
리고, 얼굴이 상기됨)를 가라앉히기 위해 에스트로겐을 복용하고 싶어 했
지만, 에스트로겐이 자궁내막암endometrial cancer의 위험을 증가시킨다는
사실을 알고 있었다. 그녀가 자궁절제술을 원한 것은 바로 이 때문이
었다. 자궁이 없으면 호르몬을 안심하고 복용할 수 있을 테니 말이다.

"나는 월경을 하던 나이에도 안면홍조가 굉장히 심했어요." 그녀
는 수술을 받은 지 몇 년 후 이렇게 설명했다. "1980년대의 호르몬 관
련 데이터들을 모두 살펴봤더니 나와 비슷한 증상을 호소하는 여성들
이 의외로 많더군요."

하셀틴은 '수술을 하지 않고, 에스트로겐 요법에 프로게스테론을
추가하는 방법이 있다'는 사실을 잘 알고 있었다. 그녀가 아는 바에 의
하면, 프로게스테론이 에스트로겐의 위험(자궁암 발병률 증가)을 상쇄
할 수 있었다. 그러나 그녀는 프로게스테론을 복용하고 싶지 않았다.

"프로게스테론을 복용하면 기분이 엉망진창이 되고 출혈이 증가해요. 영어사전에는 그게 얼마나 끔찍한지 표현하는 단어가 없죠. 그래서 나는 자궁절제술을 선택했어요. 나는 에스트로겐만 원했지, 프로게스테론을 원하지 않았거든요. 그리고 자궁이 없으면 자궁경부암의 위험도 사라지죠." 자궁경부암이란 자궁 입구에 생기는 암으로, 인유두종바이러스human papilloma virus(HPV)라는 바이러스(성적으로 전염됨)에 의해 초래된다. 그런데 자궁을 제거하면 자궁의 입구도 사라지므로, 자궁경부암이 발생할래야 발생할 수 없었다.

하셀틴은 수술을 마친 후 에스트로겐 1밀리그램을 하루에 한 번씩 지속적으로 복용했다. 그녀가 폐경 증상을 최소화하려고 노력할 즈음, 미국자연사박물관의 인류학자 헬렌 E. 피셔는 '중년 여성의 호르몬 변화'의 경이로움을 극찬하는 기사를 썼다. 그녀는 1992년 《뉴욕 타임스》에 기고한 칼럼에서 이렇게 주장했다. "폐경 여성들은 에스트로겐 수준이 낮고 테스토스테론 수준이 약간 높아서 직장 생활에서 더욱 적극적이고 공격적이다. 그리고 폐경으로 인한 생물학적 변화는 권력에 대한 관심을 늘리고, 권력을 행사할 수 있는 능력을 향상시킨다."

물론 그런 면도 없지 않았을 것이다. 피셔도 지적한 바와 같이, 새로운 자신감에 불타는 베이비붐 세대 여성들이 고위직에 올랐으니 말이다. 하지만 자신의 주장을 뒷받침하는 과학 문헌을 전혀 인용하지 않은 걸로 봐서, 그녀의 칼럼에는 모종의 의도가 깔려 있었던 것으로 보인다. 즉, 여성들에게는 "'늙어가는 몸'과 '따분한 직장 생활'에 대한 부정적 느낌을 떨쳐버리라"고 격려하고, 세상을 향해서는 "폐경 여성들도 직장에서 공헌할 수 있는 부분들이 많으니, 전성기가 지났다고 한직閑職으로 내몰지 말라"고 외치고 싶었던 것 같다.

그러나 피셔의 낙관적인 산문과 달리, 폐경은 많은 여성들의 기분을 잡치게 만든다. 많은 여성들이 이미 알고 있는 바와 같이, '월경이 끝날 때'의 기분은 '월경이 시작될 때'의 기분과 비슷한 형태를 띨 수 있다. 많은 여성들은 이구동성으로 "십대 때 느껴본 후 처음으로 내적 분노가 종종 엄습하는 것을 느낀다"고 말한다. 내적 분노는 간혹 짜증 섞인 한마디로 표출되어 뜻하지 않게 시끌벅적한 다툼의 원인을 제공한다.

뒤이어 안면홍조라는 증상이 찾아오는데, 이는 부적절한 진단명이다. 안면홍조라고 하면 '안면에 국한된 짧고 빠른 화끈거림'이 연상되어, 별로 대수롭지 않은 증상이라는 선입관이 들기 십상이기 때문이다. 그러나 안면홍조는 마치 풀가동되는 용광로처럼 전신에 숨막힐 듯한 열성홍조를 초래한다. 대부분(약 80퍼센트)의 여성들에게 안면홍조는 50대에 시작되어 몇 년 동안 지속되며, 때로는 낮에 찾아오지만 때로 밤에 엄습해 불면의 밤을 초래하기도 한다. 영국에서는 플래시flash 대신 플러시flush라는 말을 쓰는데, 이는 언뜻 화장실 변기 물내리기flushing를 연상시키지만, 원래 '느린 소용돌이(어지럼증)'에서 유래하는 말이므로 여성들이 겪는 고통을 훨씬 더 실감나게 표현한다고 할 수 있다.

불행한 소수 여성들은 수십 년 동안 증상을 겪는다. 반면에 운 좋

크레이지 호르몬

은 극소수 여성들은 증상을 전혀 겪지 않는다. 어떤 여성들은 폐경 후 변화의 전 과정을 아예 건너뛴다. 월경이 멈추고 나면 그뿐인 것이다. 불규칙한 체온 변화도 기분 변화도 어지럼증도 겪지 않으며, 리비도의 변화도 없다. 그녀들의 입장에서 보면 이상한 건 자신들이 아니라 다른 사람들일 것이다.

::

하셀틴이 수술을 받은 것은 1990대였는데, 그녀의 말을 빌리면 그 기간은 "폐경에 대한 관심이 급변한 시기"였다. 그 당시 폐경에 대한 정보를 요구한 여성들 중 상당수는 수년 전 '더욱 안전한 피임법'을 요구했던 여성들이었다. 따라서 그녀들의 관심사는 연령의 변화와 함께 움직였다고 볼 수 있다. 즉, 가임기가 끝나고 나자, 그녀들의 초점이 피임호르몬에서 폐경호르몬으로 자연스레 이동했던 것이다. 폐경과 그에 수반되는 이슈들이 신문 1면의 헤드라인을 장식하고 저녁 뉴스의 주요 토픽으로 등장했으며, 심지어 일부 시트콤의 소재로 사용되었다. 그렇다고 해서 1990년대 이전에 폐경을 언급한 사람이 아무도 없었다는 뜻은 아니다. 1990년대에 들어와 폐경을 언급하는 사람들의 수가 부쩍 늘어난 데다 그들의 태도에서 긴박감이 엿보이게 되었을 뿐이다. 여성건강에 관한 이슈가 전면에 부각된 것은, 부분적으로 버나딘 힐리 덕분이었다. 그녀는 1991년 NIH 원장에 임명된 최초의 여성으로, 재임 기간 동안 여성건강에 대한 연구비 지원을 대폭 늘렸다.

NIH의 지원하에 수행된 몇 건의 연구에서는, "폐경 이후에 호르몬을 복용하면 증상이 완화될 뿐 아니라 노인성 질환(예: 알츠하이머병, 심장병)도 예방할 수 있다"는 결론이 나왔다. 의사와 제약사들은 그러한 내용에 흥분했지만, 이 같은 열광적 분위기에도 불구하고 나이 든 여성들은 혼란스러워 했다. 그녀들은 두 가지 궁금증을 품었다. 첫째, 폐경에 어떻게 대처해야 하나? 둘째, 늙어가는 몸속에서 무슨 일이 일어나고 있는 걸까? 그녀들의 궁금증을 풀어줄 연구 결과가 하나 둘씩 나오기 시작했다.

웨인주립대학교의 정신과/산부인과 교수 로버트 프리드먼 박사는 안면홍조 분야의 선도적인 연구자였다. 처음에 그의 연구는 폐경과 무관했다. 1984년 그는 바이오피드백biofeedback(생각을 이용해 신체 증상을 변화시키는 방법)이 레이노병Raynaud's disease◆ 환자들의 증상을 개선하는지 여부를 연구하던 중이었다. 프리드먼은 회고했다. "어느 금요일 오후, 한 대학원생이 내 연구실로 찾아와 이렇게 물었어요." '선생님의 논문을 읽고, 여성들의 차가운 몸을 따뜻하게 해줄 수 있음을 알았어요. 그렇다면 여성들의 화끈거리는 몸을 식혀줄 수도 있지 않을까요?'"

그 대학원생의 어머니는 안면홍조 때문에 어려움을 겪고 있었다. 프리드먼은 폐경에 별로 신경을 쓰지 않고 있었지만, 그 이야기를 듣고 도전 의식이 발동하면서 흥미를 느꼈다. 그래서 지역신문에 광고

◆ 추운 날씨에 고통스러운 수족냉증을 초래하는 질병.

크레이지 호르몬

를 게재하고 임상시험 지원자들을 모집했다. 그저 약간명이 지원할 줄 알았는데, 밤잠을 제대로 이루고 억수 같은 땀을 멈출 수만 있다면 뭐든 하겠다는 여성들이 쇄도했다.

프리드먼은 '실험실에서 안면홍조를 유발하는 방법'과 '안면홍조를 객관적으로 모니터링하는 방법'을 개발했다. 첫째로, 여성들은 차츰 더워지는 실험실 안에서 안락의자에 앉아, 뜨거운 물이 담긴 패드를 몸에 둘렀다. (전기 담요, 또는 신생아나 실험용 동물을 따뜻하게 해주기 위해 사용되는 덮개를 생각하면 된다.) 둘째로, 여성들이 열감을 느끼는지 확인하기 위해, 프리드먼은 심전도검사용 케이블 비슷한 것을 여성들의 가슴에 부착했다. 땀 속의 염분은 전기전도도를 상승시키므로, 케이블을 이용해 전기전도도를 기록함으로써 땀이 흐르는지 여부를 확인할 셈이었다. 땀이 흐른다는 것은 안면홍조가 시작된다는 신호였다. 마지막으로, 커다란 알약 크기의 먹는 체온계를 이용해 여성들의 중심체온core body temperature을 측정했다. 아스피린 삼키듯 체온계를 삼키면, 체온계는 입에서부터 항문까지 여행하며 30초 간격으로 체온을 수신기로 전송했다. "체온계는 나중에 대변으로 배출되었어요. 굳이 대변 속을 뒤져 회수할 필요는 없지만, 유능한 엔지니어가 회수한 다음 분해해 제대로 작동했는지 확인했어요"라고 프리드먼은 말했다.

프리드먼은 온갖 기법을 동원해 안면홍조를 최소화할 수 있는 방법을 찾았다. 그 결과, 가장 효과적인 방법은 '하루에 두 번씩 15분간 깊은 복식호흡을 하는 것'으로 밝혀졌다. 그러나 복식호흡은 낮에만 유효하고 밤에는 별로 소용이 없었다. "밤이 문제였어요. 우리는 야간에 효과적인 방법을 찾지 못했거든요"라고 그는 말했다.

대부분의 사람들은 0.5도 정도의 미미한 중심체온 변화에 반응하지 않는다. 그러나 중심체온이 그 이상 하락하면 체온을 높이기 위해 몸을 부르르 떨게 된다. 반면에 중심체온이 그 이상 상승하면 체온을 낮추기 위해 땀을 뻘뻘 흘리게 된다. 그런데 폐경 여성의 경우, 체온 조절을 담당하는 창문이 닫혀버린 게 문제다. 그리하여 미세한 중심체온 변화가 땀 쓰나미를 촉발하게 되는 것이다. 다른 사람들은 아무렇지도 않은데, 폐경 여성들은 실내 온도가 조금만 상승해도 부채질을 하는 건 바로 이 때문이다. 그건 밤에도 마찬가지여서, 침실 온도가 약간 상승할 경우 다른 사람들은 편안하게 잠을 이루지만, 폐경 여성들은 담요와 쿠션을 걷어치우기 일쑤다. (그 바람에 한 이불을 쓰는 배우자가 애꿎게 피해를 본다.)

안면홍조는 에스트로겐 수준이 급락할 때 발생하므로, 과학자들은 오랫동안 안면홍조와 에스트로겐의 상관관계를 가정해왔다. 그러나 연구자들은 "에스트로겐의 '수준'이 문제가 아니라 '하락'이 문제"라는 사실을 발견했다. 즉, 에스트로겐 수준이 만성적으로 낮은 여성들은 안면홍조를 경험하지 않지만, 그런 여성들이 에스트로겐을 복용하다가 중단하면 안면홍조를 경험하게 된다는 것이다. 또한 연구자들은 "안면홍조를 겪는 동안 투쟁-도피호르몬fight-or-flight hormone◆인 아

◆ 스트레스를 겪을 때 자동적으로 나타나는 각성 상태를 '투쟁-도피 반응'이라고 부르는데, 이와 같은 반응의 일종으로서 분비되는 호르몬을 투쟁-도피호르몬이라 한다.

드레날린이 상승한다"는 사실을 발견했다. 이와 관련해 어떤 폐경 여성들은 덥고 폐쇄된 공간에서 패닉을 경험하는데, 이는 폐경 이전에는 전혀 경험할 수 없었던 극심한 공포감이다.

그러나 이러한 다양한 생리적 사건들(에스트로겐 급락, 아드레날린 상승, 혈관 확장)이 잘 기술되어 있음에도 불구하고, 그것들이 서로 어떻게 관련되어 있는지는 아직 밝혀지지 않았다. 에스트로겐 하락이 아드레날린 상승을 초래하는 걸까, 아니면 제3의 호르몬이 개입하는 걸까?

사람들이 변화하는 온도에 반응하는 방법은 복잡하다. 얽히고설킨 신경망과 호르몬들이 피부의 온도 수용체를 심부기관deep organ과 연결시키기 때문이다. 온도가 오르락내리락하며 신체를 변화시킬 때, 과학자들은 그 여파를 관찰할 수 있다. 그러나 연쇄적으로 일어나는 사건들의 순서를 파악하는 것은 매우 까다롭다. 이는 거미줄이 생성되는 과정을 판독하는 것이나 마찬가지다.

연구를 가로막는 주요 장애물은 '마땅한 동물 모델이 없다'는 것이다. 인간은 안면홍조를 경험하는 유일한 동물인 듯싶다. "나는 붉은털원숭이가 안면홍조를 경험하게 만들기 위해 4년 동안 갖은 노력을 기울였어요." 프리드먼은 말했다. "난소와 에스트로겐을 제거해봤지만, 원숭이에게 열감을 초래할 수 없었어요. 모든 것이 허사였죠."

어떤 과학자들은 인간 외에 폐경을 경험하는 유일한 포유류◆로 범

◆ 인간과 범고래 말고 폐경을 경험하는 것으로 알려진 포유동물로 들쇠고래short-finned pilot whale와 흑범고래false killer whale가 있다. http://www.ibric.org/myboard/read.php?Board=news&id=296103&SOURCE=6

고래를 내세우며, 범고래도 안면홍조를 경험한다고 한다. 그러나 확실한 증거는 손에 잡힐 듯 말 듯 하다. 암컷 범고래는 새끼 낳기를 중단한 후에도 오랫동안 살기 때문에, 과학자들로 하여금 '범고래도 폐경을 경험한다'고 상정하도록 했다. 암컷 범고래는 열두 살 때쯤 새끼를 낳기 시작해 30대 후반에서 40대 초반에 출산을 그만둔다. 그러고는 80대까지 산다. 이는 범고래가 인간과 동일한 호르몬 변화를 겪을지도 모른다는 점을 시사한다. 하지만 설사 그렇다고 하더라도 프리드먼에게는 그림의 떡이었다. 그에게 정작 필요한 것은 말귀를 못 알아듣는 범고래보다 연구실에서 관리하기 쉬운 임상시험 참가자였다.

::

　프리드먼이 연구실에서 여성들을 열 받게 하고 있는 동안, 애리조나대학교의 병리학자 나오미 랜스 박사는 폐경의 세포적 측면을 깊숙이 파고들고 있었다. 1980년대에 랜스 박사는 수련의 과정을 마치고 존스홉킨스대학교에서 신경병리학 박사과정을 마무리하던 중이었다. 본래 주제는 사춘기의 호르몬 변화였지만, 그녀 자신이 나이가 들어감에 따라 관심사도 나이가 들었다. 그래서 사춘기를 탐구하던 그녀는 폐경 쪽으로 방향을 틀었다.
　사망한 여성들의 뇌를 수집하는 것은 쉽지 않았다. 다른 질병이 개입할 경우 고려해야 할 변수가 너무 많아지므로, 랜스는 질병에 걸리지 않았던 여성들의 시신이 필요했다. 그리고 그녀는 다른 병리학자들에게 의존하고 싶지 않았다. 그래야만 자신이 검토할 필요가 있는 부위를 함부로 건드리지 않고 뇌를 적출할 수 있기 때문이었다. 랜스는 자신이 신뢰하는 기법에만 의존했다.

"신경병리학자인 나는 사망한 여성의 뇌를 내 손으로 직접 적출했어요." 통상적인 검시 절차는 시신에서 뇌를 꺼내 잘게 썬 다음 현미경으로 들여다보며 '뭐가 잘못됐고, 왜 사망했는지'를 살펴보는 것이다. 그러나 그녀에게 필요한 부분은 시상하부였다. 시상하부는 뇌의 기저부에 위치하며, 생식을 조절하는 호르몬을 포함하고 있다. 랜스는 뇌하수체도 필요했다. 뇌하수체는 뇌에 대롱대롱 매달려 있으며, 시상하부와 마찬가지로 생식을 조절하는 호르몬을 포함하고 있다. "시상하부와 뇌하수체를 꺼낼 때 뇌줄기brain stem◆의 줄기가 잘리지 않도록 조심해야 해요"라고 그녀는 말했다. 게다가 그녀는 신선한 뇌가 필요했다. "가장 이상적인 것은 사후 16시간 미만의 뇌였고, 아무리 늦어도 24시간을 넘기면 안 됐어요." 너무 늦으면 그녀가 검토하고 싶은 세포들이 변형될 수 있기 때문이었다.

처음 연구에서 랜스 박사는 세 명의 젊은 여성과 세 명의 나이 든 여성에게서 각각 세 개씩, 총 여섯 개의 뇌를 적출했다. 비록 소규모 연구였지만 표본에서 발견된 차이는 놀라웠다. 특정한 뇌세포(즉, 시상하부 뉴런)의 경우, 나이 든 여성의 것이 젊은 여성의 것보다 30퍼센트

◆ 뇌줄기(뇌간)는 뇌에서 좌우 대뇌반구와 소뇌를 제외한 부분으로, 뇌의 한가운데에 위치한다. 뇌와 척수를 이어주는 줄기 역할을 하는 부위로, 위에서부터 차례대로 중간뇌(중뇌), 다리뇌(뇌교), 숨뇌(연수)의 세 부분으로 구성되어 있다.

큰 것으로 나타났다. 그녀의 표현을 빌리면, 그 정도의 차이는 "밤과 낮의 차이"와 마찬가지였다.《임상내분비대사학 저널》1990년 7월호에 실린 논문에 첨부된 사진을 보면, 폐경 후 여성의 시상하부 뉴런은 블루베리만 한 데 반해, 폐경 전 여성의 것은 케이퍼◆만 한 것을 알 수 있다.

랜스가 연구한 것은 '호르몬계의 썰물과 밀물'에 관한 피드백 고리로, 후에 피임약 개발의 단서가 되었다. "폐경기의 뇌는 '에스트로겐 수준이 낮아졌다'는 신호를 접수하고 에스트로겐 수준을 높이는 뉴런(시상하부 뉴런)에 시동을 건다"는 것이 그녀의 생각이었다. 하지만 난소가 더 이상 기능을 수행하지 않으므로 에스트로겐 수준이 올라갈 리 만무했다. 그러니 '더 많은 에스트로겐이 필요하다'라는 스팸 메시지가 뇌에 지속적으로 접수되고, 잔뜩 쌓인 스팸 메시지가 시상하부 뉴런을 계속 자극해 부풀어오르게 하는 것이다.

자신의 아이디어를 검증하기 위해 그녀는 폐경 전 여성과 폐경 후 여성에게서 각각 세 개씩 총 여섯 개의 뇌를 더 수집했다. 이번에도 폐경 후 여성에게서 시상하부 뉴런이 부풀어오른 것을 발견했고, 나아가 에스트로겐 수용체가 풍부하다는 사실도 발견했다. 또한 그녀는 한 가지 화합물을 집중적으로 분석했다. 그 이름은 뉴로키닌 Bneurokinin-B로, 폐경 후 뇌의 변화 중 일부에 관여하는 것으로 보였다.

영국의 한 연구팀은 나중에 "여성에게 뉴로키닌 B를 주입하면 안

◆　지중해산 관목의 작은 꽃봉오리를 식초에 절인 것.

면홍조가 발생한다"고 보고했지만, 결정적인 단서를 제시하지는 못했다. 이에 관한 현행 이론은 "부풀어오른 시상하부 뉴런이 나이 든 여성의 체온 조절계를 교란시키는 것 같다"고 제시한다. 완벽한 그림은 아직 나오지 않았지만, 개략적인 스케치가 시작됐다고 할 수 있다. 이상과 같은 연구 결과를 근거로, 의사들은 최근 뉴로키닌 B를 차단해 안면홍조를 잠재우는 비호르몬요법을 테스트하고 있다. 예비 연구 결과를 살펴보니 전망이 밝아 보인다.

::

랜스가 뇌의 핵심을 파고들며 폐경기 여성의 치료법을 향상시키려고 노력하던 1990년대에, 한 무리의 연구자들이 등장해 폐경을 다루기 시작했다. 그러나 그들이 폐경을 바라보는 시각은 랜스와 크게 달랐다. 랜스가 뇌세포 속 깊은 곳에서 외부를 바라본 데 반해, 그들은 외부에서 내부를 바라봤다. 즉, 그들은 세포와 단백질을 생각한 게 아니라 질병의 위험과 사람에 관해 생각했다. 예컨대, 그들은 "나이든 여성들은 젊은 여성들에 비해 심장마비, 알츠하이머병, 골다공증, 특정 암에 걸릴 가능성이 높다"는 점에 주목했다. 한편 그들은 "나이든 여성들은 에스트로겐 수준이 낮다"는 점에도 주목했다. 그렇다면 특정 질병과 에스트로겐 부족 사이에 어떤 인과관계가 존재하는 것은 아닐까? 다시 말해서, 에스트로겐이 젊은 여성들을 그런 질병에서 보호해주는 게 아닐까? 그리고 그게 사실이라면, 나이 든 여성들이 에스트로겐을 섭취함으로써 그런 질병의 위험에서 벗어날 수 있지 않을까?

이러한 관념들은 폐경을 바라보는 방법을 완전히 바꿔놓았다. 폐경이 '노화의 자연스러운 일부'가 아니라, 당뇨병과 마찬가지로 '일종의 호르몬 결핍 질환'으로 간주되기 시작한 것이다. 뒤를 이어 호르몬대체요법hormone replacement therapy(HRT)의 효능에 대한 일련의 연구들이 쏟아져 나왔다. 연구 결과가 반전에 반전을 거듭하는 바람에, 뉴스 보도를 꼼꼼히 챙겨보려고 노력하는 사람들은 현기증을 느낄 정도였다.

"호르몬대체요법은 여성에게 이롭다. 아니, 해롭다.""호르몬대체요법 약물은 몇 년 동안만 복용해라. 아니, 평생토록 복용해라." 호르몬대체요법 약물을 복용하는 여성들은 대부분 상류층 백인이었다. 1997년에 발표된 보고서에 따르면, 1970년~1992년의 국가통계 자료를 검토해본 결과 흑인 여성들의 호르몬대체요법 사용률은 백인 여성의 40퍼센트에 불과한 것으로 나타났다고 한다. 또 다른 연구에 따르면, 1990년대의 병원 진료 3만여 건을 종합적으로 분석한 결과 호르몬대체요법 처방이 전반적으로 증가했고, 백인 여성의 처방이 흑인 여성의 두 배였으며, 개인보험에 가입한 여성들의 처방이 메디케이드Medicaid◆에 가입한 여성들의 여덟 배였다. 이는 제약사들이 상류층 백인 여성들을 집중 공략한 결과일까? 아니면 유독 상류층 백인 여성들이 의사에게 폐경 치료법을 처방해달라고 성화해서였을까?

◆　미국의 저소득층 의료보장 제도.

2004년 이틀간 개최된 한 토론회에 참석한 역사가와 과학자들은, "약물의 이름을 '호르몬 대체'가 아니라 '호르몬 조작manipulation'이라고 불렀으면 역사가 달라졌을 것"이라고 지적했다. 어쩌면 그럴지도 모른다. 그러나 자기 회사가 개발한 약품 이름에 '조작'이라는 문구를 넣는 마케팅 담당자는 정신 나간 사람일 것이다.

호르몬대체요법의 역사는 1910년대로 거슬러 올라간다. 1910년 대와 1920년대에는 폐경으로 인한 안면홍조와 두통을 호소하는 여성 들을 치료하기 위해 소와 양의 난소 추출물이 사용되었다. 매켈리의 카르두이 와인McElree's Wine of Cardui은 "하루에 세 번씩 마시면 월경 불순과 폐경◆에 도움이 된다"고 선전되었는데, 여기에는 20퍼센트의 알 코올이 포함되어 있었다. 1940년대와 1950년대부터, 여성들은 순수 물질, 즉 순수한 에스트로겐을 투여받기 시작했다. 그러던 중 1968년 로버트 윌슨 박사가 《영원한 여성성》이라는 책을 출간하면서 에스트 로겐 알약은 엄청난 인기를 누렸다. 윌슨은 그 책에서 증상 완화뿐 아 니라 '젊음의 광채'를 유지하기 위해 에스트로겐을 복용하라고 권했 다. "어떤 여성도 쇠락하는 삶의 공포에서 벗어날 수 없다. 그러나 한 가지 해법이 있다. 알약을 통해 (난소가 더 이상 공급하지 않는) 에스트로 겐을 공급하면, 폐경 후 일어나는 신속한 신체의 쇠퇴를 멈출 수 있다. 나이 든 여성도 아가씨 못지않은 몸을 유지할 수 있다."

그런데 윌슨의 책에는 한 가지 중요한 사실이 누락되어 있었다. 그

◆ 20세기 초에는 폐경을 '갱년기change of life'라고 불렀다.

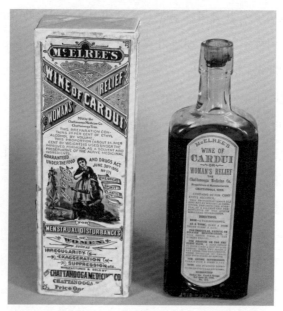

월경불순과 폐경(갱년기)을 위한 매켈리의 카르두이 와인. Division of Medicine & Science, National Museum of American History, Smithsonian Institute.

는 윌슨재단이라는 단체의 설립자였는데, 이 단체에 뒷돈을 제공한 곳이 어이없게도 다음 제약사 세 곳이었다. 피임약 에노비드Enovid의 제조사 설Searle, 에스트로겐 알약인 프레마린Premarin의 제조사 에이어스트Ayerst, 프로베라Provera(합성 프로게스테론인 프로제스틴progestin)의 제조사 업존Upjohn. 그의 책은 '전문가의 조언'이라는 명목으로 판매되었지만 사실상 대중광고 팸플릿이었던 것이다.

　여러 면에서 볼 때, 호르몬대체요법 이야기는 피임약 이야기의 속

　크레이지 호르몬

편이라고 할 수 있다. 호르몬대체요법과 피임약은 모두 성호르몬이며, 그 구성도 에스트로겐과 프로게스테론의 혼합물이라는 점에서 똑같다. 폐경의 경우에는 호르몬대체요법, 임신의 경우에는 피임약이라는 별명으로 불린다. 피임약과 호르몬대체요법은 한때 '여성건강의 승리'로 일컬어졌지만, 나중에 독성 부작용 때문에 공포의 대상이 되었다. 피임약과 호르몬대체요법의 복용 여부에 관한 결정이 까다로운 이유는 실질적인 질병이 없기 때문이다. 즉, 두 약물은 특정 질병을 치료하지도 예방하지도 않는다. 여성들은 인생의 중대한 두 시기를 헤쳐나가는 데 도움을 받기 위해 약물을 복용할 뿐이고, 그녀들의 소원은 '원치 않는 임신'과 '원치 않는 폐경 증상'을 미연에 방지하는 것이다.

피임약은 1960년 미 FDA의 승인을 받아 '건강한 사람들'을 위해 '사회적 이유'로 처음 처방되었을 뿐이며, 심지어 웰빙을 향상시키지도 않았다. 오죽하면 그냥 알약the pill이라고 불렸을까! 이 세상에 그런 정체불명의 이름을 가진 약은 피임약밖에 없다. 과학자들은 농부들이 수세기 동안 관찰해온 현상에서 피임약의 힌트를 얻었다. 그 내용인즉, 임신한 여성은 중복임신을 할 수 없다는 것이었다. 그래서 그들은 임신기의 호르몬 변화 중 일부를 모방하는 치료법을 개발했다. 그러나 1970년대에 들어 피임약이 치명적 뇌졸중, 심장마비, 그리고 성가신 부작용(예: 우울증, 복부팽만)과 관련된 것으로 밝혀지면서, 피임약에 대한 열광이 시들해졌다. 여성의 건강을 옹호하는 행동가들이 방송에 출연해 이 점을 부각시키자, 제약사들은 서둘러 저용량 피임제를 개발하고, 정부에서는 경고 사항이 적힌 약품 설명서를 첨부하도록 의무화했다.

이와 동시에 과학자들은 1970년대에 호르몬대체요법에 함유된 에스트로겐과 자궁암 간의 관련성을 발견했다. 그러자 여성들은 당황했다. 그 동안 의사들에게 "호르몬대체요법은 아무런 해가 없고, 신체 균형을 유지해주는 이점만 있을 뿐"이라는 말을 귀에 못이 박히도록 들어왔는데, 난데없이 독성이 있다는 말을 들었으니 말이다. 1975년 2800만 건이었던 호르몬대체요법 처방이 1979년에는 1500만 건으로 반 토막 나고 말았다. 연구자들은 곧이어 에스트로겐에 프로게스테론을 추가함으로써 자궁암의 위험을 상쇄할 수 있음을 알게 되었고, 프로게스테론이 첨가된 결과 매상은 다시 올라갔다.

하셀틴이 호르몬을 복용하기 시작할 때쯤, 에스트로겐(단일 요법, 또는 프로게스테론과의 병용 요법)은 인기를 회복하기 시작했다. 많은 증거가 누적되지는 않았지만, 이론과 단서에 기반해 '에스트로겐이 노년의 질병을 예방한다'는 합의가 도출되었다. 이에 발맞춰 호르몬을 예찬하는 메시지는 '성적 어필을 위한 호르몬'에서 '건강을 위한 호르몬'으로 슬그머니 바뀌었다. 〈폐경 후 에스트로겐/프로제스틴 치료The Postmenopausal Estrogen/Progestin Interventions(PEPI)〉라는 연구에서는 에스트로겐을 복용하는 여성은 심장 건강의 표지자(예: 낮은 콜레스테롤 수준)가 양호하다고 보고했다. 간호사 10만 명의 건강을 추적한 광범위한 연구에서는, 에스트로겐을 복용하는 여성들은 심장병에 덜 걸린다고 보고했다. 1992년 미국내과학회는 "모든 여성들은 심장마비(여성들의 목숨을 가장 많이 앗아가는 질병)와 알츠하이머병(여성들이 가장 두려워하는 질병)의 위험을 줄이기 위해 장기적인 호르몬 치료를 고려하라"고 권고했다. 뒤이어 "호르몬 치료(에스트로겐 단일제제 또는 에스트로겐-프로게스테론 복합제제)가 대장암 위험을 줄인다"는 연구 결과들이 발표되었다. 나쁜 소식들(예컨대, 에스트로겐과 유방암을 연관시킨 연구)도 없는 건 아니었지만, 나쁜 소식은 희소식의 물결에 파묻혀버렸다. 1990년대의 여성들은 한때 호르몬 치료를 요구했는데, 호르몬이 성가신 증상을 잠재워서가 아니라 장기적으로 볼 때 건강에 이롭다고 생각했기 때문이었다. 1992년에 3650만 건이던 호르몬대체요법 처방 건수는 1999년에 8960만 건으로 두 배 이상 늘었다. 호르몬대체요법은 미국에서 가장 잘나가는 약물이었다.

그러나 의문은 아직 해소되지 않았고, 많은 의사들은 증거를 내놓으라고 다그쳤다. 그러자 한 무리의 전문가들이 '호르몬 치료의 장기적 영향'에 관해 사상 최대 규모의 연구를 시작했다. 이 연구의 이름은 〈여성건강이니셔티브Women's Health Initiative(WHI)〉로, 연구진은 1993년부터 1998년 사이에 2만 7천 명의 여성들을 대상으로 에스트로겐(자궁절제술을 받은 여성은 에스트로겐 단일 요법, 그러지 않은 여성은 에스트로겐-프로제스틴 병용 요법)과 위약 중 하나를 무작위로 투여했다. 처음에 일부 의사들은 호르몬의 이점을 확신했으므로, 대조군에게 호르몬을 투여하지 않는 것은 비윤리적이라고 믿었다.

그러나 중간 결과는 그들의 믿음을 배반했다. 설상가상으로 1998년 발표된 또 한 건의 소규모 연구에서는 충격적인 결과가 나왔다.

"이미 심장병을 앓고 있는 여성이 호르몬을 복용할 경우, 치료를 시작하자마자 심장마비 위험이 증가한다"는 것이었다. 그러나 그런 연구가 단 한 건밖에 없었으므로, 모든 사람들은 '전반적으로 건강한 여성들'을 대상으로 실시된 대규모 연구인 WHI의 결과가 나오기를 손꼽아 기다렸다. 2002년 7월, WHI에서 실시하던 에스트로겐-프로제스틴 병용 요법 테스트가 갑작스럽게(당초 계획보다 3년 일찍) 중단되었다. 왜냐하면 호르몬을 복용하던 여성들이 대조군에 비해 뇌졸중, 혈전, 유방암을 더 많이 경험하는 것으로 나타났기 때문이다. 이 소식이 신문의 헤드라인을 장식하자 많은 여성들이 놀라고 두려워하고 격분했다. 신문기사를 본 그녀들은 '호르몬대체요법을 이용한 폐경 증상 치료'의 위험성을 직감했다. 그것은 전혀 효과가 없으며, 모든 여성들에게 위험하다고 여긴 것이다.

하지만 WHI의 본래 의도는 에스트로겐과 프로게스테론을 이용해 폐경 증상을 완화할 수 있는지를 알아보는 것이 아니었다. 따라서 연구진이 모집한 대상자는 최근 폐경을 맞았으며, 향후 몇 년 동안 호르몬을 복용할 여성들이 아니었다. 다시 말해서, WHI는 '호르몬이 여성들에게 장기적으로(폐경 후 시간이 한참 경과할 때까지) 미치는 영향'을 알아보기 위해 설계된 임상시험으로, 참가자의 평균 연령은 63세였다. WHI에 참가한 하버드 의대의 조앤 맨슨 박사는 "우리의 목표는 일반인들의 생각과 완전히 달랐다"라고 말했다. "'호르몬 치료를 이용해 심장병 등 만성질환을 예방하는 방법'의 이점과 위험을 동시에 평가하는 것이 WHI의 목표였으며, '호르몬 치료를 이용해 증상을 단기적으로 관리하는 방법'의 안전성과 효능을 평가하는 것은 우리의 관심 사가 아니었다. 따라서 그 결과를 40대와 50대 여성들에게 외삽外揷하 는 것은 부적절하다." 또한 폐경 전문가로서 예일대학교의 산부인과 전문의 메리 제인 민킨 박사가 지적한 바와 같이, WHI에 사용된 프로 베라(프로게스틴)는 1990년대에 유행한 합성 프로게스토론이었다. 오 늘날에는 많은 의사들이 프로메트리움Prometrium을 처방하는데, 이는 천연 프로게스테론으로서 일부 연구에서 유방암 위험을 증가시키지 않는 것으로 밝혀졌다. 마지막으로, WHI는 알약에 의존했지만, 오늘 날에는 패치나 젤과 같은 다양한 제형을 사용할 수 있다는 점도 고려 해야 한다.

요컨대 맨슨이 설명한 바와 같이, "호르몬 치료는 당초 희망했던 것과 달리 노년 여성의 질병을 예방하지 못한다. 그러므로 질병을 예 방할 목적으로 호르몬 치료를 사용해서는 안 된다. 그렇지만 폐경 증 상을 치료하기 위해 사용하는 것은 무방하다." 그러나 WHI가 실패했 다는 소식에 놀란 여성들 사이에서는 호르몬대체요법에 대한 수요가 크게 줄어, 되살아날 기미를 보이지 않고 있다. 에스트로겐-프로게스 테론 복합제제를 사용하는 여성들은 거의 절반이 줄었고, 에스트로겐 단일제제를 사용하는 여성들은 거의 5분의 1이 감소했다.

18년이 지난 2017년 9월에 발표된 최신 WHI 결과에서는, 시험군 (호르몬 사용자)과 대조군 환자의 사망률에 차이가 없는 것으로 나타났 다. 맨슨은 로이터와의 인터뷰에서, "이 결과가 뇌졸중, 유방암, 심장 마비 위험이 증가할 거라고 걱정했던 여성들을 안심시킬 것"이라고 말했다.

　그러나 오늘날 호르몬을 선택하려는 여성들은 혼란스러울 것이다. 알약, 패치제, 자궁내 장치 등의 다양한 제형이 출시되어 있고, 에스트로겐과 프로게스테론의 용량도 다양하기 때문이다. 또한 개별 환자에게 알맞도록 맞춤형으로 제조된 배합호르몬compounded hormone◆도 출시되어 있다. 배합호르몬은 특정한 사람들, 예컨대 알약의 특정 성분(예: 땅콩 기름)에 알레르기가 있거나 알약을 삼킬 수 없는 환자에게 유용하다. 그러나 배합호르몬에 대한 광고를 보면, '방목장에서 풀을 뜯고 자란 소'의 호르몬 버전이라는 느낌을 줄 것이다. 소규모 가내수공업체에서 특정인의 수요를 충족하기 위해 만든 '맞춤식 알약' 말이다.

　그러나 구매자들은 조심해야 한다. 배합약물 중 상당수는 거대제약사 같은 공장에서 만들어진다. 1990년대 이후 맞춤식 호르몬 치료 사업은 25억 달러 규모의 산업으로 급성장해, 더 이상 알레르기가 있는 환자와 알약을 삼킬 수 없는 환자의 전유물이 아니다. 오늘날에는 폐경 증상 치료용으로 호르몬을 복용하는 여성의 약 삼분의 일이 배합호르몬을 선택한다. 상당수의 배합약물은 보험 급여에서 제외되는 반면, 유명 브랜드의 에스트로겐과 프로게스테론은 그렇지 않다.

　하지만 결정적인 차이가 하나 있으니, 배합호르몬 제품은 법률적 허점 덕분에 FDA의 통제 범위를 벗어난다. 다시 말해서, 그것들은 거대 제약사의 제품과 달리 까다로운 품질관리와 절차를 통과하지 않는

◆　우리나라의 의약 제도에서는 허용하고 있지 않다.

다. FDA의 품질 검사를 거치지 않은 호르몬 제품은 용량이 너무 많거나, 너무 적거나, 오염될 우려가 있다. 이러한 우려는 2010년에 현실화되었다. 즉, 뉴잉글랜드의 배합약국compounding pharmacy에서 공급하는 약물이 오염되는 바람에, 750건의 진균성뇌수막염fungal meningitis이 초래되어 64명의 사망자가 발생한 것이다. 2013년에는《모어》라는 잡지의 기자가 12장의 동일한 호르몬 처방전을 12개 약국에 제출한 후, 교부받은 알약을 한 연구실에 의뢰해 성분을 분석해봤다. 그 결과 알약속에 함유된 호르몬의 용량이 크게 다른 것으로 드러났다. 또한, 맨슨박사는 몇 명의 여성 환자 사례를 보고했는데, 그 내용인즉 "배합호르몬을 복용하고 자궁내막암에 걸렸는데, 조제 과정에서 프로게스테론이 덜 들어간 것이 원인인 것으로 사료된다"는 것이었다.

또한 배합호르몬은 FDA의 승인을 받은 약물들과 달리 약품 설명서 첨부가 요구되지도 않는다. 경고 사항이 적힌 라벨이 없다면, 아무런 위험이 없다는 거짓 인상을 주기 십상이다. 품질관리 부족과 경고라벨의 부재는 내분비학회, 미국산부인과학회, 미국생식의학회, 북미폐경학회 회원들의 분노를 샀다.

이윽고 배합약물의 감시를 강화하는 법률이 의회를 통과했다. 2013년에 제정된 배합약물 품질관리법Compounding Quality Act(CQA)에 따르면, 배합약국은 '제약사에서 판매하는 약물'과 성분이 다른 배합약물을 더 이상 조제·판매할 수 없다. 왜냐하면 그런 배합약물은 품질관리가 결여된 약물이라고 볼 수 있기 때문이다. 또한 CQA는 배합약국에 "FDA가 안전하다고 인정하지 않은 성분을 사용하지 말라"고 요구한다. 그런 성분 중 하나가 에스트리올estriol(에스트로겐의 일종)인데, 이것은 FDA의 승인을 받지 않았음에도 불구하고 많은 배합약물 속에 포함되어왔다. 그리고 주州의 접경지역 약물을 대량으로 판매하는 배합약국들은 FDA에 부작용을 보고해야 한다. 의사들은 한걸음 더 나아가, 잠재적 위험을 설명하는 약품 설명서를 삽입하라고 지속적으로 요구하고 있다. 그들은 1970년대에 "피임약에 경고 라벨을 첨부하라"고 요구했던 페미니스트들처럼 열렬히 활동하고 있다. (1980년대 전까지만 해도, 피임약에는 혈전과의 관련성을 자세히 언급한 약품 설명서가 첨부되어 있지 않았다.)

약국배합인증위원회는 자율감시제도를 운영하고 있다. 2016년 10월 현재, 7500개의 배합약국 중 인증 마크를 받은 곳은 463개에 불과하다.

::

그렇다면 안면홍조와 수면박탈sleep deprivation로 고생하는 폐경 여성들은 어디에 도움을 요청해야 할까? 1990년대부터 연구가 폭발적으로 증가해, 그 이후에는 훨씬 더 많은 연구 결과가 나왔다. 2017년 7월, 북미폐경학회는 2012년 발표한 지침을 개정해 새로운 지침을 내놓았다. 5년 사이에 크게 달라진 게 있다면, "여성들은 호르몬 치료를 몇 년 동안만 받은 후 중단할 필요가 없다"는 것이다. 종전에는 '여성들은 약 5년 후 치료를 중단해야 한다'는 통념이 지배적이었지만, 최근 제시된 증거에 의하면 그럴 필요가 없다고 한다. 어떤 여성들은 수십 년 동안 호르몬 치료를 받았지만, 심장병이나 유방암의 위험이 전혀 증가하지 않은 채 혜택을 누리고 있다고 한다. 에스트로겐 단일 요법(자궁절제술을 받은 여성)과 에스트로겐-프로게스테론 병용 요법(나머지 모든 여성)은 안면홍조를 회피하고 고통스러운 질 건조증vaginal dryness을 낮게 하는 가장 효과적인 방법으로 간주된다. 어떤 여성들은 콩, 허브, 기타 비호르몬성 질 윤활제를 이용해 위안을 찾지만, 그것들이 위약보다 낫다는 증거를 제시한 연구는 한 건도 없었다. 북미폐경학회 지침에서는 대안도 제시했는데, 그중 하나는 에스트로겐과 바제독시펜 Bazedoxifene의 복합제제다. 바제독시펜은 에스트로겐 수용체를 이용해 자궁암의 위험을 최소화하는 것으로 알려져 있다. 듀아비Duavee라는 상품명으로 출시된 에스트로겐-바제독시펜 복합제제를 복용하는 여성들은 프로게스테론을 복용할 필요가 없다.

그러나 폐경 나이가 된 여성들이 직면한 현실적이고 성가신 이슈가 있다. 전문가들이 새로운 이론을 내놓을 경우, 그녀들의 마음이 또다시 심난해질 수 있다는 것이다.

폐경과 관련된 선택은 의학계의 고질적 문제인 불확실성을 부각시킨다. 바라건대 프리드먼 박사와 랜스 박사가 수행한 연구와 같은 새로운 연구 결과가 나와 '에스트로겐이 결핍된 여성의 신체'에 관한 정보를 제공함으로써, 좀 더 나은 치료법의 개발로 이어졌으면 좋겠다. 그러나 폐경에 관한 새로운 아이디어가 등장할 경우, 전문가들의 '그럴 듯한 조언'이 순식간에 '실없는 소리'가 될 수 있다. 그러나 전문가들의 의견이 간혹 오락가락한다고 해서 그들의 변덕을 탓할 수도 없는 노릇이다. 그들은 최신 정보에 기반해 판단을 내리는데, 그 정보라는 게 지속적으로 업데이트되기 때문이다.

올바른 약물 선택과 관련된 혼란을 완화하기 위해, 북미폐경학회는 메노프로MenoPro라는 앱을 개발했다. 그 앱을 다운로드 받아 실행시키면 먼저 몇 가지 간단한 질문에 대답해야 한다. "당신의 증상은 얼마나 심각한가요?" "당신의 연령은 몇 세인가요?" 그런 다음 스마트폰을 몇 번 두드리면, 친절한 조언과 함께 링크를 통해 당신에게 가장 적당한 약물을 선택하는 데 필요한 정보를 제공해준다.

플로렌스 하셀틴은 폐경 및 여성건강에 관한 박사학위와 풍부한 지식을 보유하고 있었으므로, 그런 앱이 굳이 필요하지 않았다. 그녀는 완강한 페미니스트로, 자신에게 적당한 것이 뭔지를 잘 알고 있었다. 학계에서 비중 있는 직책을 수행하고 NIH에서 리더십을 발휘한 데다, 미국 여성의학협회에서 과학자상을 수상했다. 그러나 그녀는 이렇게 주장했다. "사람들은 자신의 신념을 당신에게 강요하려 할 것이다. 그러나 어느 누구의 신념도 당신과 무관하다. 대부분의 사람들은 제왕절개나 자궁절제를 선택한 여성들을 싸잡아 감성적이라고 비난한다. 나도 그런 비난을 받았다. 그러나 나는 관련 분야의 전문가로서, 광범위한 정보 검색을 통해 제왕절개나 자궁절제에 수반되는 위험을 잘 알고 있다. 모든 여권 운동가들은 '정보를 가진 우리에게 선택권을 달라'고 주장하지만, 여성들에게는 선택권이 주어지지 않는다. 당신은 매사에 마음이 이끄는 대로 능동적으로 임해야 한다. 대부분

크레이지 호르몬

의 사람들은 내가 페미니스트라는 점을 근거로, '저 여성은 모유 수유와 자연분만을 찬성할 것'이라고 가정한다. 그러나 분명히 말하건대, 나는 모유 수유도 자연분만도 찬성하지 않는다."

긴급한 의학적 이유가 없음에도 불구하고 선택적 자궁절제elective hysterectomy를 제안할 의사는 아무도 없을 것이다. 비록 선호도가 낮은 방법을 선택했지만, 하셸틴의 선택은 "선택에 수반되는 위험과 편익을 잘 알고 있는 한, 오늘날의 여성들은 폐경에 대처하는 방법을 선택하는 데 있어서 자기결정권을 행사해야 한다"는 당위론을 부각시킨다. 하셸틴은 관련 문헌을 참고해 정보에 기반한 건강결정을 내린 대표적 사례다. "당신이 보유한 과학 지식은 마음의 안정을 추구하는 방향으로 얼마든지 활용될 수 있습니다"라고 하셸틴은 말한다.

12장 테스토스테론 마케팅

1947년 여름, 예일대학교 부설 그레이스-뉴헤이븐 병원 지하실의
냄새 나는 방에서는 여러 마리의 실험견들이 성관계를 하고 있었다.
어떤 개들은 거세되었고, 어떤 개들은 생식력을 보유하고 있었으며,
어떤 개들은 테스토스테론 주사를 맞은 상태였다. 이 장면은 동물 포
르노 영화를 촬영하는 게 아니라, 프랭크 비치 박사가 수행한 일련의
호르몬 실험 중 일부였다.
　　비치 박사는 예일에 부임했을 때 떠오르는 스타였지만, 아직 성공
의 절정에 이르지는 않았다. 1940년 시카고대학교에서 심리학 박사
학위를 취득한 후 미국자연사박물관 실험생물학 부서에서 연구원으
로 근무하다가, 박물관 운영진에 건의해 동물행동학 전담 부서를 설
립했다. 1946년에는 예일에 정교수로 스카우트되었지만, 호화롭고 풍
족한 연구실이 아니라 남성화장실 옆의 환기되지 않는 조그만 연구실
을 배정받았다. 그나마 그런 공간이라도 차지할 수 있었던 이유는 아
무도 그곳을 원하지 않았기 때문이었다. 수위들은 실험견들이 반입
되기 전까지만 해도 그곳에서 점심을 먹었지만, 그 이후에는 고약한
화장실 냄새가 난다며 발길을 끊었다. 연구원들도 실험실에서 개 냄
새가 난다고 투덜거리기는 마찬가지였다.

비치가 1950년대 말 UC 버클리로 자리를 옮김에 따라, 개를 이용한 짝짓기 실험은 두 대학을 통틀어 20년간 진행되었다. 비치는 수컷 실험견들을 처음부터 끝까지 면밀히 관찰해 성적 능력sexual performance을 근거로 등급을 매긴 후, '성적 능력'과 '호르몬 상태'의 상관관계를 구했다. '실속 없이 추근거리기만 하는 개'에게는 최저 점수인 1점이 부여되었고, '삽입해 빗장걸이locking를 하는 개'에게는 8점 만점이 부여되었다. 빗장걸이란 개와 남아프리카산 물개가 보이는 독특한 현상으로, 암수가 교미하는 동안 음경 기저부에 존재하는 귀두망울bulbus glandis◇이라는 특별한 분비샘이 팽창해 문자 그대로 질에 '빗장을 거는 것'을 말한다. 빗장걸이는 수 분 내지 한 시간가량 지속되며, 그 후에는 모든 것이 오그라듦에 따라 음경이 미끄러지듯 스르르 빠져 나온다. 비치의 논문에는 엉덩이를 맞댄 암수의 체위 사진이 첨부되어 있다. 이는 수컷이 교미 도중에 몸을 빙그르르 돌려 체위를 바꿔도 귀두망울 덕분에 삽입을 유지할 수 있음을 의미한다.

비치의 목표 중 하나는 '테스토스테론 치료가 정력에 미치는 영향'을 결정하는 것이었다. 그는 자신의 연구가 인간에게 긴요한 정보를 제공하기를 바랐다. 테스토스테론 주사는 그 즈음 인간의 회춘을 촉

◇ 1969년 캐나다 밴쿠버에서 열린 서부심리학회 회의의 참석자들에게 배포한 〈자물쇠와 비글〉이라는 논문의 서론에서, 비치는 다음과 같이 말했다. "이 논문의 제목은 충동적이거나 가벼운 마음으로 선택된 것이 아니라, 지금으로부터 20년 전 보조연구원 중 한 명인 찰스 로저스에게 제안받은 것이었다. 그 당시 우리는 개를 이용한 짝짓기 행동 연구를 막 시작했다. 비글은 다리가 짧고 몸집이 작은 사냥개 품종을 말하며, 자물쇠의 의미가 뭔지는 논의가 진행됨에 따라 차츰 분명해질 것이다."

진하는 방법으로 사용되기 시작해 많은 논란과 혼동을 야기하고 있었다. 몇 편의 과학 논문과 한 베스트셀러에서는, 테스토스테론이 소위 '남성 폐경'이라는 유사의학 진단의 치료제라고 주장했다. 폴 드 크루이프 박사는 1945년 출간한 《남성호르몬》에서, "남성성은 화학적이며, 그 핵심은 테스토스테론이다"라고 말했다. 다른 사람들은 테스토스테론 치료를 가리켜 난센스라고 맹비난했다. 예컨대 저명한 과학 작가 알톤 블레이크슬리는 1947년 AP통신에 실린 헤드라인 기사에서, "남성호르몬 결핍은 중년 남성에게 악영향을 끼치기는커녕 되레 도움이 된다"고 말했다.

비치가 수행한 동물실험 결과, 시궁쥐의 경우에는 테스토스테론 주사제가 큰 효과를 발휘하지만, 개의 경우에는 결과를 예측하기가 어려운 것으로 나타났다. 호르몬 주사를 맞은 시궁쥐는 모든 암컷들에게 강한 욕정을 느꼈지만, 수컷 개는 간혹 암컷을 거부하기도 했다. 그리하여 비치는 "수컷의 뇌가 복잡해질수록 테스토스테론이 행동에 미치는 영향은 적어진다"라는 결론을 내렸다. 그렇다면 생식기에서 분비되는 호르몬의 영향력은 시궁쥐에서 개, 인간으로 갈수록 점점 더 감소한다는 이야기가 된다. 비치는 1969년에 열린 서부심리학회 모임에서 이렇게 말했다. "만약 내 가설이 검증된다면, 신피질neocortex의 복잡성과 지배력이 증가할수록 성호르몬에 의한 성행동 제어가 감소한다고 예측할 수 있다." 다시 말해서, '호르몬 주사가 중년 남성의 리비도를 증강시키고 근육을 키우고 기억력과 판단력을 향상시킨다'는 주장은 과장 광고라는 것이었다.

비치는 테스토스테론의 회춘 효과를 둘러싼 의학계의 논란이 21세기에 종결될 거라고 예상했던 것 같다. 그러나 그의 예상과 달리, 논란은 오늘날에도 전혀 수그러들지 않고 있다. 의사들 사이에서는 정치적 라이벌 사이에서나 볼 수 있는 가시 돋친 설전과 인신공격이 가열되고 있다. 한 의사는 최근 이렇게 개탄했다. "과학적으로 보수적인 의사들은 '호르몬 혐오자', 호르몬에 열광하는 의사들은 '호르몬 병자'이며, 그 사이에는 이러지도 저러지도 못하고 망설이는 늙은이들이 우글거리고 있다."

::

청소년기에 넘쳐나던 테스토스테론이 나이가 듦에 따라 줄어드는 것은 문제의 핵심이 아니다. 30세가 되면서부터 1년에 1퍼센트씩 줄어들므로, 나이가 들수록 테스토스테론 수치가 떨어지는 건 당연하다. 중년에 접어든 남성들은 마치 물렁물렁한 바퀴가 달린 자전거의 페달을 밟는 것처럼 심신이 갈수록 고달파진다. (자전거 바퀴에 난 바늘 구멍을 통해 바람이 새어나가는 것처럼 상황이 매우 서서히 진행되므로, 테스토스테론이 거의 고갈될 때까지 눈치채지 못할 수도 있다.)

노화에 따른 호르몬 수치 저하를 새로운 정상 상태로 간주할 수도 있다. 자전거 타기가 힘들면 스쿠터로 갈아타야 하는 시기가 오는 것처럼 말이다. 그러나 치료를 요할 정도로 심각한 증상이 발생한다면 이야기가 달라진다. 테스토스테론 치료법은 효과가 있을까? 혹시 부작용이 나는 건 아닐까?

테스토스테론 치료법에 얽힌 스토리는 에스트로겐 치료법에 얽힌 스토리와 매우 흡사하다. 참고로 에스트로겐의 스토리를 다시 잠깐 살펴보면, 처음에는 합성된 호르몬이 '젊음의 영약'이라는 이름으로 여성들에게 판매되다가, 나중에 질병 예방제로 슬그머니 변신하더니, 결국에는 WHI라는 장기적인 연구를 통해 장단점이 백일하에 드러나면서 일대 전기轉機를 맞았다. 그러나 남성 버전인 테스토스테론의 경우에는 아직 피날레에 도달하지 않았다.

1927년, 시카고대학교의 생리화학 교수 프레드 코크 박사는 의대생 레뮤얼 클라이드 맥기와 함께 황소의 고환 20킬로그램에서 0.2그램의 활성 성분을 분리해냈다. 그들은 그 특별한 성분의 정체를 몰랐지만, 한 방울을 거세된 수탉에게 주입했더니 수탉이 다시 으스대며 걷기 시작하고 볏이 빨개졌다. 그들의 실험은 아놀트 베르톨트 박사가 19세기에 뒤뜰에서 수행한 '수탉 고환 자리바꿈 실험'의 현대판이었다. 코크와 맥기는 분비샘을 통째로 사용하지 않고 미지의 화합물을 사용했으며, 거세된 시궁쥐와 돼지를 이용한 후속 실험에서 자신들의 발견을 재확인했다. 코크는 동료 T. F. 갤러거와 함께 작성한 〈고환 호르몬〉이라는 논문에서 추출 과정을 상세히 서술했지만, 새로 발견된 물질에 이름을 바로 붙이지는 않았다. "호르몬의 화학적 성질을 좀 더 이해할 때까지 이름을 붙여서는 안 될 것 같다."

이듬해에는 독일의 과학자 아돌프 부테난트가 만 오천 리터의 남성 소변에서 극소량(0.014그램)의 동일한 물질을 분리했다. 이는 과학

20세기 초의 이상적인 남성상 중 하나. Georges
Rouhet and Professor Desbonnet, L'Art de créer
le Pur-Sang humain (Paris and Nancy: Berg-
er-Levrault, 1908). Courtesy of The New York
Academy of Medicine Library.

적 진보였지만, 실질적인 치료와는 거리가 멀었다. 한 마리의 거세된
수탉이 완전히 발달한 수탉처럼 "꼬끼오" 하고 울게 하려면, 여러 목
장을 돌아다니며 수많은 황소들의 고환을 수집하거나 몇 드럼의 남성
소변이 필요하기 때문이었다.

이 불가사의한 호르몬에 이름을 붙인 사람은, 암스테르담대학교의 화학자로서 오르가논이라는 제약사를 설립한 에른스트 라크뵈르였다. 그는 1935년 순수한 고환 호르몬을 추출해 테스토스테론이라고 명명했다. 테스토스테론testosterone이란 고환을 뜻하는 테스티스testes와 화학 구조를 의미하는 스테론sterone의 합성어다. 일부 과학자들은 이 이름에 불만이 많았는데, 충분히 그럴 만했다. 테스토스테론은 고환에서만 만들어지는 게 아닐뿐더러 남성만의 호르몬도 아닌데, 이름만 봐서는 오해하기 십상이었기 때문이다. 즉, 테스토스테론은 부신과 (미량이기는 하지만) 난소에서도 만들어진다. 그럼에도 불구하고 테스토스테론은 정식 명칭으로 굳어졌고, 그 결과 남성호르몬과 여성호르몬에 대한 오해가 두고두고 끊이지 않게 되었다.

브라운대학교의 인류학자 앤 파우스토-스털링은 젠더에 관한 책을 썼고, 보 로랑을 재촉해 간성협회 활동을 시작하게 만든 인물이다. 그녀는 2000년 자신의 저서《몸의 성감별》에서 테스토스테론 논쟁에 불을 댕겼다. 그녀는 "성sex호르몬이라는 개념은 성장growth호르몬으로 바뀌어야 한다"고 제안했는데, 그 이유는 성호르몬이 수행하는 역할 때문이었다. 즉, 테스토스테론과 에스토르겐은 난소·고환·질·음경뿐만 아니라, 간·근육·뼈의 발달에도 영향을 미친다. 사실 성호르몬은 인체의 모든 세포에 영향을 미친다. 그녀는 언젠가《뉴욕타임스》와의 인터뷰에서 이렇게 말했다. "성호르몬을 성장호르몬이라고 부르는 것은 지극히 자연스러우며, '남성은 테스토스테론이 많고 여성은 에스트로겐이 많다'는 부질없는 생각을 관두게 한다."

테스토스테론이 명명된 1935년, 별도의 연구실에서 독립적으로 연구하던 두 명의 과학자들은 '기본적인 원료 물질을 이용해 호르몬을 만드는 방법'을 각각 개발했다. 그것은 호르몬 대량생산의 핵심 열쇠였다. 소변에서 테스토스테론을 분리했던 부테난트는 독일의 제약사 셰링Shering에서, 그의 경쟁자인 레오폴드 루지치카는 스위스의 화학회사 시바Ciba에서 연구비를 지원받았다. 두 사람은 '인체의 소관 사항'으로만 알려졌던 일을 연구실에서 해내는 성과를 달성했다. 그들은 몇 개의 콜레스테롤 분자를 조작해 테스토스테론으로 전환시키는 데 성공했다. (콜레스테롤은 동맥을 틀어막는 것으로 악명 높지만, 인체 내에서 다양한 호르몬의 원재료로 사용되기도 한다.) 그들의 연구는 너무나 획기적이어서 1939년 노벨화학상을 공동으로 수상했다.

이제 남성성의 보충을 동물의 분비샘에 의존하지 않아도 되는 것은 물론, 그 속에 포함되어 있는 활성 성분의 양에 의문을 품을 필요도 없어졌다. 1920년대에는 슈타이나흐의 정관수술이 큰 인기를 끌었지만, 회춘을 원하는 남성들은 무의미한 정관수술에 더 이상 의존할 필요가 없게 되었다. 《타임》 매거진은 "테스토스테론만 있으면 동성애를 치료하고 늙은 남성들에게 활력을 불어넣을 수 있다"고 선언했고, 의사들은 대량생산된 테스토스테론을 전가의 보도처럼 휘두를 수 있게 되었다.

그러나 테스토스테론이 할 수 없는 게 있었다. 의사들에게는 유감스러운 일이지만, 남성 동성애자를 이성애자로 만들 수는 없었다. 그건 슈타이나흐의 경우에도 마찬가지였다. 그는 동성애자를 거세한 후 이성애자의 고환을 이식해봤지만 이성애자로 전환하는 데 실패했었다. 테스토스테론의 풍부한 공급과 드 크루이프의 번드르르한 책 《남성호르몬》에도 불구하고 20세기 후반 내내 테스토스테론의 판매는 지지부진했다.

물론 많은 연구에서 테스토스테론의 놀라운 효능이 증명된 것은 사실이었다. 테스토스테론은 질병이나 부상으로 고환이 손상된 사람들에게 (도저히 불가능할 것 같던) 사춘기를 경험하게 했고, 만년에 입은 부상 때문에 정력과 리비도가 급격히 떨어진 남성들에게 새로운 희망을 안겨줬다. 20세기 중반의 운동선수들도 호르몬에 손을 댔는데, 많은 스포츠맨들이 기존에 사용하던 중추신경흥분제 암페타민amphetamine보다 좋아 보였다. 흥분제를 복용하면 심장이 뛰고 미친 듯한 패기가 넘쳤지만, 안드로겐androgen(테스토스테론을 포함하는 호르몬 범주로, 남성적 특징을 강화함)과 달리 근육량을 증가시키지는 않았다. 국제올림픽위원회(IOC)는 1967년까지 반도핑의학위원회를 출범시키지 않았으며, 안드로겐은 1975년까지 금지약물 목록에 포함되지 않았다.

제약사들은 '고환이 손상된 남성'이나 운동선수에 국한되지 않고 테스토스테론 시장을 확대하고 싶었다. 그러기 위해서는 의사가 빈번하게 처방해야 하고, 환자가 적극적으로 사용해야 하며, 투약 방법이 편리해야 했다. 하지만 20세기 중반의 의사들은 환자 앞에서 성性이라는 화제를 꺼내는 데 소극적이었다. 그러니 테스토스테론 처방이 드물 수밖에 없었다. 회춘에 대한 논문들이 몇 편 발표되었지만, 대부분의 노년 남성들은 '노화에 수반되는 성가신 일들'을 노화의 불가피한 부분으로 간주했다. 그러니 수요가 증가하지 않을 수밖에 없었던 것이다. 마지막으로, 테스토스테론은 주사제로만 출시되었는데, 이는 많은 잠재적 고객들에게 불편을 끼침으로써 외면받는 요인으로 작용했다.

∷

21세기에 들어서면서 '리비도 저하라는 오명에서 벗어나기'와 '사용하기 쉬운 테스토스테론 신제품 출시'를 겨냥한 수백만 달러짜리 광고 캠페인이 벌어지자, 모든 사정이 완전히 달라졌다. 젤gel이 출시된 2000년과 2011년 사이에, 테스토스테론을 사용하는 미국 남성의 수가 네 배로 증가하며 20억 달러 규모의 시장이 형성되었다. 대부분의 구매자들은 텔레비전 광고가 약속하는 것(성적 충동에 민감한 날씬한 자아를 되찾음)을 얻기 위해 테스토스테론에 의지했다. 테스토스테론 시장이 급성장한 또 한 가지 비결은, 의사를 거치지 않고 소비자에게 직접 호소하는 광고가 증가했기 때문이었다.

가장 유명한 테스토스테론 젤 브랜드인 안드로젤AndroGel의 광고를 보면, 갈색 머리칼을 뒤로 질끈 동여맨 날씬한 핸섬 가이가 감청색 컨버터블 승용차를 몰고 주유소로 진입한다. 조수석에는 아름다운 여성이 앉아 있다. 주유를 마치고 나오는 그가 카메라를 뚫어지게 바라보며 말한다. "그거 봐요. 내가 뭐랬어요. 난 테스토스테론이 부족하다고요."

광고가 전달하고자 하는 메시지는 매우 명확하다. 이런 멋진 사람

크레이지 호르몬

도 테스토스테론이 부족하다면, 어느 누구인들 그렇지 않으랴!

잠시 후 우리는 알게 된다. 그의 성충동이 본래 약한 게 아니라, 일시적으로 피곤하고 왠지 기분이 우울했기 때문이라는 것을. 그리고 그 이유는 다름이 아니라, 의사가 저용량 테스토스테론을 잘못 처방했기 때문이라는 것을. 이윽고 그는 고용량 안드로젤을 사용하기 시작한다. 그가 승용차를 몰고 여성과 함께 교외로 나가자, 보이스오버◆가 젤의 편이성과 테스토스테론 수치 상승 과정을 친절하게 설명한다. 물론 법에 정해진 대로 부작용을 상세히 설명하지만, 잠재적인 위험(예: 암, 심장병) 부분에서는 말이 매우 빨라진다. 더욱 위험한 부작용은, 사랑하는 배우자나 자녀를 포옹할 때 젤이 묻어 '원치 않는 호르몬 급상승'을 초래할 수 있다는 것이다. 그러므로 우연한 노출로 인해 자녀에게 때이른 사춘기 징후가 나타나거나 배우자에게 체모 변화 또는 여드름 증가 현상이 나타난다면, 사용을 중단하고 의사에게 전화를 걸어야 한다. 미국의 희극인이자 배우인 스티븐 콜베어는 방송국 코미디 센트럴에서 방영한 텔레비전 프로그램 〈콜베어 보고서〉에서 테스토스테론 젤의 광고 동영상을 보여주며, "이건 대량으로 판매되고 쉽게 전파되는 내분비 독소입니다"라고 주의를 환기시켰다.

21세기에 테스토스테론이 많이 사용되면서 로티Low-T라는 증후군이 덩달아 유행했다. 로티는 저테스토스테론증low-testosterone을 의미하는 말이지만, 남성 폐경이나 갱년기와 같은 '한 물 간' 이름보다 왠지

◆   영화나 텔레비전 프로그램 등에서 화면에 나타나지 않는 인물이 들려주는 정보.

있어 보이고 세련돼 보였다. 그 즈음 오르가논은 의사 한 명을 고용해 간단한 자가진단 매뉴얼을 개발했다. 남성들로 하여금 자신의 로티 위험을 스스로 평가해, 의사를 찾아가도록 만들려는 술책이었다. 세인트루이스대학교의 내분비/노인의학과장 존 몰리 박사는 고의로 애매한 매뉴얼을 만들어, 로티로 판정된 남성들을 저인망 식으로 쓸어 모으는 데 일조했다. 그런 남성들 중 대부분은 일시적으로 우울하거나 피로할 뿐이었는데도 말이다. 이유야 어찌됐든, 그 매뉴얼은 잠재적인 고객층을 대폭 확장했다. 그는 그 매뉴얼을 아담A.D.A.M.이라는 멋진 이름으로 불렀는데, 사실은 노년 남성의 안드로겐결핍증Androgen Deficiency in the Aging Male이라는 질병명의 이니셜이었다. 매뉴얼에는 "저녁 식사 후 피곤함을 느끼나요?"라는 질문이 포함되어 있는데, '예'라고 대답할 경우 테스토스테론 필요성 점수가 1점 가산되었다. 식곤증 때문에 그럴 수도 있고, 때마침 잠잘 시간이라 그럴 수도 있는데 말이다. 황당한 질문은 한두 가지가 아니었다. "슬프거나 짜증이 나나요?" "운동 수행 능력이 저하되었나요?" "삶의 기쁨이 줄어들었나요?"

몰리는 최근 "그건 쓰레기 같은 매뉴얼이었습니다"라고 인정하며, 20분 동안 변기에 앉아 두루마리 화장지에 아무렇게나 갈겨쓴 거였다고 실토했다. 그는 나중에 제약 산업과의 관계를 청산하고, 설문지 작성의 대가로 받은 약 4만 달러를 학교에 기부했다.

고객 기반을 확대하려는 그밖의 술책 중에는, 제약사의 지원을 받아 '객관적인 뉴스'를 가장한 칼럼을 쓰는 방법도 있었다. 프리랜서 작가인 스티븐 브라운은 《미국내과학회지》에 기고한 에세이에서, "한 의사에게 돈을 받고 테스토스테론 치료법을 극찬하는 내용이 담긴 기사를 소비자 잡지에 투고했다"고 폭로했다. 그런데 나중에 알고 보니, 그 의사는 한 제약사에게 돈을 받은 거였다지 뭔가! 브라운은 이렇게 결론지었다. "의사 이름으로 소비자 잡지에 실린 기사는 약물의 시장 가치를 끌어올린다. 왜냐하면 멋모르는 독자들은 그것이 '업계의 영향에 좌우되지 않는 객관적인 정보를 제공한다'고 철석같이 믿기 때문이다." 그는 윤리적 문제가 자신의 입지를 옥죄기 시작해 대필작가 노릇을 그만뒀다.

무차별 광고가 됐든, 남성 폐경을 로티로 바꿔 부르기가 됐든, 테스토스테론을 극찬하는 칼럼을 빙자한 광고가 됐든, 조잡한 자가진단 매뉴얼이 됐든, 이 모든 전술들은 테스토스테론의 매출을 수직 상승시켰다. 텍사스대학교 오스틴 캠퍼스의 존 호버만 교수가 《테스토스테론의 꿈》에서 말한 것처럼, "약물학적 판타지를 실현하려는 대중의 열화와 같은 소망이 처방약을 규제하는 법률에 마법을 걸어 적용을 유예시킨 듯했다. 이는 삽시간에 일어난 일이었으며, 대중은 일상적인 법적 절차나 공식적인 의학적 견해에 전혀 아랑곳하지 않았다."

미 FDA는 노화와 관련된 저테스토스테론증을 질병으로 인정하지 않는다. 질병이 존재하지 않으니 치료법이 존재할 리 만무하다. 단, FDA는 '질병(예: 뇌하수체 종양)으로 인해 테스토스테론 수준이 급락한 남성'용으로만 테스토스테론을 승인했다. 그리고 저테스토스테론증의 기준이 되는 혈중농도를 '300ng/dL(데시리터당 나노그램) 이하'로 규정하고, 두 가지 상이한 혈액검사를 통해 검증되어야 한다는 단서 조항을 달았다. 마지막으로, 젤이 됐든 펠릿pellet이 됐든 "뇌졸중, 심장마비의 위험을 증가시킬 수 있으며, 남용이 우려된다"는 경고 사항이 적힌 약품 설명서를 동봉하도록 규정했다. 내분비학회, 미국남성과학회, 세계남성과학회, 유럽비뇨기과학회도 FDA와 의견을 같이하며, 유럽비뇨기과학회에서도 FDA와 비슷한 지침을 발표했다.

FDA의 권고에도 불구하고, 의사들은 자신이 적절하다고 판단하는 모든 증상에 테스토스테론을 처방할 수 있다. 이러한 관행을 '적응증 외 약물사용off label drug use'이라고 부른다. 이는 불법은 아니지만, 연방정부의 승인을 받은 의료 관행도 아니다. 치료를 시작하기 전에 두 번의 테스토스테론 검사를 의무화한 FDA의 지침에도 불구하고, 2016년 발표된 조사 결과에 따르면 테스토스테론을 처방받은 미국 남성들 중 90퍼센트는 단 한 번만, 40퍼센트는 전혀 검사를 받지 않는다고 한다. 다트머스대학교의 리자 슈워츠와 스티븐 월러신 박사는 〈질병을 판매하는 방법〉이라는 논문에서 로티를 '어수선하고 통제 불가능한 개념'이라고 부르며 다음과 같이 말했다. "엉뚱한 질병에 테스토스테론을 사용하도록 남성들을 오도함으로써 자칫 심각한 부작용을 초래할 수 있다. 그중에는 테스토스테론 수준과 전혀 무관한 질병들이 수두룩하다."

지금까지 알려진 테스토스테론에 관한 진실은 다음과 같다.

1. 테스토스테론 수치는 하루 종일 요동을 치는데, 오전 8시쯤 꼭지를 찍고 오후 8시쯤 바닥을 친다. 40대 미만 남성의 경우에는 꼭지와 바닥의 차이가 크지만, 나이 든 남성들이라고 해서 테스토스테론

수치가 바닥에서 설설 기기만 하는 건 아니다.

2. 테스토스테론 수치를 낮추는 질병, 이를테면 고환 손상, 유전적 결함, 뇌하수체 종양에 걸린 남성들은 테스토스테론을 보충하면 성욕과 근긴장도가 회복된다.

3. 운동선수들이 오랫동안 경험으로 알고 있는 것처럼, 테스토스테론은 근육량을 증가시킨다.

4. 베일러 의대 산하 생식의학센터의 비뇨기과 교수 알렉산더 파스투자크 박사에 따르면, 인체가 생산하는 테스토스테론을 대체하거나 증강시키는 모든 외인성exogenous 테스토스테론은 시상하부-뇌하수체-생식샘축hypothalamic-pituitary-gonadal axis을 정지시킨다고 한다. 다시 말해서, 외부에서 투여된 테스토스테론은 인체에게 '테스토스테론 생산을 멈추라'는 신호를 보내고, 신호를 접수한 고환은 테스토스테론과 정자를 덜 생성하게 된다는 것이다. (그렇다고 해서 테스토스테론이 믿을 만한 남성용 피임약이라는 뜻은 아니다.)

5. 뚱뚱한 남성은 날씬한 남성에 비해 테스토스테론 수준이 낮다. 하지만 일각의 주장에도 불구하고 테스토스테론이 지방을 태운다는 주장을 입증한 논문은 발표되지 않았다. 몇몇 연구에서는 "테스토르테론을 사용하는 남성들은 복부지방이 적다"고 보고했지만, 그런 남성들 중 대부분은 다이어트를 병행한다는 게 문제였다.

6. 테스토스테론 주사제와 젤은 혈구 수를 증가시킨다. 환자에게 테스토스테론을 처방한 의사들 중 일부가 헌혈을 권유하는 것은 바로 그 때문이다.

우리가 아직 모르는 사실은 다음과 같다.

1. '테스토스테론을 다년간 투여하면 건강에 이로운지 해로운지'에 대한 데이터는 엇갈린다. 예컨대 2010년《뉴잉글랜드의학저널》에 실린 논문에서는 "테스토스테론을 투여하는 남성들은 그러지 않는 남성보다 심혈관 문제를 경험할 가능성이 높다"고 보고했다. 즉, 테스토스테론 투여군에서는 100명당 열 명꼴로, 위약 투여군에서는 100명당 한 명꼴로 뇌졸중이나 혈전을 경험했다는 것이다. 이에 우려를 느낀 연구진은 연구를 중단했다. 그러나 동일한 연구진이 2015년《미국의학협회지》에 발표한 후속연구 논문에서는 정반대 결과가 나왔다.

2. 지금껏 수행된 연구들은 대부분 심각하게 낮은 테스토스테론 수치를 가진 남성들에게 집중되었다. 테스토스테론 수치가 매우 낮은 남성이 테스토스테론을 보충하면 기분이 향상되지만, 정상적 수치를 가진 남성이 테스토스테론을 투여하면 아무런 효과가 없는 듯하다. 하버드 의대 교수로서 브리검여성병원에서 〈남성건강연구 프로그램: 노화와 대사〉를 지휘하는 샬렌더 바신 박사는 "일단 정상 범위에 들어간 남성은 큰 효과를 볼 수 없다"라고 말했다. 바신은 수십 년 동안 테스토스테론을 연구해왔는데, "정력과 성욕이 가장 크게 상승할 때는 테스토스테론 수치가 정상 미만below normal에서 낮은 정상low normal으로 상승할 때"라고 한다. 즉, 그가 초기 연구에서 수컷 시궁쥐를 거세했을 때는 암컷의 꽁무니를 쫓는 행동이 사라졌다. 그 후 테스토스테론을 일정한 간격으로 조금씩 투여해봤는데, 정상 범위에 도달했을 때는 짝짓기 행동이 회복되었지만, 그 이상 투여하자 암컷을 밝히는 성향

크레이지 호르몬

이 증가하지 않았다.

3. '테스토스테론이 인지기능을 향상시킨다'는 주장에도 불구하고 객관적 증거는 부족하다. 2017년《미국의학협회지》에 실린 논문에 따르면, 노인성 인지기능손상이 있는 저테스토스테론증 남성에게 1년간 테스토스테론을 투여해봤지만, 위약을 투여한 남성보다 인지기능이 유의하게 향상되지 않았다고 한다.

4. 가장 중요한 것은, 저테스토스테론증의 정확한 기준을 모른다는 것이다. 의사들은 300~1000ng/dL를 정상 수치로 본다. 하버드 의대의 조엘 핀켈스타인 박사는 한 연구에서 저수준과 정상 수준의 정확한 경계선을 찾아내려고 노력했다. 20세부터 50세 사이의 남성 약 200명에게 테스토스테론과 에스트로겐을 파괴하는 약물을 투여한 후 다양한 용량의 테스토스테론을 보충했다. 어떤 사람에게는 매일 위약을 투여했고, 다른 사람들에게는 매일 1.25그램, 2.5그램, 5그램, 10그램씩 투여했다. 16주 동안 진행된 임상시험 결과, 저테스토스테론증 증상이 회복되는 테스토스테론의 수준은 천차만별이었다. 그는 "로티를 단일 수치로 규정하는 것은 부적절하다"는 결론을 내렸다.

5. "테스토스테론을 만드는 연구소마다 측정 방법이 제각각"이라는 점은 문제를 더욱 복잡하게 만든다. 그러므로 한 업체의 제품을 선택한 남성은 300ng/dL, 다른 업체의 제품을 선택한 남성은 400ng/dL을 투여하게 된다. 이를 보다 못해, 의사와 연구자들로 구성된 정확한호르몬검사를위한조합이라는 단체에서는 호르몬 검사의 표준화를 추진하기 위해 팔을 걷어붙이고 나섰다.

6. 가장 놀라운 연구 결과는 많은 의사들이 믿었던 통념과 정면으로 위배된다. 지금껏 '남성의 테스토스테론 수준이 하락하면 에스트로겐 수준이 상승한다'고 여겨져왔다. 이런 통념의 기원은 '에스트로겐과 테스토스테론은 경쟁적인 호르몬이다'라는 1900년대 초의 관념으로 거슬러 올라가는데, 그 중심에는 '정관수술과 리비도의 관계'로 명성을 얻은 오이겐 슈타이나흐가 있었다. 오늘날에도 로티 클리닉 주변에서는 '리비도가 낮은 남성은 복부지방이 크게 증가하는데, 그 이유는 에스트로겐이 너무 많기 때문'이라는 헛소문이 떠돈다. 그러나 최근 발표된 연구 결과는 정반대였다. 테스토스테론 수치가 낮은 남성은 에스트로겐 수치도 낮다는 것이다.

그럼에도 불구하고 많은 의사들은 아직도 "노년 남성들은 누구나 한 번쯤 테스토스테론 주사를 맞아보는 게 좋다"고 믿고 있다. 한발 물러서서, 아직 시작되지도 않은 황금률 연구의 결과를 기다려보자는 의사들도 있다. 그러나 그런 연구 결과가 발표되려면 앞으로 수십 년을 기다려야 하는데, 일흔 살짜리 노인에게 그런 말을 한다는 게 무슨 의미가 있을까?

이에 대해 베일러 의대의 비뇨기과 교수 모히트 케라 박사는 다음과 같이 반박한다. "부인과 의사들은 폐경 후 여성들의 안면홍조를 치료하기 위해 호르몬 수치를 검사하지 않고서도 에스트로겐을 처방할 수 있다. 동일한 논리로, 비뇨기과 의사가 비실비실하는 남성들에게 검사 없이 테스토스테론을 처방하는 게 뭐가 잘못인가? 최근 등장하고 있는 '증상보다 호르몬 수치에 집중하려는 경향'은 그다지 바람직

크레이지 호르몬

스럽지 않다." 케라는 현재 테스토스테론 제조업체인 애브비AbbVie와 리포신Lipocine의 자문역으로 활동하고 있다.

그러나 에스트로겐과 테스토스테론을 동일 선상에서 비교하는 것은 난센스다. 테스토스테론과 에스트로겐의 결정적 차이는, 에스트로겐은 '안면홍조를 예방한다'는 증거가 있는 데 반해 테스토스테론은 '호르몬이 별로 부족하지 않은 남성들의 리비도를 증강하거나 지방을 태운다'는 증거가 없다는 것이다. 하버드의 핀켈스타인은 "환자에게 해를 끼칠 가능성이 있는 치료법을 함부로 권고해서는 안 된다"라고 일침을 가했다.

핀켈스타인과 동료들을 격분시킨 사람들은 '수명을 연장하고 삶의 질을 높인다'며 호르몬의 이점을 광고한 항노화 전문의들이었다. 내분비학자들은 항노화 전문의들의 '무책임한 판촉 전술'을 보며, 수년 전 활개쳤던 장기요법사들을 떠올린다. 장기요법사란 1920년대의 악덕 의사와 사기꾼들로, 전국 방방곡곡을 돌아다니며 염소와 원숭이의 고환을 팔아먹었다.

∷

2016년 9월 미국 항노화의학아카데미의 주최로 열린 호르몬 학술모임에서, 론 로텐버그 박사는 연단에 올라 "테스토스테론이 노년 남성의 건강에 이롭다"고 강변했다. 일흔한 살인 로텐버그는 캘리포니아 건강수명연구소의 최고의학책임자(CMO)로, 그 자신이 회춘을 위해 호르몬을 투여하며 고객들에게도 그렇게 한다. 그의 웹사이트에는 그의 멋진 파도타기 사진이 게시되어 있다. 땅딸막한 체격의 그는 정력이 철철 넘치며 윤곽이 뚜렷하고 혈색이 좋다. 댈러스에 있는 하얏트 리젠시의 대연회장을 가득 메운 의사들 앞에서 연설할 때는, 심령부흥회 전도사처럼 연단의 앞뒤로 왔다갔다 하며 껑충껑충 뛰기도 했다.

"당신들은 결핍증을 어떻게 정의하나요?"라고 묻고는, 대답을 기다릴 것도 없이 이렇게 말했다. "구식 개념은 '동년배 수준 평균이면 건강하다'는 거였어요. 당신이 여든 살인데 노안 때문에 돋보기 안경을 쓴다면, 여든 살 치고는 건강하다고 본 거죠. 하지만 그건 멍청한 이야기예요. 테스토스테론 수치는 매년 줄어들다가, 궁극적으로는 '0'이 될 거예요. 으, 생각만 해도 재난 영화처럼 끔찍한 일이죠."

로텐버그는 의료계와 언론이 '로티를 개무시한다'고 비난했다. 최근 몇 년 동안 로티 산업에 맹공을 퍼붓는 논문들이 줄줄이 발표되었다. 많은 의사들은 테스토스테론 투여의 잠재적 위험을 우려하지만, 로텐버그는 되레 '테스토스테론이 결핍된 생활'로 인한 건강의 위험을 걱정했다. 그는 테스토스테론 결핍이 심장병 위험을 증가시킨다고 주장했는데, 이는 다른 의사들이 말하는 것과 정반대다. 또한 테스토스테론 결핍이 알츠하이머병 위험을 증가시킨다고 주장했는데, 그의 주장을 뒷받침하는 신뢰할 만한 데이터는 없다.

학술 모임에 참석한 다른 의사들과 마찬가지로, 로텐버그는 "우리는 실험실 검사에서 나온 결과에 얽매이지 않고, 환자를 전인적全人的

으로 치료하는 사람들이에요"라고 떠벌렸다. "나는 테스토스테론 수치에 큰 의미를 두지 않아요. 300ng/dL 미만이었던 사람이 500ng/dL이 되면 어떻고 1100ng/dL이 되면 어때요? 본인의 컨디션이 좋으면 그만이죠. 나는 정확한 수치를 맞추려고 노력하지 않아요."

로텐버그의 강연이 끝나자, 수많은 의사들이 연단으로 달려나가 그의 주변에 벌떼처럼 모여들었다. 로텐버그는 마치 《해리 포터》 저자 사인회를 여는 J. K. 롤링이라도 된 것 같았다. 나도 그 무리에 가담했는데, 그를 흠모해서가 아니라 다음과 같은 질문을 던지기 위해서였다. "이 학술 모임에 내분비 전문의는 거의 없고, 왕년에 응급실 전문의였던 것으로 보이는 의사들만 가득한 이유가 뭐죠?"

그의 답변은 이러했다. "응급실 전문의들은 모든 경우의 수를 꼼꼼히 따져보지 않고 일단 저지르는 경우가 많아요. 모든 것을 알아야 한다는 강박관념이 없이, 뭐든 시도할 의향이 있죠."

그 동안 내가 참석해봤던 다른 의학 모임들과 비교할 때, 로텐버그가 연사로 나온 학술 모임에는 뭔가 이상한 점이 또 있는 것 같았다. 그러나 그 점을 당장 구체적으로 지적하기는 어려웠다. 나는 강연 사이의 휴식 시간에 (의학박사와 이학박사 학위를 모두 갖고 있는) 로비 미첼 박사에게 달려가 도움을 청했다. 그는 그 모임을 이렇게 평했다. "이 모임은 교육보다는 정보 제공을 위한 세미나 같아요. 대부분의 의학 모임은 토론 시간을 마련해서 의사들에게 지적 대화를 나눌 수 있게 하거든요. 그런데 이 모임에서는 문제 제기를 일절 허용하지 않고 도그마를 강요하네요." 미첼은 그게 일종의 마케팅 행사임을 인정하면서도, 의사는 정보 소비자로서 '유용한 정보'와 '쓰레기 정보'를 선별해야 한다는 점을 강조했다.

A4M은 미국의학협회의 승인을 받지 않았으며, 그 이사회 역시 미국의학전문가연합회의 인증을 받지 못했다. ABMS의 인증을 받은 내분비 전문의가 되려면, 수련의 과정을 거치고 두세 가지 집중훈련을 이수한 다음 소정의 시험을 치러야 한다. 그러나 A4M 이사회의 인증을 받은 내분비 전문의가 되려면, 8시간짜리 온라인 교육 네 가지를 이수하고 100시간짜리 보수 교육(댈러스 모임과 같은 학술 모임에 참가하는 것으로 갈음함)을 받은 다음, 세 개의 사례를 제출하고 필기시험을 통과하면 된다. 얼핏 들으면 대단한 것 같지만, 시간만 대충 때우면 그만이다. 이 모든 과정의 목표는 공식적으로 대사/영양의학_{Metabolic and Nutritional Medicine}에 관한 전문 지식을 광범위하게 섭취하는 것이지만, 사실상 호르몬에 관한 편향된 정보를 일방적으로 주입받는 것이라고 할 수 있다.

나는 댈러스 모임에서 고사실에 입실하는 의사를 붙들어 세우고 물었다. "ABMS와 같은 공인 기관의 인증을 받지 않은 시험에 응시하려고 시간과 돈을 낭비하는 이유가 뭐죠?" 그는 어안이 벙벙하다는 표정으로 나를 바라봤다. '알 만한 사람이 왜 이래?'라고 생각하는 것 같았다.

"최소한 진료실 벽에 자격증 하나는 붙일 수 있잖아요." 그는 피식 웃으며 말했다. "간판이 있어야 환자들을 긁어모을 수 있죠."

알린 웨인트라웁은 《젊음의 샘 판매하기: 항노화산업은 노화를 어떻게 질병으로 만들어 수십억 달러를 벌었나》에서, "자본가들은 노화에 대한 뿌리 깊은 혐오감을 교묘히 이용하여 항노화산업이라는 거대산업을 일궈냈다"고 갈파했다. 그녀의 말이 맞다. 호르몬 치료를 근간으로 하는 항노화산업의 융성을 조장한 것은, 우리 세대뿐만 아니라 모든 세대를 관통하는 회춘에 대한 갈망이었다.

아이러니하게도 테스토스테론은 '괜한 걱정을 하는 사람들' 사이에서 남용되는 경향이 있지만, 정작 '진정으로 필요한 사람들' 사이에서는 과소 사용되는 경향이 있는 것 같다. 이는 많은 비뇨기 및 내분비전문의들도 인정하는 사항이지만, 객관적인 증거는 없다. 광범위한 검사를 해보지 않고서는 테스토스테론 수치가 심각하게 낮은 사람이 방치되고 있다고 자신 있게 말할 수 없다. 미국가정의학회는 2015년 발표한 보고서에서 "가정의는 테스토스테론 결핍증 검사를 실시해야 할까?"라는 제목하에 두 가지 상반된 견해를 제시했다. 팜드아웃 Pharmed Out◆이라는 블로그를 운영하는 조지타운대학교의 에이드리언 퓨-버먼 박사는 "테스토스테론 검사는 테스토스테론 치료로 이어지기 마련인데, 외인성 테스토스테론 투여는 대다수의 환자들에게 부적절하다"고 말했다. 반면 미시간대학교의 조엘 하이델보 박사는 "의사들은 '누구를 치료할 것인지'에 대해 신중을 기해야 하지만, 많은 남성들은 증후성 테스토스테론 결핍증에도 불구하고 치료받지 않는 경향이 있다"고 말했다. 이렇듯 양측의 상반된 입장은 평행선을 달리고 있

◆ 근거에 기반한 처방을 지향하고, 약국 마케팅 관행을 비판하는 블로그.

다. 의사는 테스토스테론 치료를 처방하기에 앞서 실험실 검사 데이터를 제시하고, 테스토스테론 투여의 잠재적 위험과 편익을 환자가 납득하도록 설명해야 할 것이다.

그러는 가운데, 5000여 명의 남성들이 "테스토스테론 치료가 심장마비, 뇌졸중, 혈전을 초래했다"고 주장하며 제약사들을 법원에 고소했다. 그러나 '테스토스테론 때문에 사망하거나 질병에 걸린 남성'에 대한 통계 자료는 없는 실정이다. 왜냐하면 사망이나 질병을 초래할 수 있는 요인들이 너무 많아, 테스토스테론이 주범임을 증명하기가 매우 어렵기 때문이다. 모든 소송들은 병합되어 시카고에 있는 광역 자치구 법원에 배정되었다. 재판관은 다양한 주장들을 대변하는 것으로 판단되는 사례 여덟 건을 선별해 증언을 청취했다. 따라서 제약사들은 수천 건의 사례에 대해 일일이 자신들의 입장을 변호할 필요가 없게 되었다. 이 광역 소송은 집단 소송은 아니지만, 그 결과는 나머지 소송들에 영향을 미친다. 첫 번째 심리는 2017년 여름 시카고에서 열렸다. 7월 24일, 한 연방판사는 애브비에 1억 5000만 달러의 징벌적 손해배상을 명령했다. 원고는 오리건 주 출신의 한 남성으로, 테스토스테론을 투여한 후 심장마비에 걸리자, "관련된 위험을 제대로 고지하지 않았다"며 애브비를 법정에 세웠다. 판사는 "애브비가 임무를 게을리했고 충분한 경고 사항을 전달하지 않았다"고 판시하며 남성의 손을 들어줬다.

크레이지 호르몬

::

개의 성생활을 연구한 프랭크 비치는 자신이 발견한 핵심적 진실이 수십억 달러 규모의 산업을 일구는 데 기여할 거라고 미처 생각하지 못했을 것이다. 그는 테스토스테론을 넘어, 인간의 행동에 영향을 미치는 갑상샘호르몬, 부신호르몬 등으로 자신의 영역을 확장한 후 1988년 세상을 떠났다. 그리하여 행동내분비학behavioral endocrinology 분야의 개척자로 명성을 날렸다. 그러나 그로 하여금 내분비계의 미스터리를 밝히게 만든 추동력은 돈도 명예도 아니고, 오로지 과학적 탐구심이었다.

비치는 덩치가 큰 사람으로, 희끗희끗한 턱수염과 약간의 똥배에 허름한 옷을 즐겨 입었다. 우스갯소리를 잘하고, 남과 어울리기를 좋아하며, 캔자스인 특유의 현실감을 잃지 않았다. 사회생활 초창기에 고등학교에서 영어를 가르쳤는데, 박사과정을 밟는 동안에도 교편을 놓지 않았다. 예일대학교에서 근무하던 1950년대 후반의 어느 날, 피터 클로퍼라는 대학원생이 그의 연구실 문을 두드렸다. '비치는 저명한 과학자이므로 그에게 인사할 때는 예의를 깍듯이 지키라'는 말을 귀에 못이 박히도록 들어왔던 터라, 클로퍼는 비치가 아이비리그 스타일의 트위드 블레이저와 카키색 바지를 입고 웅장한 마호가니 책상에 앉아 있는 모습을 연상했었다. 그러나 웬걸. 비치는 상체를 뒤로 젖히고 다리를 책상 위에 올려놓은 채, 헤진 얼룩무늬 티셔츠를 입고 팹스트 맥주를 들이키고 있는 게 아닌가! 클로퍼는 몇 년 후 "나는 소스라치게 놀라 뒤로 나자빠질 뻔했다"고 회고했다. 연구실은 동물의 발기한 음경 사진으로 장식되어 있었다. "그 유명한 과학자는 뉴욕시의 뒷골목을 헤매는 떠돌이 같았다."

비치는 클로퍼에게 "동네 술집으로 자리를 옮겨, 맥주를 마시고 피자를 먹으며 이야기를 나누세"라고 제안했고, 클로퍼는 선뜻 동의했다. 현재 듀크대학교 명예교수로 있는 클로퍼는 "비치는 지금껏 만나본 사람 중에서 가장 총명했어요"라고 말했다. "그의 허름한 용모와 반짝이는 지능은 영 딴판이었어요. 나는 그 점을 이해하느라 몇 년이 걸렸어요."

클로퍼의 전공은 생물학이었지만, '비치 문하에서 영원한 2인자가 되느니 전공을 바꿀 걸 그랬다'고 후회하곤 했다. 그러나 그는 결국 비치의 발자취를 따라 동물학에 입문했다. 그는 모체와 태아의 유대관계를 연구함으로써, 옥시토신 연구의 밑바탕이 되는 단서를 얻었다. 두 사람의 분야는 크게 달랐지만, 확고한 연구에 기반해 각자의 분야에서 개척자 정신을 유감없이 발휘하며 최전선을 누볐다.

첨언하건대, 비치가 연구에 사용한 개 중에서 존 브로들리 왓슨이라는 잡종견은 100퍼센트의 부킹률을 기록하여 모든 수컷들을 압도했다. 부킹률이 100퍼센트라는 것은, 어떤 암컷도 그의 구애를 거절하지 않았다는 것을 의미한다. 자세한 내막은 모르겠지만, 엄청난 성적 매력의 소유자임에 틀림없었다. 그런데 비치를 깜짝 놀라게 한 사실이 있다. 그가 다섯 마리의 수컷 중에서 서열이 가장 낮았다는 것이다.

크레이지 호르몬

13장 사랑과 신뢰의 호르몬

프루든스 홀 박사는 친구들과 어울려 즐거운 시간을 보내기 위해 대학가 주점으로 가는 아들에게 옥시토신이라는 호르몬을 권했다. 모든 여학생들이 그에게 추파를 던졌는데, 이는 아마도 내분비기관에서 뿜어져 나오는 아우라의 힘 때문인 듯했다. 홀 박사는 언젠가 한번은 대학원 입학시험을 앞둔 딸에게도 옥시토신을 권했는데, 딸은 평상시보다 마음이 편안하고 집중이 더 잘되는 것 같더라고 했다. 홀은 캘리포니아 주 산타모니카의 윌셔대로에 있는 건강클리닉 홀센터의 원장으로, 각종 환자들에게 옥시토신을 판매한다. 그들 중에는 파티에 참석하기 전에 대인관계에 초조감을 느끼는 사람들, 성욕을 상실한 사람들, 오래된 우정·사랑·신뢰감을 더 이상 느끼지 않는 사람들이 포함되어 있다.

그녀는 자신의 홍보담당자, 비서와 옥시토신 캔디를 공유했고, 인터뷰를 하기 전에 캔디 하나를 입에 넣으며 나에게도 하나를 건넸다. 캔디의 겉모양은 반투명한 흰색 자갈 같았지만, 맛은 각설탕과 비슷했다. 그녀는 효과를 극대화하기 위해 혀 밑으로 밀어넣으라고 했다. 그러면서, 혀 밑에 넣을 경우 (온라인에서 판매하는) 비강분무제nasal spray 보다 뇌에 더 빨리 도달한다고 설명했다.

홀 박사는 본래 산부인과 전문의로 훈련받았지만, 다양한 호르몬을 통해 영역을 확대해 이제는 남성들까지 치료하고 있다. 그녀는 풍성한 금발머리를 흩날리며 상대방의 마음을 진정시키는 매력이 있다. 나와 만난 날은 튜닉◆ 차림에, 기다란 수정목걸이와 노리개를 착용하고 있었다. 그녀의 클리닉은 태국산 티크 가구와 안락한 소파로 장식되어 있었고, 사프란 빛깔 벽에는 다양한 자연문양들이 아로새겨져 있었다. 그건 진료실이라기보다 휴양시설처럼 느껴졌고, 그녀는 의사가 아니라 명상원 원장처럼 보였다.

클리닉 한복판에 자리잡은 매점에서는 각양각색의 생약herbal remedy을 판매하는데, 그중에서 가장 많이 팔리는 것은 홀이 자체적으로 개발한 바디소프트웨어라는 브랜드다. 핑크색 병에는 '찬란한 여성의 비결Secret of Feminine Radiance', 녹색 병에는 '전립샘보호제Prostate Protect'라는 상표가 붙어 있다. '메가부신Mega Adrenal'이나 '슈퍼부신Super-Adrenal'이라는 상표도 보이는데, 판매원에 따르면 그것들은 동기부여를 강화해준다고 한다. 그녀는 〈닥터 필〉과 〈오프라 윈프리 쇼〉에 오랫동안 출연했고, 〈오프라 윈프리 쇼〉에서는 메흐멧 오즈 박사와 인터뷰를 했다. (오즈 박사는 현재 자신의 이름을 내건 의료 프로그램을 진행하고 있다.) 그녀의 단골고객 중에는 여배우 겸 다이어트 책의 저자인 수잔 소머즈와, 요크 공작부인◆◆으로 웨이트워처스Weight Watchers의 홍보대사를

◆   허리 밑까지 내려와 띠를 두르게 된, 여성용 낙낙한 블라우스 또는 코트.
◆◆ 찰스 왕세자의 동생 앤드루 왕자의 전 부인.

역임한 세라 퍼거슨이 있다.

　나와 함께 옥시토신의 효과를 기다리는 동안 홀 박사가 말했다. "당신은 느끼나요? 나는 뭔가 강렬한 느낌을 받고 있는데…." 그녀는 잠시 후 내게 가까이 몸을 기대며, 이렇게 덧붙였다. "당신의 눈 속을 들여다보고 싶어요."

　곁에 있던 홍보 담당자도 내게 몸을 기대며 "나도 느끼고 있어요" 라고 했지만, 나는 당최 아무것도 느낄 수 없었다.

:::

　옥시토신(마약성 진통제인 옥시코돈oxycodone과 혼동하지 말라)은 뇌하수체 후엽에서 분비되는 뇌호르몬이다. 여성이 아기를 낳을 때, 옥시토신은 자궁수축을 촉진해 아기를 산도birth canal 밖으로 밀어낸다. 그 후에는 유관을 자극해 모유를 짜낸다. 합성 옥시토신인 피토신Pitocin은 분만에 시동을 걸고, 추가적인 동력을 제공함으로써 자궁의 펌프질을 지속시킨다. 그러나 최근 잇따라 발표된 연구들은 옥시토신의 오리지널 이미지인 모성母性에 시장성 높은 요소를 추가하고 있다.

　즉, 옥시토신은 모자간 및 연인 간의 유대관계를 돈독히 하고, 발기·오르가즘·사정을 촉진하며, 상대방의 마음을 읽는 능력을 향상시킨다고 보고되었다. 그러나 이 효과들이 동시에 나타나는 건지, 또는 특정한 순서로 나타나는 건지는 불확실하다. 또한 옥시토신은 신뢰 및 공감과도 관련된 것으로 알려져 있다. 한 소규모 연구에서, 옥시토신은 이스라엘 사람과 팔레스타인 사람들 간의 연민을 증가시킨다고 보고되었다. 그러나 여기에는 문제점이 도사리고 있다. 지난 10년간 쏟아져 나온 3500건의 옥시토신 행동 연구에서, 옥시토신은 신뢰뿐만 아니라 불신, 사랑뿐만 아니라 질투, 공감뿐만 아니라 인종차별과도 관련된 것으로 밝혀졌기 때문이다. 이는 옥시토신의 많은 잠재고객들을 당혹스럽게 하고 있다.

옥시토신의 효과에 대한 첫 번째 단서는 1906년 헨리 데일의 연구에서 제시되었다. 데일은 대학을 갓 졸업하고 의대 진학을 준비하던 중, 런던에 있는 웰컴생리학연구소의 소장으로 임명되었다. 새파랗게 젊은 나이에 연구소 소장이라는 중책을 맡은 것까지는 좋았으나, 그 다음이 문제였다. 그가 첫 번째로 맡은 과제는 '맥각ergot(곰팡이의 일종)의 생리학적 분석'이었다. 그는 연구소 운영진의 지시에 불만을 품고, 일기장에 이렇게 썼다. "솔직히 말해서, 처음부터 '맥각의 수렁' 속에 빠진다는 건 전혀 내키지 않는다. 맥각은 산파들이 분만을 촉진하고 두통을 치료하기 위해 사용해온 민간요법이 아닌가! 다른 생리학자들은 뇌하수체, 갑상샘, 췌장 등의 내분비기관을 연구하고 있다. 그들은 내분비학 분야에 큰 족적을 남길 가능성이 있는 거창한 주제를 다루고 있는데, 난 고작 맥각이라니. 이게 뭐람!"

데일은 너무나 뻔한 실험, 즉 맥각을 수많은 동물들(고양이, 개, 원숭이, 새, 토끼, 설치류)에게 투여하는 실험을 반복하며, 맥각이 유발하는 혈압상승과 근육수축을 기록했다. 그러고는 방법을 약간 바꿔, 일부 동물들에게 맥각과 아드레날린(일명 '투쟁-도피 호르몬')의 혼합물을 투여했다. 맥각은 아드레날린의 흥분 효과를 억제하는 것으로 밝혀졌는데, 이 발견은 나중에 1세대 고혈압 치료제가 탄생하는 데 결정적 단서를 제공했다.◇

소위 '맥각의 수렁'의 한복판에서 설치류에게 주사를 놓고 원숭이에게 민간요법을 실시하는 동안, 데일은 짬을 내어 '건조된 소의 뇌하수체'를 '임신한 고양이'에게 주입해봤다. 아마도 그는 하비 쿠싱에게서 영감을 받은 듯했다. 쿠싱은 신경외과와 내분비학의 선구자로, 당시 미국 전역을 순회 강연하며 뇌하수체와 '삶을 바꾸는 분비물(뇌하수체호르몬)'에 대해 열변을 토하고 있었다. 과학자들은 그 즈음 뇌하수체의 전엽과 후엽에 완전히 다른 화합물들이 존재한다는 사실을 깨닫기 시작하고 있었다. 데일은 뇌하수체 후엽이 고양이의 자궁을 수축시킨다는 것을 발견하고 소스라치게 놀랐다. 그러나 데일이 왜 소에게서 뇌하수체를 채취하게 되었는지, 왜 그것을 임신한 고양이에게 주입했는지, 왜 뇌하수체 전엽이 아니라 후엽을 사용했는지는 수수께끼로 남아 있다.

뇌하수체와 그 분비물은 그 당시 생리학계의 핫토픽이었다. 데일이 작성한 장황한 논문에는 28개의 도표가 수록되었는데, 그중 하나가 걸작이었다. 건조된 뇌하수체를 임신한 고양이에게 주입한 후, 자궁의 압력이 증가하는 과정을 설명한 도표였으니 말이다. 그는 결론

◇ 데일은 '신경자극을 통한 화학전달'에 관한 연구에 매진해 1936년 노벨화학상을 받았고, 그의 사위 토드 남작(알렉산더 R. 토드)는 1957년 노벨화학상을 받았다.

에서 맥각의 기능을 요약하며, 넌지시 다음과 같은 문장을 하나 끼워 넣었다. "뇌하수체(깔때기 부분infundibular portion)의 압력 상승 원리는 아드레날린과 다른 방식으로 민무늬근 섬유에 작용한다." 쉽게 말해서, 뇌하수체 후엽에서 분비되는 모종의 물질이 자궁을 쥐어짬으로써 분만을 촉진한다는 것이었다.◇

데일의 중요한 발견은 저널 속에 파묻힌 채 의료계에서 외면되었는데, 이는 여러 가지 면에서 아놀트 베르톨트가 1848년에 수행했던 '수탉 고환 실험'을 연상케 한다. 두 실험의 공통점은, 수십 년 동안 무시되다가 호기심 많은 의사들에게 발견됨으로써 새로운 미래를 열게 되었다는 것이다. 베르톨트의 연구를 재발견해 호르몬의 개념을 대중화한 사람들은 스탈링과 베일리스였다. 데일의 연구는 1940년대까지 묻혀 있다가, 한 무리의 의사들이 (한동안 뜸했던) 데일의 연구를 재개하고 "뇌하수체 후엽 추출물을 주입하면 임신한 동물의 자궁이 수축한다"는 사실을 재확인했다. 뒤이어 그들은 뇌하수체 후엽 추출물과 유즙분비의 상관관계를 발견해 1948년《영국의학저널》에 발표했다. 논문의 핵심 내용은 "자궁이 매번 수축할 때마다 산모의 유두에서 모유가 조금씩 흘러나온다"는 것이었다. (동생을 낳은 산모는 형에게도 젖을

◇ 데일은《생리학저널》에 기고한 논문에서, 실험동물들을 얼마나 지극정성으로 대했는지를 매우 자세히 언급했다. 여기에는 그럴 만한 이유가 있었다. 그는 1903년 벌어진 '갈색 반려견 사건'에서 실험견의 안락사를 담당한 조교였다(2장 참조). 따라서 그는 동물실험 연구 결과를 기술할 때, 동물권익 옹호자들을 자극하지 않기 위해 단어 하나하나에 세심히 신경을 썼다.

크레이지 호르몬

먹이고 있었다.) 자궁을 쥐어짜는 화합물이 유즙의 분비를 촉진한다? 그들이 똑똑히 목격한 바와 같이 그건 사실이었다. 신비에 싸여 있던 뇌하수체호르몬은 1953년 마침내 분리되고 합성되어, 발견자인 미국의 과학자 빈센트 디 비뇨에게 1955년 노벨 화학상을 안겨줬다. 이 호르몬의 이름은 '빠른 출산'이라는 뜻의 그리스어를 차용해 옥시토신이라고 명명되었다.

옥시토신이 분리되자, 그 속성을 둘러싼 연구들이 봇물 터지듯 쏟아져 나왔다. 그것은 뇌 속 깊숙이 자리잡은 아몬드 크기의 분비샘(시상하부)에서 만들어져, 뇌하수체 후엽으로 흘러내린 다음 전신에 방출되는 것으로 밝혀졌다.

::

옥시토신 연구가 활성화될 즈음, 다른 과학자 그룹이 등장해 '모성애의 화학적 기초'를 연구하기 시작했다. 모성애 연구는 옥시토신 연구와 매우 다른 주제를 다루는 것처럼 보였지만, 머지 않아 두 분야는 (통합까지는 아니더라도) 일정 부분을 공유하게 되었다.

모자간의 사랑을 연구하는 과학자들은 엄마로 하여금 새로 낳은 아기를 양육하고 보호하도록 만드는 요인이 뭔지 궁금해했다. 아기의 체취 때문인가? 첫 번째 울음소리 때문일까? 엄마를 쏙 빼 닮은 축소판이라서? 혹은 호르몬 때문은 아닐까?

때마침 발표된 동물 연구에서는 '모성애가 발달하는 시기가 존재한다'고 제안했다. 프랭크 비치에게 충격과 감명을 받은 피터 클로퍼는 염소를 이용한 연구에서, "출산 직후의 어미에게서 새끼를 떼어놓았다가 5분 후 되돌려주면, 어미는 새끼를 거부하며 남의 자식처럼 대하고, 머리로 들이받는가 하면 젖꼭지에 접근하지 못하도록 밀친다"고 보고했다. 설치류의 경우에도 사정은 마찬가지여서, 출산 후 몇 분 동안 새끼와 격리하면 새끼를 거부하는 것으로 밝혀졌다. 이는 "만약 모자간의 유대관계를 조절하는 호르몬이 존재한다면, 출산 직후 수치가 급증했다가 신속히 급락해야 한다"는 것을 시사한다. 클로퍼는 옥시토신에 관한 논문들을 여러 편 읽고 난 후, "옥시토신은 임신 중에 급상승해 자궁과 유관을 수축시키며, 매우 빠르게 분해된다"는 사실을 알게 되었다. 이는 옥시토신의 혈중농도가 극적으로 상승하고 하락한다는 것을 의미하는데, 이런 신출귀몰하는 호르몬이 모자간의 유대관계 강화를 책임질 수 있을까?

클로퍼는 염소를 이용한 모자관계 연구를 대학원생 시절이던 1950년대에 뉴헤이븐 외곽의 농장에서 시작했다. 마구간에서 자며 출생 직후의 염소새끼를 가로채는 데 싫증이 나자, 임신한 염소 몇 마리를 구입해 안식년 중인 교수에게서 빌린 집에서 길렀다. 그는 거실 바닥에 펫장을 깔아, 거실을 임시 마구간으로 개조했다. 일은 계획대로 순조롭게 진행되었지만, 교수가 사전 예고 없이 귀가하는 바람에 큰 물의를 일으켰다. 현관에서 새로운 인테리어를 보고 의아해하던 교수는, 거실을 가득 메운 임신한 염소떼를 보고 경악했다.

클로퍼는 곧 예일을 떠나 듀크대학교에서 교수 자리를 꿰찼다. 그러고는 노스캐롤라이나에 있는 단독주택을 구입했다. 그 집은 많은 동물들을 수용할 수 있을 만큼 뒷마당이 널찍해서, 그가 진행하던 모자관계 연구를 마음껏 확장할 수 있었다. 일이 잘되려고 그랬는지, 듀크대학교를 갓 졸업한 코트 페더슨을 고용해 페인트칠을 맡겼다. 페더슨은 의대에 지원하는 동안 돈을 벌려고 특이한 아르바이트를 하고 있었다. 클로퍼는 페더슨과 함께 염소와 '모자간의 유대관계'에 대해 잡담을 나누다, '옥시토신이 모자간 유대관계와 관련이 있을 것 같다'는 아이디어를 들려줬다. 그 말을 들은 페더슨은 귀가 솔깃해 "교수님 연구실에 들어가도 되나요?"라고 물었다. 두 사람의 수십 년에 걸친 우정과 협동 연구는 그렇게 시작되었다.

출산 도중에만 일어나는 사건들 중 하나는, 자궁경부와 질이 엄청나게 늘어난다는 것이다. 이러한 물리적 팽창은 옥시토신 분비를 촉발하는 것으로 알려져 있었다. 페더슨은 풍선 모양의 기묘한 장치를 고안해 염소의 질을 팽창시켰다. 그의 목표는, 옥시토신 분비를 촉진하면 임신하지 않은 처녀 염소가 아무 새끼하고나 유대관계를 맺는지 확인하는 것이었다. 대부분의 처녀 염소는 낯선 새끼(다른 염소가 낳은 새끼)를 거부한다.

그의 의도는 적중했다. 두 마리 암컷의 질에 풍선 장치를 삽입했더니, 낯선 새끼에게 (애정의 표시로) 코를 비비는가 하면 젖이 안 나오는 젖꼭지를 물어도 내버려두는 게 아닌가! 그러나 장치를 삽입하지 않은 염소들은 낯선 새끼에게 적대적이었다. 이 연구는 페더슨이 의대에 진학하기도 전에 완료되었지만, 영원히 출판되지 않았다. 그로부

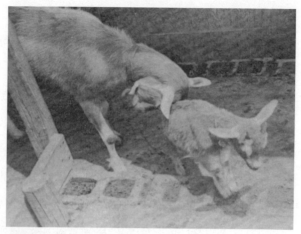

옥시토신 수치가 급상승하지 않는 엄마 염소는 자기가 낳은 새끼를 머리로 들이받는다. Courtesy of Peter Klopfer.

터 몇 년 후인 1983년, 케임브리지대학교의 한 연구팀이 그의 발견을 확인했다. 연구팀은《사이언스》에 기고한 논문에서, 질에 자극을 받은 열 마리의 암양 중 여덟 마리가 낯선 새끼에게 코를 비비고 핥아줬다고 보고했다. 그들은 임신 때의 호르몬 상태를 시뮬레이션하기 위해, 임신하지 않은 암양에게 에스트로겐과 프로게스테론을 투여했다. 그랬더니 새끼와의 유대관계가 향상되기는 했지만, 옥시토신에 비하면 어림도 없었다. 에스트로겐과 프로게스테론의 효과는 몇 분이 아니라 몇 시간 후 나타났으며, 50퍼센트의 암양에게만 나타났다. 연구팀은 결론에서 다음과 같이 말했다. "질 자극이 양의 모성 행동을 즉시 유발하는 이유는 알 수 없다. 그러나 그 과정에서 옥시토신이 모종의 역할을 수행하는 것으로 보인다. 왜냐하면 옥시토신을 뇌실cerebral

크레이지 호르몬

ventricle에 직접 투여해본 결과, 임신하지 않은 시궁쥐의 모성 행동을 자극하는 것으로 나타났기 때문이다." 바야흐로 옥시토신이 모자간의 유대관계를 강화한다는 증거가 점차 축적되고 있었다. 페더슨은 그 후로도 옥시토신 연구를 계속해, 노스캐롤라이나 대학교의 정신과학/신경생물학 교수 및 옥시토신 전문가가 되었다.

페더슨은 의대를 졸업한 후 클로퍼가 '기발한 연구'라고 불렀던 연구를 재개했다. 클로퍼는 옥시토신이 모성 행동을 촉진하는지 알아보기 위해 옥시토신을 처녀 시궁쥐와 수컷 시궁쥐의 몸에 주입했었지만, 효과가 없었다. 그는 옥시토신이 뇌로 들어가기 전에 분해되는 것 같다는 예감이 들었다. "페더슨도 그 점을 알고 있었어요"라고 클로퍼는 말했다. 페더슨은 미량의 옥시토신을 처녀 시궁쥐의 뇌에 직접 주입했다. 정확한 장소는 측뇌실lateral ventricle로, 옥시토신이 만들어지는 시상하부 근처였다. 처녀들은 통상적으로 새끼에게 적대적이지만, 옥시토신을 뇌에 주입받은 처녀들은 새끼를 핥으며 코를 비볐다. 심지어 마치 젖을 먹이려는 것처럼 젖꼭지를 노출하기까지 했다. 다른 과학자들은 후속 연구에서, 임신한 시궁쥐의 옥시토신 경로를 방해하면 산후 모성 행동을 차단할 수 있다고 보고했다. 쉽게 말해서, 산모가 자신의 새끼를 양육하지 않았다는 것이다. 어떤 암컷들은 정색을 하며 자기 새끼를 밀어 제쳤다고 한다.

옥시토신이 사랑 및 양육과 관련된 다른 행동에도 영향을 미치는지를 확인하기 위해 추가 실험이 행해졌다. 암컷 시궁쥐의 뇌에 옥시토신 몇 방울을 주입했더니, 섹스에 수용적인 자세(엉덩이 높이 치켜들기)를 보였다. 반면 옥시토신을 주입받지 않은 암컷들은 쌀쌀맞은 태도를 보였다. 수컷도 마찬가지였다. 옥시토신을 투여받은 수컷 시궁쥐들은 코를 벌름거리고 멋을 부리는 것으로 나타났다. 그러나 옥시토신이 사정ejaculation을 촉진하지는 않았으므로, 연구자들은 "옥시토신이 사회적 상호작용을 증가시키지만 성기능을 실제로 향상시키지는 않는다"고 결론지었다. 또한 옥시토신은 후각수용체를 자극하는 것으로 밝혀졌는데, 이는 엄마를 '자녀의 향기'에 민감하도록 만드는 것 같다.

이상과 같은 연구는 다른 연구자들의 옥시토신 연구를 자극했다. 그들은 옥시토신이 세 가지 들쥐vole(갈색 털로 뒤덮인 작은 설치류)들의 상이한 행동을 설명할 수 있는지를 연구했다. 먼저, 초원들쥐prairie vole들은 생애 처음으로 성관계를 맺은 후 평생 일부일처제를 고수한다. 혼외자를 낳지 않고, 서로 털을 손질해주며, 새끼 양육을 50:50으로 분담한다. 그러나 그들의 사촌 격인 목장들쥐meadow vole와 산악들쥐montane vole는 전혀 딴판이다. 그들은 자유분방한 성관계를 가지며, 하나의 배우자에 만족하는 법이 없다. 킨제이연구소의 수 카터 소장은 성관계를 맺은 직후의 초원들쥐에서 옥시토신 수준이 급상승하는 것을 확인했다. 그러나 목장들쥐와 산악들쥐는 그렇지 않았는데, 이는 옥시토신이 '죽음이 우리를 갈라놓을 때까지till death do us part'와 '난 이제 떠난다I'm outta here' 사이에서 하나를 결정하는 원인임을 시사한다. 그러나 외견상 정조를 지키는 초원들쥐의 행실에는 반전이 숨어 있었다. 그들은 새끼를 양육하느라 한눈을 팔지 않는 것 같지만, 사실은 틈틈이 바람을 피우는 것으로 드러났다. 카터가 친자확인 검사를 해본 결과, 수컷들은 많은 친자와 혼외자를 두고 있는 것으로 밝혀졌다.

어떤 연구자들은 옥시토신이 다른 근육(예: 다른 신체 부위의 혈관근육)의 수축에 관여하는지를 연구했다. 1987년 스탠퍼드대학교의 과학자들은 12명의 여성과 8명의 남성들을 모집해, 혈액을 채취하는 동안 마스터베이션을 해달라고 부탁했다. 그 결과 오르가즘이 시작되는 순간 옥시토신 수치가 급상승하는 것으로 나타났지만, 옥시토신이 오르가즘을 유도한 건지, 아니면 그 반대인지는 확인할 길이 없었다.

옥시토신이 인간의 생각과 느낌에도 영향을 미칠까? 카터는 1990년, 20명의 모유수유 여성과 20명의 분유수유 여성을 비교 분석했다. 그 결과 모유수유 여성들은 (예상했던 대로) 분유수유 여성보다 옥시토신 수치가 높았지만, 뜻밖에도 차분한 기분을 나타냈다. 카터는 "옥시토신이 편안한 느낌을 줌으로써, 수유부로 하여금 젖먹이는 동안의 단조로움을 견딜 수 있게 하는 것 같다"고 제안했다. 다른 연구에서는, 옥시토신이 굳이 오르가즘 직후나 수유하는 경우가 아니더라도 사람의 기분을 전반적으로 편안하게 해주는 것 같다고 제안했다.

::

정말로 극적이어서 과학 저널을 넘어 언론의 헤드라인까지 점령한 것은, 옥시토신을 이용한 '신뢰 게임' 실험이었다. 스위스와 미국의 과학자들로 이루어진 연구팀이 주관한 게임의 내용은 다음과 같다. 모든 참가자들은 1인당 12단위의 종잣돈(게임용 모조 지폐)을 지급받은 후,

둘씩 짝지어 각각 투자자와 수탁자 역할을 수행한다. 투자자는 0, 4, 8, 12단위 중 하나를 수탁자에게 맡길 수 있으며, 수탁자는 위탁받은 금액을 무조건 세 배로 불릴 수 있다. 따라서 투자자가 12단위를 위탁한다면, 수탁자는 원리금 36단위와 자신의 종잣돈 12단위를 합하여, 총 48단위의 자산을 보유하게 된다. 다음으로, 수탁자는 운용실적을 결산해 투자자에게 아무 금액이나 반환할 수 있으며, 심지어 한 푼도 돌려주지 않을 수도 있다. 그렇다면 네 가지 경우의 수가 존재한다. ① 투자자와 수탁자 모두 이익을 본다(본전보다 많은 금액을 챙긴다). ② 투자자만 이익을 본다. ③ 수탁자만 이익을 본다. ④ 투자자와 수탁자 모두 본전이다. 연구팀은 다음과 같이 예상했다. "만약 투자자가 수탁자를 신뢰하지 않는다면 한 푼도 맡기지 않겠지만(결과는 ④번), 수탁자를 신뢰한다면 '12단위 + 알파'를 돌려받을 거라 기대하며 12단위를 모두 맡길 것이다(결과는 ①번~③번 중 하나)." 그런데 옥시토신을 흡입한 투자자들은 위약을 흡입한 투자자들보다 더 많은 금액을 투자자들에게 맡기는 게 아닌가! 이상의 연구 결과는 2005년 《네이처》에 실렸다.

'옥시토신을 흡입하면 신뢰감이 상승한다'는 발견은 미국과 유럽 언론의 헤드라인을 장식했다. 수많은 처세술서(예:《행복한 뇌를 위한 35가지 팁》), 옷에 뿌리는 액상 옥시토신인 리퀴드 트러스트Liquid Trust, 현재까지 150여만 명이 시청한 테드 강연("신뢰, 도덕성 그리고 옥시토신")이 줄을 이었으며, 도덕적 분자moral molecule라는 별명까지 탄생했다. 연구자 중 한 명이며 테드 강연자로 유명한 폴 잭 박사는 "신뢰할 만한 사람의 비율이 높은 국가일수록 번영하므로, 생물학을 이해해야 빈곤 문제를 해결할 수 있다"고 선언했다. 클레어몬트대학교 교수이자 《도덕적 분자》의 저자인 잭은 핸섬하고 웃기는 사람으로, 흐트러진 금발머리에 깎아놓은 듯한 외모의 소유자다. 그는 테드 강연에서 "옥시토신이 정말로 도덕적 분자일까요?"라고 자문한 다음 재빨리 자답했다. "우리의 연구에 따르면, 옥시토신은 너그러움을 향상시키며, 자선단체에 대한 기부를 50퍼센트 증가시킵니다." 그러고는 청중석으로 뚜벅뚜벅 걸어 들어가 많은 사람들에게 옥시토신 분무제를 나눠줬다.

잭은 한때 자신의 블로그에 옥시토신이 로맨스 파트너, 자녀, 애완동물에 대한 애착심을 불러일으킨다고 설명했다. 그러나 사랑이란 쌍방 관계라는 점을 간과해서는 안 된다. 뇌가 옥시토신을 분비하면, 우리는 전혀 모르는 사람들과 접촉할 때 그들을 물심양면으로 보살핀다. 마치 투자자가 수탁자에게 돈을 맡기는 것처럼 말이다. 그런데 잭은 다른 글에서 옛 여자친구에게 스토킹을 당했다고 썼다. 왜 그랬을까? 그건 두 사람의 옥시토신이 어긋났기 때문이다. 즉, 그의 사랑은 시들어간 반면, 그녀의 사랑은 지속되었던 것이다.

그러나 사실, 옥시토신의 효과는 지나치게 과장된 감이 있다. 오리지널 신뢰 게임에서, 옥시토신을 흡입한 29명의 투자자 중에서 수탁자에게 전재산(12단위)을 맡긴 사람은 겨우 여섯 명에 불과했다. 연구결과를 과도하게 일반화해 명성을 얻은 잭과 달리, 그의 공저자들은 신뢰 게임 실험을 흥미롭기는커녕 불확실하다고 간주했다. 그 실험 결과는 나중에 단 한 번도 재현되지 않았는데, 그 이유는 실험의 설계에 결함이 있었기 때문일 수도 있다. 공저자 중 한 명인 취리히대학교의 에른스트 페어는 《어틀랜틱》과의 인터뷰에서 이렇게 말했다. "지금까지 결과가 재현되지 않았음을 감안할 때, 옥시토신이 사람들 간에 신뢰를 구축한다고 단언해서는 안 된다. 우리의 주장에는 아직 근거가 부족하다." 그러나 신뢰 게임을 둘러싼 사탕발림 이야기는 수그러들지 않고 있다. 옥시토신 비강분무제와 '사랑 및 신뢰'를 결부시킨 후속 연구들은 여전히 언론의 관심을 끌었다. 다른 연구에서는 오리지널 연구와 정반대로, 옥시토신이 신뢰를 떨어뜨리고 인종차별주의를 심화시킨다고 보고했다. 이는 "옥시토신이 '좋은 감정'만 선별적으로 북돋우는 게 아니라, '어느 순간 느낀 감정'을 여과 없이 증폭시킨다"는 것을 의미한다.

"들쥐의 일부일처제를 증가시키고 분만 및 수유 촉진에 관여하는 호르몬이, 당신으로 하여금 낯선 사람에게 돈을 맡기게 한다는 것만큼 멋진 스토리는 없다"라고 펜실베이니아 와튼스쿨에서 마케팅을 가르치는 기디언 네이브 교수는 말했다. "이건 어쩐지 페어 맞춘 이야기 같다. 누구나 그래프 위에 점을 많이 찍고 나면, 으레 점을 직선으로 이어 멋진 이야기를 만들고 싶기 마련이다. 비록 상상력의 소산일지라도, 잘 쓰인 이야기는 언론의 집중적인 조명을 받게 된다."

네이브는 남들이 연구해놓은 것을 연구하는 사람이다. 다시 말해서, 그는 호르몬 전문가가 아니라 통계 전문가다. 그에 따르면, 대부분의 연구들은 규모가 너무 작고 편향되어 있거나, 뭔가를 증명하기에는 너무 엉성하다고 한다. 대부분의 연구들은 재현될 수 없는데, 이는 결과가 단지 우연적 발견, 즉 요행수fluke라는 것을 의미한다. 설상가상으로, 네이브는 옥시토신 연구자들의 책상 서랍을 샅샅이 뒤지던 중,

크레이지 호르몬

'옥시토신은 인간의 행동에 영향을 미치지 않는다'는 내용이 담긴 연구 결과를 간혹 발견하기도 했다. 그런 연구들은 저널에 출판되지 않았다. 그럴 수밖에 없는 것이 전문 저널들(그리고 과학 논문을 쉽게 풀어 신문에 내는 과학전문 기자들)은 긍정적 결과가 담긴 논문을 선호하기 때문이다. 그러나 현실의 복잡미묘함을 제대로 설명하는 것은, 저널에 출판되지 않는 부정적 연구들이다.

연구의 편향성은 차치하고, '옥시토신이 인간의 행동에 영향을 미친다'는 주장을 입증하는 강력한 증거는 없다. 그렇다고 해서 '호르몬이 아무런 일도 하지 않는다'고 말하려는 것은 아니다. 다만 '확실한 증거가 아직 나오지 않았다'고 주의를 환기시키고 싶을 뿐. 회의적인 내분비 전문의들은 '기존 연구들의 추론이 지나쳤다'고 주장하는데, 그들의 이야기를 들으면 100년 전 하비 쿠싱이 뇌하수체에 대한 강의를 끝낸 후 받은 편지 한 통이 생각난다. 그 편지는 캘리포니아대학교 샌프란시스코UCSF 부설 내분비샘클리닉을 이끄는 한스 리서 박사가 보낸 것으로, 이렇게 쓰여 있었다. "의료계에서 이런 '내분비기관 소동'이 벌어지는 것을 보고 있자니, 구역질이 나기보다는 애처롭기 짝이 없습니다. 그중 상당수는 한량없이 혼돈스럽고 몰상식한 무지의 소산이고, 상당수는 상업적 탐욕의 귀결입니다. 내분비학은 장삿속이라는 평판을 들으며 조롱거리로 빠르게 전락하고 있습니다. 이제 때가 왔습니다. 누군가가 앞장서서 정직하고 당당한 목소리를 내야 합니다." 에모리대학교 부설 옥시토신/사회인지센터의 래리 영 소장에 의하면, 오늘날의 사정도 100년 전과 다를 바 없다고 한다. 리서의 편지를 읽어본 후 영은 이렇게 말했다. "지금으로부터 100년 전에 뇌하수체 소동이 벌어졌다면, 오늘날에는 옥시토신 소동이 벌어지고 있어요. 고품질 연구와 저품질 연구가 뒤죽박죽 되어 아수라장을 이루고 있죠."

영은 뉴욕대학교의 로버트 프룀케 등과 함께 팀을 이루어 신중한 옥시토신 연구를 수행하며, 뇌 속 수용체의 정확한 위치를 겨냥함으로써 옥시토신의 작용에 대한 이해를 높이려고 노력하고 있다. 프룀케의 연구는 두 가지 연구에 기반하고 있는데, 그중 하나는 영의 연구이며, 다른 하나는 1983년 열 명의 간호사들이 수행한 연구다. "간호사들의 연구에 따르면, 갓난아기 우는 소리만 들려도 엄마의 옥시토신 수치가 급증한다고 한다. 신경과학적 관점에서 볼 때, 아기의 울음소리는 엄마의 귀로 들어가 뇌의 청각계에서 처리된다"고 영은 말했다. 영은 우측보다 좌측의 청각중추에 수용체가 더 많이 분포되어 있음을 발견하고, "생쥐의 좌측 청각중추에 있는 옥시토신 수용체를 차단해보니 새끼의 울음소리에 반응하지 않는 것으로 나타났다"고 보고했다. 많은 동료들과 마찬가지로, 영은 "옥시토신이 모성애를 촉발하는 것은 아니며, 유입되는 정보를 강화해 산모의 잠재된 감정을 증폭시킬 뿐"이라고 믿고 있다. 그는 이렇게 설명한다. "옥시토신을 다양한 관점에서 바라볼 필요가 있다. 예컨대, 누구나 비행기에서 아기 울음 소리를 들어본 적이 있지만 경험은 제각기 다르다. 어떤 사람들은 짜증을 내겠지만, 어떤 여성들은 종종 아기가 우는 소리를 듣고 유즙분비를 시작한다. 그건 생물학적으로 볼 때 정말로 놀라운 일이다." 다시 말해서, 옥시토신은 숨어 있는 감정을 증폭시킴으로써 작용한다는

크레이지 호르몬

것이다.

프뢰케는 청각에 집중하지만, 다른 과학자들은 사회적 반응을 연구하고 있다. 그들은 옥시토신이 신체에 미치는 영향을 해석함으로써, 실효성 있는 치료법을 개발하기를 원하고 있다. 옥시토신이 사교술을 향상시킨다는 설도 있으므로, 그들은 옥시토신이 자폐증과 조현병의 치료제로 사용될 수 있는 가능성을 타진하고 있다. 그러나 지금까지의 연구 결과는 엇갈린다. 핵심 쟁점은 두 가지인데, 첫째로 '인간의 경우 설치류와 달리 뇌에 옥시토신을 주입하는 것이 불가능하다'는 것이며, 둘째로 '비강분무제를 통한 흡입이 뇌의 호르몬 수치를 상승시킨다는 증거가 없다'는 것이다. "비강분무제는 도움이 될 수 있지만, 현 시점에서 비강내경로intranasal route의 유용성을 낙관하는 것은 시기상조"라고 영은 말했다. "아마도 해는 없겠지만, 효과를 확신할 단계는 아니라는 게 나의 개인적 생각이다. 비록 일부 논문에서 긍정적 결과가 나왔지만, 비강분무제의 효과는 미미한 편이다. 아침에 일어나 한 번 흡입하고, 학교에 갔을 때와 귀가했을 때 한 번씩 더 흡입한다고 해서 효과가 증가할 거라고 상상하기는 힘들다"라고 그는 덧붙였다.

그러나 초기 연구들에 결함이 있다고 해서 모든 내용을 포기할 수는 없다. 영에 따르면, 옥시토신의 작용 메커니즘을 정확히 이해하게 되면, 자폐증이나 사회불안 환자들을 도와주는 새로운 치료법이 개발될 수 있을 거라고 한다. "FDA의 승인을 받은 옥시토신 제제는 아직 하나도 없지만, 의사들이 재량껏 사용할 수는 있다. 따라서 많은 부모들이 '우리 아이에게 옥시토신을 처방해달라'고 애원하고 있는 실정이다. 하지만 이는 바람직한 현상이라고 볼 수 없다"라고 그는 말했다.

'옥시토신이 출산, 성性, 행동에 영향을 미친다'는 점 자체에는 이론의 여지가 없다. 문제는 투명성이다. 방대한 연구들 중에는 보석 같은 증거도 있고 유력한 단서도 있어서, 미래의 연구자들이 옥시토신의 역할과 활용 방법을 이해하는 데 길잡이가 될 수 있다. 노스캐롤라이나대학교의 페더슨은 "연구자들이 주장하는 것 중 일부는 사실이다. 옥시토신은 사랑과 성에 관여하며, 불안과 스트레스를 비롯한 모든 어려움을 해소해준다. 단, 그런 기능들을 유용한 치료법으로 전환하려면 엄청나게 많은 연구가 필요하다"라고 말했다.

프루든스 홀 박사는 옥시토신에 대한 부정적 언급에 신경 쓰지 않는다. 그녀의 말에 따르면, 그녀는 연구자가 아니라 임상의이며, 환자들에게 잘 듣는 치료법이 뭔지를 잘 알고 있다. 그녀는 '설하정sublingual tablet의 효과를 몸소 경험했다'고 주장하며, 혀 밑으로 흡수된 호르몬 중 몇 퍼센트가 뇌에 도달하는지는 안중에도 없다. 나와 옥시토신에 대한 이야기를 나눈 후, 그녀는 나를 껴안았다. 뒤이어 그녀의 홍보 담당자도 나를 껴안았다. 그녀들을 간신히 뿌리치고 진료실에서 나가려고 할 때 그녀가 소리쳤다. "포옹은 옥시토신의 작용을 도와준다고요!"

14장 트렌스젠더의 성전환

멜 와이모어는 폐경이 시작되기 직전에 테스토스테론을 투여하기 시작했다. 그러자 아들과 동시에 사춘기를 겪었다. 아들은 목에서 울대가 튀어나오고 목소리가 굵어졌다. "나는 아들의 뒤를 좇았어요"라고 멜은 말했다.

멜은 약 10년 전 성전환을 결심하고 남편과 이혼했다. "나는 아들과 나란히 앉아 어린 시절의 앨범을 꺼내며 이렇게 말했어요. 너도 알다시피 나는 전형적인 엄마가 아니란다. 왜냐하면 여성들과 데이트를 하고 머리를 짧게 깎기 때문이야. 나는 내 속에 한 남자가 숨어 있었음을 발견했고, 지금부터 그 남자를 밖으로 꺼낼 예정이야."

멜은 남성적인 복장으로 갈아입고, 헤어스타일을 전통적인 남성 커트로 바꾸고, 가슴을 붕대로 감아 납작하게 만들었다. "내가 맨 처음한 일 중 하나는 가슴을 붕대로 묶는 것이었어요. 브래지어를 치우고 여성성을 남성화하고 나니 속이 후련해졌어요."

두 아들은 엄마의 성전환을 지지했다. 그 당시 한 명은 열두 살, 다른한 명은 열다섯 살이었다. 그러나 멜에 따르면 그들은 앞으로 어떤 일이다가올지 전혀 모르는 철부지였다. 사실 그건 멜도 마찬가지였다.

다른 트랜스젠더들과 마찬가지로, 멜은 '나의 해부학적 성은 내적 감정과 일치하지 않는다'는 뿌리 깊은 신념을 갖고 있었다. 그의 믿음은 성정체성gender identity과 관련된 것으로, 욕망과 관련된 성지향성sexual orientation과 다르다. 트랜스젠더들은 이렇게 말하고 싶어 한다. "성지향성은 '누구와 함께with whom 잠자리를 하고 싶은가'에 관한 것이고, 성정체성은 '누구로서as who 잠자리에 드는가'에 관한 것이다."

글로벌 조사 결과에 따르면, 전 세계 사람들 중 0.3~0.6퍼센트가 자신을 트랜스젠더로 간주한다고 한다. 2016년 미국에서 실시된 설문조사 결과도 이와 비슷하다. 미국에는 140만 명 이상의 트랜스젠더 성인이 있는 것으로 나타났다. 이러한 수치들은 '자신의 감정을 인정하기를 원치 않는 사람들'을 감안하지 않은 것이다. 차별금지법이 시행되는 곳에서 트랜스젠더의 비율이 높게 나오는 것은 전혀 놀라운 일이 아니다.

통계 자료와 일련의 매체들(기사, 서적, 다큐멘터리. 트랜스젠더 캐릭터가 등장하는 텔레비전 쇼)을 보면 '트랜스젠더는 21세기의 창조물'이라는 인상을 받기 쉽다. 그러나 '틀린 몸 속에 태어났다'는 남녀의 감정에 대한 기록은 수 세기 동안 존재해왔다. 19세기 말까지만 해도, 트랜스젠더란 '옷을 갈아입고 이름을 새로 짓는 것'을 의미했다. 20세기 초 성형수술이 등장해 몇몇 사람들이 원치 않는 기관들을 제거하거나 변형하는 수술을 할 수 있게 되었다. 예컨대 1930년에는 덴마크의 화가 릴리 엘베가 사상 최초로 '거세, 음경으로 질 만들기, 난소 이식, 자궁이식'이라는 네 번의 수술을 받기 시작했다.◦ 그때와 오늘날 사이에 큰 차이가 있다면, 오늘날에는 호르몬 치료법 덕분에 신체전환

physical transition을 안전하게 완료할 수 있다는 것이다. 호르몬 치료법이 시작된 것은 1935년 테스토스테론, 1938년 합성 에스트로겐을 사용할 수 있게 되면서부터였다.

1952년 12월 1일, 뉴욕에서 발간된 《데일리뉴스》는 크리스틴 요르겐센이라는 스물여섯 살짜리 여성의 스토리를 전격 공개했다. 그녀의 본명은 조지 요르겐센으로, 뉴욕 출신의 내성적인 남자 군인이었지만 외과수술과 호르몬의 도움으로 성전환에 성공했다. 《데일리뉴스》의 1면 헤드라인 제목은 "전직 미군 병사, 금발 미녀가 되다"였고, 1면 하단에는 두 장의 사진이 나란히 실렸다. 왼쪽 사진은 마릴린 먼로와 비슷한 단발머리 스타일의 크리스틴, 오른쪽 사진은 군용 모자를 쓴 까까머리 병사 조지의 얼굴 사진이었다. 크리스틴 요르겐센은 오늘날 '1950년대의 케이틀린 제너♦'라고 불리는데, 이는 그녀가 그 당시 성전환수술을 받은 유일한 사람이 아니었음을 의미한다. 그러나 요르겐센은 가장 당당한 성전환자였음에 틀림없다.

수술을 받기 몇 년 전 요르겐센은 '정신분석 전문가를 찾아가볼까' 하고 생각했다. 폴 드 크루이프의 인기 저서 《남성호르몬》을 읽고 테스토스테론 투여도 생각해봤다. 그러나 정신분석이든 테스토스테론이든 뿌리 깊은 '여성적 자기감'을 바꾸지는 못할 거라고 확신했다. 그

◇ 엘베는 1931년 9월, 질을 만들고 자궁을 이식하는 수술 도중 사망했다.

♦ 1976년 몬트리올올림픽 10종 경기에서 금메달을 딴 미국의 전직 육상선수이자 사업가. 2015년 한 텔레비전 인터뷰에서 자신이 트랜스젠더임을 밝혔다. 성을 바꾸기 전에는 브루스 제너로 불렸다.

크리스틴 요르겐센, 1953년 11월 4일. 사진의 원래 제목은 "여배우 크리스틴 요르겐센이 수영복을 입고 처음 촬영한 사진"이었다. Bett-mann/Getty Images.

리고 남성들에게 테스토스테론을 적극 권장하는 《남성호르몬》에서 힌트를 얻어 문득 정반대 방법을 생각하게 되었다. "화학이라는 마법의 힘을 빌려 여성으로 전환할 수 있지 않을까?"

　요르겐센은 한 약사에게 부탁해 에스트로겐 알약을 구했다. 의사의 처방이 필요했지만 "위생병 훈련을 받고 있는데, 동물실험에 사용할 에스트로겐 정제 100알이 필요해요"라고 둘러댔다. (위생병 훈련을

받고 있는 건 사실이지만, 동물실험 이야기는 거짓이었다.) 물론 약품 설명서
에는 "의사의 권고 없이 복용하면 안 됩니다"라고 적혀 있었다. 요르
겐센은 매일 밤 한 알씩 복용했는데, 일주일 후 가슴이 예민해진 듯한
느낌이 들었다. 몇 년 후 집필한 자서전에서는 "과거 어느 때보다도 편
안한 느낌이 들었다"고 회고했는데, 이는 아마도 약효 때문이라기보
다 밀려오는 행복감 때문이었을 것이다.

이윽고 뉴저지에서 동정심 많은 의사가 나타나, 요르겐센의 에스
트로겐 처방을 리필해주고 효과를 모니터링해주기로 했다. 의사는 약
1년 동안 에스트로겐을 처방한 후, 성전환수술 경험이 있는 스웨덴 의
사 한 명을 언급했다. 그러자 요르겐센은 당장 유럽행 선박에 몸을 실
었다. 덴마크에 사는 친척 집에 머물다 시간을 봐서 스웨덴으로 갈 생
각이었다. 결국에는 크리스티안 함부르거라는 덴마크 의사가 나타나
무료로 수술을 해주기로 했다. (성전환수술은 실험적인 수술이라 덴마크 정
부의 보조를 받을 수 있었다. 요르겐센의 부모가 덴마크계 이주민이므로 요르겐
센도 수혜 대상이었다.)

1951년 9월 24일, 요르겐센은 세 번의 수술 중 첫 번째 수술을 통
해 고환을 제거했다. 뒤이어 음경을 질로 만들었고, 그로부터 3개월
후 마지막 수술을 마치고 미국의 신문에 대서특필되었다.

《시카고데일리트리뷴》 1면 기사에서는, 요르겐센의 부모가 아들
에게서 받은 편지 한 통을 소개했다. "수술과 주사가 나를 평범한 여자
로 바꿔놓았어요."《오스틴스테이츠먼》에는 요르겐센과의 전화 인터
뷰 기사가 실렸다. "수술 전 취미가 남성적이었나요, 아니면 여성적이

었나요?"라는 기자의 질문에 요르겐센은 이렇게 대답했다. "예컨대, 공놀이와 바느질 중 어느 쪽을 더 좋아했냐 뭐 이런 이야기죠? 한마디로 말해서, 보통 여자애들이 좋아하는 거라면 뭐든 좋아했어요."

요르겐센은 센세이션을 일으키며 금의환향해 나이트클럽의 엔터테이너로서 새로운 경력을 시작했다. 본인이 인정한 바와 같이 노래와 춤 실력은 별로였지만 1년도 채 안 지나 'LA의 놀림거리'에서 '세계적인 나이트클럽의 톱스타'로 급부상했으며, 그녀의 이름이 브로드웨이의 전광판을 장식하기에 이르렀다.

많은 미국인들은 요르겐센에 관한 신문 잡지 기사를 읽고, 그녀의 섹시한 공연을 감상했다. 덴마크에 있는 함부르거 박사의 클리닉에는 수술을 간절히 원하는 외국인들의 편지가 쇄도했다. 그는 미국인들에게 해리 벤저민 박사를 소개했다. 벤저민 박사는 젠더와 섹슈얼리티를 전공한 내분비 전문의로, 뉴욕과 샌프란시스코에 진료실을 열어 환자들을 돌보고 있었다.

벤저민은 한걸음 더 나아가《트랜스섹스 현상》이라는 기념비적인 서적을 발간해, "트랜스젠더의 정체성은 통념과 달리 '심리적 트라우마'나 '나쁜 양육' 때문이 아니라 '생물학적 원인' 때문"이라는 관념을 대중화했다. 또한 그는 요르겐센의 자서전에 쓴 서문에서, "요르겐센은 건강하고 정상적인 가정에서 태어났으며, 매혹적인 어머니와 아버지를 자신의 적절한 롤 모델로 삼았다"라고 기술했다. 그는 과학적 증거를 제시하며, 남성 또는 여성이라는 감정은 태아의 뇌 안에서 형성된다고 설명했다. 그는 이렇게 말했다. "자세한 내용은 아직 밝혀지지

크레이지 호르몬

않았지만, 아동기조건화childhood conditioning를 트랜스섹스의 유일한 원인으로 간주하는 정신분석가들의 통념은 폐기되어야 한다." 또한 그는 트랜스섹스와 트랜스베스타이트transvestite을 구별했다. 전자는 젠더를 바꾸고 싶어하는 데 반해, 후자는 이성처럼 옷을 입고 싶어 하지만 '틀린 몸 속에 살고 있다'는 확신이 있지는 않다. (트랜스섹스라는 용어는 1990년대에 트랜스젠더로 대체되었다.)

::

그 즈음 하워드 존스는 성전환수술의 문제점을 인식하고, 기존의 기법들을 완성하는 한편, (교과서에 아직 나오지 않았던) 새로운 수술을 개발했다. 그는 존스홉킨스에서 트랜스젠더를 다루는 전문가팀이 궁극적으로 완벽하지 않다고 믿었다. 그 당시의 내분비, 심리, 비뇨기, 성형외과 전문의들은 공동 작업에 익숙해 있었는데, 모두 모호생식기를 가진 아기들을 다뤄본 경험이 있었기 때문이다. 1966년, 존스홉킨스 부설 성정체성클리닉이 공식적으로 출범했다. 이는 확립된 의료 환경에 기반한 최초의 트랜스젠더 클리닉이었다. (그들은 1950년대에도 트랜스젠더 환자 몇 명을 치료한 적이 있었다.) 홉킨스 팀은 환자들에게 2년간 옷을 바꿔 입고 생활하게 한 후, 심리적 평가를 거쳐 호르몬 치료법 및 수술 여부를 결정했다. 하지만 이 방법은 과학적 근거보다는 어떤 가정에 근거한 원칙이었다.

존스의 회고에 따르면, 생식내분비학과장이던 아내 조지아나도 남편과 열정을 공유했지만 시위자들을 우려했다고 한다. 그러나 그녀의 우려는 기우였다. 클리닉은 작은 팡파르와 함께 문을 열었다. (그로부터 14년 후, 존스 부부가 버지니아 주 노포크에서 미국 최초로 시험관아기 클리닉을 열었을 때, 시위자들은 입구에 바리케이드를 치려고 했다.)

'틀린 몸 속에 살고 있다'고 느끼는 사람들이 용기를 내어 볼티모어로 올 수 있었던 것은, 존스홉킨스 팀의 멤버 존 머니가 제안한 '젠더에 대한 광범위한 시각' 덕분이었다. 그는 젠더를 형성하는 일곱 가지 요인을 제시했는데, 그중에는 염색체와 해부학적 성기 외에 행동과 자기감sense of self이 포함되었다. 그러나 그와 동시에, '양육된 것과 다른 성정체성을 느낀다'고 주장하는 환자들이 꾸준히 몰려듦에 따라, 머니의 핵심 원칙 중 하나("성정체성은 생후 18개월까지 유연하다")가 깨졌다. 이 원칙은 의사들을 자극해 간성 어린이들에 대한 수술을 감행하게 만든 전력이 있었다. 선천적인 왜소음경이나 잘못된 포경수술 때문에 몇몇 남자아기들이 18개월 이전에 소녀로 바뀌었는데, 1950년대의 보 로랑도 그런 피해자들 중 하나였다.

오늘날 과학자들은 "자궁 속에서의 뇌발달 과정이 성정체성 형성에 결정적인 역할을 한다"고 생각한다. 1959년 발표된 고전적 연구는, "임신한 시궁쥐에게 테스토스테론을 주입했더니 암컷 새끼가 모호생식기를 갖고 태어났으며 여느 수컷들과 마찬가지로 다른 암컷의 등에 올라탔다"고 보고했다. 그러나 연구진을 충격에 빠뜨린 사건은 그게 아니었다. 테스토스테론이 감소한 것을 확인한 후 모호생식기를 가진 암컷에게 에스트로겐과 프로게스테론을 주입했더니 여전히 암컷의

크레이지 호르몬

등에 올라타는 게 아닌가! 그것은 "일단 뇌에 각인된 사항은 호르몬 치료법으로도 바꿀 수 없다"는 사실을 시사하는 첫 번째 단서 중 하나였다. 그러나 이 연구는 (나중에 수행된 유사한 연구들도 마찬가지지만) 짝짓기 행동에만 초점을 맞췄는데, 동물의 짝짓기 행동은 성정체성과 크게 다르다는 점을 명심해야 한다.

다트머스칼리지 의대의 생리학/신경생물학 교수인 레슬리 헨더슨 박사는 "일반인들은 물론 심지어 일부 과학자들도 동물의 젠더(사회적 성)를 이야기한다. 동물에게도 젠더가 있는 것 같긴 하지만, 이를 확실히 알아낼 도리가 없다. 우리가 동물에 대해 알고 있는 것은 섹스(생물학적 성)밖에 없다"라고 말했다. 다른 과학자들은 "동물의 성행동은 생식과 관련된 것일 뿐만 아니라, 공격성을 보이거나 지배권을 주장하는 행동일 수 있다"라고 보고한 바 있다. 헨더슨은 이렇게 덧붙였다. "동물들은 때로 섹스와 먹이를 교환한다. 그러므로 동물의 성행동을 보고 성지향성이나 성정체성을 추론할 때는 신중을 기해야 한다."

설치류를 이용한 후속 연구에서는 시상하부 근처의 작은 영역을 가리키며, "수컷과 암컷은 전시각중추medial preoptic area(MPA)와 전복측 실주위핵anteroventral periventricular nucleus(AVPV)의 크기가 다르다"고 지적했다.◇ 인간의 경우, 남성의 분계선조침대핵bed nucleus of stria terminalis (BNST)◆이 여성보다 약 두 배 크며, 시상하부 근처의 또 다른 영역인

◇ 예컨대 수컷 시궁쥐는 암컷보다 MPA가 크고 AVPV는 작다. 그러나 생쥐의 경우 암컷과 수컷의 MPA가 똑같은데, 이는 시궁쥐의 사례를 인간에게(또는 심지어 생쥐에게도) 외삽할 수 없음을 의미한다.

전시상하부사이질핵interstitial nucleus of the anterior hypothalamus(INAH3)도 사정은 마찬가지다. 이러한 차이들이 성정체성에 영향을 미치는지 여부와 메커니즘은 알 수 없으며, 헨더슨에 따르면 크기가 전부는 아니라고 한다. "중요한 건 신경전달물질의 종류나 시냅스의 개수 등이다"라고 그는 경고한다.

많은 연구에서는 트랜스젠더들의 뇌를 분석해, 성정체성이나 성별 해부학적 차이external sexual anatomy와의 관련성(다시 말해서, 남성의 뇌와 여성의 뇌가 어떻게 다른지)을 추정했다. 하지만 이런 연구들은 대부분 규모가 작고 취약하므로, 상관관계가 (설사 발견되었다 하더라도) 극히 미미하다.

보스턴대학교 부설 트랜스젠더의학연구소의 조슈아 세이퍼 박사는 "생각건대, 성을 구별하게 해주는 지속적인 생물학적 요인이 있는 게 분명해 보인다"라고 말했다. "그러나 구체적인 사항을 밝힐 수 있는 단서가 없다. MRI가 미묘한 차이를 보여줄 듯하지만 아무리 전문가라도 뇌 영상 한 더미에서 트랜스젠더의 것을 찾아내지 못할 것이다. 심지어 여성과 남성의 뇌 영상을 구분하기도 상당히 어렵다."

'틀린 몸 속에 있다'는 감정은 아마도 수많은 원인들(예컨대 호르몬, 유전자, 어쩌면 환경 물질)의 결과물인 것 같다. 게다가 트랜스젠더라는 정체성을 초래한 요인이 사람마다 다를 수 있다.

◆ 편도 주변의 뇌세포 덩어리.

여섯 살 때 언니와 함께 찍은 멜의 사진(왼쪽). 고등학교 때 찍은 멜의 사진(오른쪽). Courtesy Mel Wymore.

::

멜은 어린 시절 남자가 되고 싶어 했다. 그는 치마가 아니라 바지를 고집했고, 주름 장식이 달린 블라우스는 일절 거부했다. 어머니는 멜의 의사를 존중했다. 그녀는 심지어 멜을 위해 맞춤 셔츠와 바지를 만들었다. 다만 사진 찍는 날만큼은 드레스를 입으라고 요구했다. 가족들은 멜을 말괄량이로 간주하고, 언젠가 여성의 역할을 받아들일 거라 생각했다.

멜은 고등학교에 들어갔을 때 친구들과 자연스럽게 어울리고 싶어 했다. 그래서 머리를 길게 기르고 여고생들처럼 옷을 입었다. "나는 외견상 매우 행복하고 사교적이고 패기만만했지만, 나의 내적 자아와는 거리가 한참 멀었어요." 애리조나대학교 재학 시절 남자친구를 만났다. "나는 그에게 강하게 끌리는 느낌을 받았어요." 두 사람은 졸업 후에도 오랫동안 관계를 이어가다 1989년 결혼했다.

1999년, 멜은 "점점 더 불행하게 느끼는 건 레즈비언이기 때문"이라고 믿기 시작했다. 이윽고 남편과 별거에 들어가 다음 해에 이혼했지만, 친구로서의 관계를 유지하며 자녀들(그 당시에는 걸음마를 배웠다)을 공동 양육했다. 멜의 어머니는 그의 커밍아웃을 비난하며 몇 년간 꼴 보기 싫다며 쳐다보지도 않았다. 행복하지 않은 건 멜도 마찬가지였다. 멋진 여성들과 관계를 맺었지만, 그럴 때마다 왠지 마음이 혼란스러워 견딜 수가 없었다. "적절한 치료를 받으며 '해방된 레즈비언'의 삶을 만끽하고 있었어요. 그러나 여성들과의 불편한 관계를 견디기 힘들어서 매우 참담했죠." 그는 술회했다. "나는 원하는 것을 모두 성취한 상태였어요. 성공한 공학자, 완벽한 남편, 예쁜 아이 두 명. 그러나 내 마음 속 깊은 곳에는 형언할 수 없는 공허함이 여전히 남아 있었어요. 나는 그 공허함의 정체를 밝히려고 노력했어요. 나의 진정한 자아는 그 어디에도 없었거든요."

마침내 전환점이 찾아온 것은, 자녀들이 다니는 중학교에서 봉사활동을 하던 때였다. 사친회 산하 다양성위원회 회장을 맡고 있었던 멜은 예스인스티튜트라는 단체에 강연을 요청했다. 예스인스티튜트는 게이, 레즈비언, 트랜스젠더 청소년들의 권리를 보장하는 환경을

크레이지 호르몬

만들기 위해, 교육 기관과 손을 잡고 강연 활동을 벌이는 단체다.

"나는 학부모 측 코디네이터여서 교실 맨 뒤에 앉아 강연을 참관했어요. 강연자는 오프라 윈프리와 바버라 월터스가 트랜스젠더 어린이들과 인터뷰하는 장면이 담긴 동영상을 보여줬어요. 동영상에 나오는 어린이들 중 한 명이 내 어릴 적 모습과 매우 흡사했어요. 그제서야 알게 됐어요. 내가 왜 그렇게 불행한지를요. 나는 레즈비언이 아니라 트랜스젠더였던 거예요."

멜은 플로리다 주 마이애미에 있는 예스인스티튜트 본사에서 열리는 일주일간의 세미나에 등록했다. "세미나에는 모든 종류의 트랜스젠더와 다양한 성전환수술을 받고 있는 사람들이 참석해서 흥분되더군요. 저는 이미 커밍아웃을 해서 전통적 가정을 파괴한 상태였지만, 곰곰이 생각했어요. '제기랄, 처음부터 틀렸었군. 이 모든 것을 다시 시작해야겠어'라고요."

멜은 가족에게 먼저 말한 후, 세 형제자매(남자형제 하나, 여자형제 둘)의 도움을 받아 공식 발표회를 가졌다. 맨해튼 어퍼웨스트사이드에서 트랜스젠더 주민회의를 소집해 회장에 취임한 후, 50여 명의 주민이 모인 가운데 다음과 같은 발표문을 낭독했다. "개인적 깨달음을 여러분과 공유하고자 합니다. 나의 성정체성은 늘 고통의 원인이었습니다. 나는 지금부터 성정체성의 의미를 공개적으로 탐구할 예정인데, 여러분은 그 과정에서 나에게 모종의 변화가 일어나는 것을 보게 될 겁니다. 어느 쪽으로 가게 될지는 내 자신도 모르지만, 모임의 회장으로서 맡은 바 임무를 성실히 수행할 것을 약속 드립니다. 나는 열린 마음으로 성전환에 관한 모든 질문에 기꺼이 대답하려고 합니다. 나에게는 물론 여러분에게도 새로운 경험이 될 것입니다. 여러분의 인내와 허심탄회한 질문을 부탁 드립니다." 그는 다음 번 사친회 모임에서도 회장에 취임하며 비슷한 발표문을 읽었다. 몇 명의 학부모들이 그에게 다가와, 처음에는 혼란을 겪었지만 지금은 행복하다고 말해줬다.

운 좋게도, 멜의 주변에는 진보적인 이웃들이 많았다. 그는 내분비 전문의 한 명에게 치료를 받는데, 그 의사는 트랜스젠더 치료 분야의 세계적 권위자 중 한 명이었다. 그는 어떤 트랜스젠더보다도 운이 좋았지만, 그럼에도 불구하고 (모든 사람이 기정사실화하고 있는) 자신의 성별을 바꾼다는 게 결코 쉬운 일은 아니었다. "성전환은 고통을 수반하는 과정이에요. 많은 손실을 감내해야 하며, 심지어 이혼을 겪을 수도 있어요"라고 멜은 말했다. "'당신이 사랑했던 사람'과 '장차 당신의 일부가 될 거라고 상상했던 사람'이 갑자기 변하고, 장밋빛 미래가 순식간에 사라지죠. 젠더는 우리의 자기감과 사회적 동아리에 너무나 깊게 스며들어 있어요. 성전환을 하면 삶의 모든 측면들이 송두리째 뒤집어져요. 바뀐다는 건 본질적으로 슬픔을 초래하죠."

멜은 2010년 두 번에 걸쳐 유방절제술을 받고, 곧바로 호르몬 치료를 시작했다. 첫 번째로, 그는 에스트로겐을 차단하고 폐경을 가속화하는 의약품을 복용했다. 그러자 몇 달이 채 지나지 않아 그는 더 이상 에스트로겐 차단제를 복용할 필요가 없었다. 왜냐하면 그의 몸이 여느 폐경 후 여성들과 마찬가지로 에스트로겐을 생산하지 않았기 때문이다.

크레이지 호르몬

"나는 즉시 기분이 좋아졌어요. '내가 누구인지'를 내 몸이 느끼기 시작했으니 말이에요. 에스트로겐 느낌이 사라지고 나니, '더욱 진정한 나'가 되었어요."

두 번째로, 멜은 테스토스테론 젤을 가슴에 바르기 시작했다. 젤은 주사제보다 반응 시간이 느렸기 때문이다. "젤을 바르면 성욕이 폭발적으로 증가하지 않을 테니 스스로 용량을 조절할 수 있을 거라고 생각했어요." 그럼에도 불구하고 테스토스테론은 그의 성욕에 엄청난 영향을 미쳤다.

"테스토스테론이 나의 성반응sex response에 큰 영향을 미친다는 사실을 알고 소스라치게 놀랐어요. 마치 사춘기를 맞은 남자아이처럼, 모든 사람과 모든 사물들이 잠재적인 성적 대상이 되었어요. 그래서 데이트를 스스로 금지했어요. 내 자신도 믿을 수 없는 감정적 존재였으니까요. 기분이 안정될 때까지 기다리고 싶었어요. 나는 문자 그대로 '사춘기를 통과하고 있는 열일곱 살짜리 소년'이었어요." 그러나 그는 성인이었으므로, 정확히 말하면 '청소년의 욕망'과 '성인의 태도'를 지닌 애어른이었다.

::

트랜스젠더 남성(여성에서 남성으로 전환한 트랜스젠더)의 경우, 테스토스테론 치료를 하면 근육이 불어나고 얼굴에 털이 돋아나고 리비도가 상승하며 체취가 변할 수도 있다. 트랜스젠더 여성(남성에서 여성으

로 전환한 트랜스젠더)의 경우, 에스트로겐은 직접적인 영향을 미칠 뿐
아니라 테스토스테론 분비를 억제함으로써 간접적인 영향도 미친다.
테스토스테론이 줄어들면 근육량이 감소하고 체지방이 변화하며 히
프가 두툼해진다. 일부 트랜스젠더 여성들은 테스토스테론 수치를 더
욱 낮추기 위해 항안드로겐제anti-androgens를 투여한다.

　의사들은 호르몬의 다른 부작용에도 주의를 기울인다. 테스토스테
론은 적혈구 수를 증가시키는데, 이로 인해 뇌졸중과 심장마비의 위험
이 증가할 수 있다. 몇몇 연구에 따르면, 에스트로겐은 우울증 위험을
증가시킬 수 있다. 그러나 보스턴대학교의 내분비 전문의 세이퍼 박사
에 의하면, 대부분의 사람들은 성전환에 매우 만족하므로 정신 건강에
미치는 긍정적 효과가 모든 부작용을 상쇄하고도 남는다고 한다.

　트랜스젠더 성인들이 받은 호르몬 치료가 사춘기에 일어난 변화들
을 모두 제거하는 것은 아니다. 예컨대, 테스토스테론이 유방의 크기를
감소시키지는 않는다. 에스트로겐이 울대의 크기를 감소시키지 않으
며, 중후한 남성적 음성을 고음의 여성적 음성으로 바꿔주지도 않는다.
따라서 의사들은 가급적 십대 트랜스젠더들에게 수술을 시도하며, 심
지어 첫 사춘기 징후가 일어날 때 치료를 시작하는 의사들도 있다. 가
장 최근(2017년 가을)에 발표된 내분비학회 지침에 따르면, 16세 미만
어린이들 중 일부는 호르몬 치료를 시작해도 무방하다고 한다.◇ 이는

◇　다음과 같은 주요 의학협회들이 이 지침을 작성하는 데 관여했다. 미국임상내분비학
회, 미국남성의학회, 유럽소아내분비학회, 유럽내분비학회, 소아내분비학회, 세계트
랜스젠더건강전문가협회.

8년 전 발표된 지침을 개정한 것으로, 그 당시에는 16세쯤부터 호르몬 치료를 시작하도록 권고했었다. 그러나 전문가들은 데이터가 부족하다고 경고한다. 여러 해 동안 어린이들을 추적하며 부작용을 모니터링하거나, '사실은 트랜스젠더가 아닌 것으로 밝혀진 어린이가 몇 명인지'에 대한 정보를 수집한 대규모 임상시험이 실시되지 않았기 때문이다.

이와 동시에, 의사들은 성전환이 마음에 내키지 않는 청소년들이 치료받기 시작할 수 있음을 우려하고 있다. 사춘기 차단제puberty blocker는 가역적이므로, 만약 어린이들이 나중에 성전환을 하지 않기로 결정한다면 투약을 중단하고 지연된 사춘기delayed puberty를 경험할 수 있다. 어떤 의사들은 어린이들이 결정을 감당할 수 있을 정도로 성숙할 때까지 가능한 한 사춘기 차단제 투여를 늦추지만, 그게 생각만큼 쉽지 않다. 한 의사에 따르면 트랜스젠더 청소년의 입장도 생각해줘야 한다고 한다. 동년배들과 다른 성정체성을 갖는다는 것도 견디기 어렵지만, 뼈만 앙상한 자신의 모습을 바라보며 '털 많은 근육질 남성'이나 'S 라인 여성의 몸매'로 변해가는 동급생들에게 열등감을 느끼는 것 역시 견디기 어려울 테니 말이다. 최근 지침에서는 16세 미만 어린이들에게도 성전환수술을 허용하고 있지만, "모든 어린이들에게 일률적인 기준을 적용하기보다는 건별로 검토한 후 결정하는 게 바람직하다"는 것이 전문가와 부모들의 중론이다. 모든 어린이들의 욕구를 동시에 충족할 수 있는 기준은 존재하지 않기 때문이다.

자녀를 낳은 후 성전환을 결정한 멜과 달리, 성전환을 고려하는 트랜스젠더 청소년들은 잠재적인 불임을 감안해야 한다. 남성으로 태어난 어린이가 항안드로겐제나 에스트로겐을 복용하면 정자 수가 급감한다. 어떤 성인들은 임신 능력을 회복하고 싶다면 몇 달 동안 투약을 중단하면 되고, 십대라면 정자나 난자를 냉동해둘 수 있다. 그러나 첫 사춘기 징후가 나타났을 때 호르몬 차단제를 사용한 어린이들은 그럴 수가 없다. 그렇다고 해서 사춘기 전 남자아이에게서 정자를 채취하거나, 사춘기 전 여자아이에게서 성숙한 난자를 채취할 수도 없는 노릇이다.

남성에서 여성으로 성전환을 한 십대의 아빠는 "우리 아이는 에스트로겐 치료를 시작한 날을 제2의 생일로 간주하고 있어요"라고 말했다. 여성에서 남성으로 성전환을 고려하는 십대의 엄마는 "내 아이가 최소한 스무살이 될 때까지 테스토스테론 치료를 늦추고 싶어요"라고 말했다. 왜냐하면 성전환수술이 장기적으로 어떤 영향을 미칠지 걱정되었기 때문이다. 그녀는 이렇게 덧붙였다. "성전환수술이 '발달하는 뇌'에 미치는 영향을 제대로 아는 사람은 아무도 없어요. 가장 걱정되는 점이 바로 그거예요." 그녀는 한 가지 단서를 달았는데, 그 내용인즉 '여성에서 남성으로 전환한 아이가 우울증에 걸릴 경우, 테스토스테론 치료의 혜택이 미지의 장기적 위험을 상쇄할 수 있다'는 것이었다.

과연 그럴까? 멜의 경우, 테스토스테론 치료를 받은 후 기분이 급상승했다고 한다. 가족을 방문하러 본가에 갔을 때 그의 누이에게 "마치 날뛰는 망아지 같아"라는 말을 들었다고 하니, 테스토스테론을 투여한 후 그의 기분이 상승한 것은 분명한 것 같다. 그러나 그게 성전환으로 인한 행복감 상승 때문인지, 자신감 상승 때문인지, 아니면 테스토스테론 때문인지는 그 자신도 확신할 수 없다.

멜은 성전환수술을 받는 동안 남성 화장실을 사용해야 한다는 점이 꺼림칙했다. 뒤에서 기다리는 남성들이 손가락질하며 '여성스럽거다'거나 '트랜스젠더 같다'고 흉볼까 봐 걱정했다. 그러나 그건 괜한 걱정이었다. 화장실에서 거울을 들여다보며 옷매무시와 화장을 고치는 여성들과 달리, 남성들은 소변을 보고 난 후 잡담을 하지 않았다. "그들은 소변을 보고 손만 씻은 후 곧바로 자리를 뜨더군요"라고 그는 말했다.

"나는 남성 화장실에서 소변 보는 게 매우 어색했어요. 악취가 코를 찌르고 위생 상태가 매우 불량해서 소변 볼 엄두가 나지 않았어요. 후각에 대한 테러나 마찬가지였어요."

멜은 자신이 '젠더에 대한 새로운 이해'를 돕는 밑거름이 되길 바란다. "세상에 두 가지 젠더가 존재하는 건 사실이지만, 거기에 너무 큰 비중을 두는 게 문제예요. 젠더가 '우리의 삶에서 일어나는 모든 것에 미치는 영향'이 덜 분명하고 덜 엄격했으면 좋겠어요."

지금으로부터 한 세기 전 존스홉킨스 병원에서 성정체성클리닉이 설립될 때, 설립 멤버인 하워드 존스 박사는 "환자들의 기대가 '의학적으로 가능한 수준'을 넘어설지도 모른다"고 걱정했다. 즉, "의사들이 나의 정서적 불안을 치료해줄 것"이라는 환자들의 기대가 부담스러웠던 것이다. 오늘날 많은 전문가들은 그와 정반대로, 무치료no treatment의 영향을 걱정한다. 트랜스젠더의 40퍼센트 이상이 자살을 시도하는

데, 이는 국민 평균의 10배에 해당된다. 그런데 대다수의 자살 시도가 치료 전에 일어난다는 게 문제다. 멜 자신은 자살을 생각해본 적이 없었지만, 16세에서 26세 사이에 열 번의 교통사고를 낸 적이 있었다. "주의력이 산만해서 교통사고를 냈던 것 같아요. 불안에 시달린 나머지 아무 데로나 빨리 달려가고 싶었거든요."

과학자들은 아직 '성정체성과 외부생식기의 불일치'를 초래하는 원인을 밝히지 못했지만, 활동가·연구자·임상의들은 최선의 치료법을 알아내려고 노력하고 있다. 그들의 목표는 트랜스젠더의 성전환을 가장 안전하고 적절한 방법으로 도와주는 것이다.

15장　포만감을 느끼는 이유

카렌 스니젝의 아들 네이트는 허기진 남자아기로 태어났다. 그는 좀처럼 충족되지 않는 극심한 배고픔을 일상적으로 느꼈다. 갓난아기 때는 하루 종일 젖을 먹었다. 물론 잠잘 때는 예외였지만, 취침 시간은 결코 오래가는 법이 없었다. 멈출 줄 모르는 식욕 때문에 잠에서 깨어나 좀 더 많은 젖을 달라고 비명을 질렀다. "네이트가 나의 젖을 빨 때, 몸에서 생명력이 빠져나가는 듯한 느낌이 들었어요" 하고 스니젝은 말했다.

　　젖을 떼고 음식을 먹기 시작했을 때도 네이트의 엄청난 식성은 수그러들지 않았다. 매 끼니 때마다 식사가 끝나면, 스니젝은 유아용 식탁 의자에 버티고 앉아 있는 네이트를 겨우 끌어내고 안도의 한숨을 내쉬곤 했다. 그러나 그것도 잠시. 네이트는 어느 틈에 의자 쪽으로 기어가 자리를 잡고 앉아 대성통곡을 했다. 마치 며칠 굶은 것처럼. '먹을 것 좀 더 달라'고 보채는 아들에게 모질게 군다는 건 엄마로서 가슴이 미어지는 일이었지만, 그렇다고 해서 달라는 대로 무작정 퍼줄 수도 없는 노릇이었다. "태어날 때는 2.7킬로그램이었던 아이가 이내 풍선처럼 부풀어 통통해지더니 걸음마를 배울 때부터 일찌감치 비만아가 되었어요."

두 살쯤 되었을 때, 스니젝은 '내 아들이 단순히 배가 고픈 게 아니라, 뭔가 단단히 잘못된 것 같다'는 예감이 들었다. 그토록 주야장천 허기진 사람이 이 세상에 있을 리 만무했기 때문이다. 그녀는 아들을 데리고 가정의학과에 갔다. "의사는 한두 달쯤 치료해보더니 안 되겠다 싶었던지 전문의에게 가보라고 했어요." 스니젝은 말했다. 혈액검사 결과, 네이트는 희귀한 내분비장애에 걸린 것으로 밝혀졌다. 어떤 잘못된 유전자 하나 때문에 포만감을 느끼게 하는 호르몬이 제 기능을 수행하지 않은 것이었다. 의사는 그 질병을 전구아편양흑색소부신피질자극호르몬결핍증Proopiomelanocortin deficiency, 줄여서 POMC 결핍증이라고 불렀다. 네이트는 단지 식욕이 왕성한 아이가 아니라, 음식을 줄기차게 먹도록 프로그램된 아이였다.

네이트의 경우에서 보는 바와 같이, 비만에 대한 오늘날의 생각은 팻브라이드(블랜치 그레이)가 살았던 19세기와 크게 다르다. 그레이의 시대에는 호르몬이라는 용어가 아직 탄생하지도 않았었다. 엄청나게 뚱뚱한 사람들은 서커스단에서 공연하거나 (아무것도 모르는) 의사들에게 주먹구구식 진료를 받았다. 그레이가 세상을 떠난 이후 네이트가 태어날 때까지, 내분비학이라는 분야가 탄생하고 번창했다. 연구자들은 데이터가 무성한 숲을 탐험하며 새로운 길을 닦았다. 네이트의 주치의는 호르몬 결핍을 진단했으며, 유전자 검사를 통해 잘못된 유전자가 존재하는 영역(2p23.2)을 정확히 짚어냈다. 이러한 핵심 정보는 최근 발견된 다른 정보들과 함께 신약 개발의 길을 열고 있다. 새로 개발된 의약품은 네이트와 같은 환자들의 갈망을 잠재우거나, 날씬해지

크레이지 호르몬

고 싶어 하는 사람들의 식욕을 줄일 것이다. 좀 더 근본적인 수준에서 생각해보면, 번창을 거듭하는 내분비 연구는 인간의 가장 원초적 충동 중 하나인 식욕의 생물학적 기반에 신선한 시각을 제공하고 있다. 그 내용인즉, 호르몬이 우리에게 음식을 먹으라고 부추긴다는 것이다.

::

체중 증가를 다뤘던 초기 생리학 연구들은 대부분 에너지에 초점을 맞춰, '일부 사람들이 다른 사람들보다 칼로리를 빨리 태우는 이유' 를 이해하려고 노력했다. 과식은 심리학자들의 영역으로 치부되었고, 그들은 주로 정서적 측면을 다뤘다. 1950년대 전까지만 해도 배고픔은 호르몬과 무관한 것으로 간주되었다. 그러나 그 즈음 과학자들은 살찐 시궁쥐를 연구하기 시작했다. (어떤 시궁쥐는 뚱뚱하게 태어나고, 어떤 시궁 쥐는 연구자가 강제로 먹이는 바람에 뚱뚱해진다. 참고로 시궁쥐는 구토를 하지 않으므로 강제로 살을 찌우기가 비교적 쉽고 간단한 것으로 알려져 있다.◇) 또 그

◇ 차제에 시궁쥐의 식성에 대해 좀 더 알아보기로 하자. 구토는 독성 식품을 배출하는 유용한 메커니즘인데, 시궁쥐는 구토를 할 수 없기 때문에 자구책으로 까다로운 식습 관이 진화했다. 즉, 뭐든 조금만 맛을 본 후 조금이라도 이상한 먹이는 먹지 않는다. ratbehavior.org에 따르면, 시궁쥐는 구토뿐만 아니라 트림도 하지 않는다고 한다. 왜냐 하면 위장과 식도 사이에 강력한 장벽이 존재하고, 소화관에 구토나 트림과 관련된 근 육 구조가 없으며, 먹이를 역류시키는 뇌-신체조정brain-body coordination 메커니즘이 존 재하지 않기 때문이다. 그러나 나는 그런 말들을 도저히 믿을 수가 없다. 내가 사는 뉴 욕시의 경우, 시궁쥐들은 사람이 내버리는 것들을 뭐든 냉큼 주워 먹는다. 심지어 쥐약 까지도!

즈음, 연구자들은 시상하부의 무한한 영향력을 깨닫기 시작했다. 시상하부는 아몬드만 한 뇌분비샘으로, 인체의 다양한 호르몬들을 조절한다. 시상하부는 많은 신체 기능을 조절하는 호르몬들의 고향이다. 그중 핵심적인 것들을 몇 가지 들어보면, 체온을 조절하는 호르몬, 스트레스를 조절하는 호르몬, 생식에 관여하는 호르몬이 있다. 연구자들은 시상하부가 식욕까지 조절하는지 알아보기 위해 실험을 해봤다. 그 결과 아니나 다를까, 시궁쥐에서 시상하부를 제거하니 먹이를 폭풍 흡입하는 것으로 드러났다. 그래서 '시상하부는 식욕을 조절하는 호르몬을 분비하는 것 같다'는 설이 제기되었다.

1958년, 케임브리지대학교의 과학자 조지 R. 허비는 (놀랍도록 단순하지만 지금 봐도 엽기적인) 실험을 했다. 두 마리 시궁쥐의 껍질을 벗긴 후 노출된 속살을 봉합사로 꿰맸다. 시간이 지남에 따라 접합된 부위에서 모세혈관이 자라나, 두 시궁쥐는 순환계를 공유하게 되었다. 합체된 시궁쥐들의 모습은 샴쌍둥이를 연상시켰다. 혈액이 두 마리의 몸을 순환하자, 허비는 직감적으로 '시궁쥐가 혈액을 공유한다면 호르몬도 공유할 것'이라는 생각이 들었다. 시험 삼아 한 마리의 시상하부를 제거함으로써 '채워지지 않는 허기'를 초래했더니, 예상했던 대로 그 쥐는 뚱뚱해졌다. 그는 첫 번째 쥐의 '고장 난 호르몬'이 두 번째 시궁쥐에게 흘러가 두 번째 쥐도 과식을 할 거라고 생각했다. 그러나 결과는 정반대였다. 두 번째 쥐는 되레 먹이를 거부하는 게 아닌가! 다른 시궁쥐 쌍들을 대상으로 동일한 실험을 여러 차례 반복해봤지만, 결과는 늘 똑같았다. "입에 먹이를 갖다 대도, 두 번째 쥐들은 전혀 먹

지 않고 딴전을 피웠다"라고 그는 보고했다. 시상하부가 제거된 시궁
쥐는 피둥피둥 살이 찌지만 그와 혈관이 연결된 파트너는 굶어 죽는,
상반된 현상이 공존했다.

허비는 1959년 《생리학저널》에 발표한 논문에서 이렇게 설명했
다. "간단히 말해서, 칼로리를 충분히 섭취하면 식욕을 차단하는 화학
반응이 촉진된다." 그는 이 같은 발견이, 당시 급부상하고 있는 '호르
몬의 음성적 피드백hormonal negative feedback'이라는 이론을 지지한다는 결
론을 내렸다. 즉, 체내에서 한 가지 호르몬의 수준이 상승하면, 다른
호르몬에 '내 수준을 낮춰달라'는 신호를 보낸다는 것이었다. 이는 신
체가 균형을 유지하는 방법인데, 의사들은 이를 항상성homeostasis이라
고 부른다. 월경주기가 '에스트로겐과 프로게스테론의 시소 타기'인
것도, 췌장이 혈당 수준을 조절하는 것도 이와 똑같은 원리라고 할 수
있다. 허비는 "시궁쥐가 먹이를 먹으면, 다른 분비샘에서 '나는 배부르
다'는 신호를 보내는 호르몬이 분비된다"고 이해했다. 즉, 시상하부가
제거된 시궁쥐는 신호를 접수하지 못해 먹이를 계속 먹었지만, 날씬
한 시궁쥐의 시상하부는 혈류를 통해 전달된 신호를 접수했다. 날씬
한 쥐는 먹이를 한 모금도 먹지 않았지만, 뚱뚱한 쥐가 보낸 '나는 충
분히 먹었다'는 신호(사실은 거짓 신호다)를 접수해 섭식을 중단한 것이
었다. 그러니 샴쌍둥이 중 하나는 살이 찌는데, 다른 하나는 삐삐 말라
죽을 수밖에.

뒤이어 미국에서 실시된 후속 연구들과 함께, 영국에서 실시된 초
기 시궁쥐 연구들은 '포만감 호르몬 사냥'에 시동을 걸었다. 1949년

메인Maine 주 바 하버Bar Harbor에 있는 잭슨연구소에서 일하던 조지 스넬은 다른 생쥐들보다 체중이 세 배나 무거운 생쥐 혈통을 발견했다. 그들은 먹이를 맹렬하게 먹었으므로, 비만obesity의 앞 두 글자를 따서 'ob 생쥐'라고 명명되었다. 그로부터 10년 후, 잭슨연구소에서 일하던 더글러스 콜먼은 뚱뚱하고 엄청나게 많이 먹으며 당뇨병을 앓는 생쥐 혈통을 발견해, 당뇨병diabetes의 앞 두 글자를 따서 'db 생쥐'라고 명명했다. 콜먼은 허비와 비슷한 샴쌍둥이 연구를 통해 "'db 생쥐'들은 포만인자satiety factor가 결핍되어 있음에 틀림없다"고 생각했지만, 그 정체는 여전히 오리무중이었다.

1970년대에 들어 방사면역측정법(RIA)을 개발해 노벨상을 수상한 로절린 앨로는 "그토록 찾아왔던 포만감 호르몬은 바로, 소화관과 뇌에서 모두 분비되는 콜레스토키닌cholecystokinin(CCK)이라는 물질"이라고 제안했다. 그러나 수치스럽게도, 그녀의 수제자 브루스 슈나이더가 스승님의 오류를 증명했다. 오늘날 우리는 "CCK는 음식물을 먹는 동안에 분비되며 소화를 촉진한다"는 사실을 잘 알고 있다. CCK는 공복감과 관계가 있긴 하지만, '나는 배부르다'고 알려주는 호르몬은 아닌 것이다. 1980년대에 들어 과학자들이 '호르몬 생성 유전자'를 찾아내는 고성능 도구를 개발하면서, 포만감 호르몬 수색 활동은 새로운 모멘텀을 얻었다. 그럼에도 불구하고 정확한 유전자가 발견되기까지 10년의 세월이 더 흘렀다. (유전자 사냥은 보물찾기 놀이나 마찬가지다. 처음에는 보물이 있을 만한 지역을 개략적으로 선정한 후, 엄밀한 탐색 과정과 단서 수집을 통해 범위를 차츰 좁혀나간다.)

크레이지 호르몬

1994년 콜먼의 연구에서 영감을 얻은 록펠러대학교의 제프리 프리드먼 박사 연구팀은, 새로운 유전자 탐색 기법을 이용해 '포만감 호르몬을 생성하는 유전자'를 찾아냈다. 그러나 당초 생각했던 것과 달리, 그 호르몬은 그리 간단한 호르몬이 아니었다. 그것은 포만감을 알려주는 호르몬이 아니라, 체중을 조절하는 호르몬에 더 가까웠다. '언제 공복감을 느낄 것인지'와 '언제 포만감을 느낄 것인지'에 대한 기준점을 정해놓고, 장기간에 걸쳐 식욕을 조절하는 호르몬이니 말이다. 물론 그 호르몬이 제대로 작동하지 않는다면, 아무리 폭풍 흡입을 해도 포만감이 전혀 느껴지지 않는다.

문제의 호르몬은 렙틴이라고 명명되었는데, 어원을 살펴보면 '가늘다'는 뜻을 가진 그리스어 렙토스leptos에서 유래한다. 그런데 렙틴은 전혀 예상치 않았던 곳, 지방세포에서 발견되었다. 지방세포가 단지 기름진 방울이 아니라 난소나 고환 등과 같은 내분비기관이라니! 그건 정말로 엄청난 충격이었다.

"지방세포가 연료 창고일 뿐만 아니라, 온갖 종류의 분자들을 분비한다는 점은 전혀 뜻밖이었어요"라고 컬럼비아대학교의 소아과 교수로서 분자유전학과장과 나오미베리당뇨병센터 소장을 맡고 있는 루디 레이벨은 말했다. 레이벨은 록펠러대학교의 프리드먼과 함께, 유전자 클로닝◆ 단계에서 핵심적인 역할을 수행했다.

◆ 생물의 특정 유전자를 세포에서 추출한 후, 그 유전자를 벡터(유전자의 운반자)에 삽입해 대장균 등의 숙주 내에서 증식시킴으로써 균일한 유전자 집단(클론)을 만드는 기술.

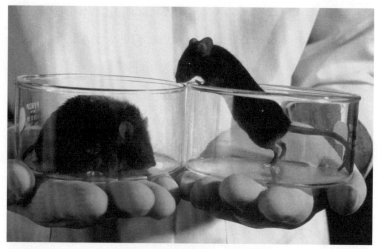

오른쪽 생쥐는 정상이고, 왼쪽 생쥐는 렙틴 결핍을 초래하는 유전적 변이를 갖고 있어 폭식을 한다. Remi Benali/Gamma-rapho/Getty Images.

그러나 과학계와 전 세계 다이어트계에 센세이션을 일으킨 것은, 호르몬 저장소(지방세포)가 아니라 호르몬 그 자체였다. 그리하여 "어떤 사람들이 살찌는 것은 의지 박약 때문이 아니라, 화학 때문일 것"이라는 추측에 신빙성이 더해졌다. 런던에서 발행된《인디펜던스》에는 "당신을 살찌게 하는 것은 탐욕이 아니라 유전자다"라는 제목의 기사가 대문짝만 하게 실렸다.《뉴욕타임스》의 기사는 "비만인은 만들어지는 게 아니라, 그렇게 태어난다'는 이론에 큰 힘을 실어주는 연구 결과가 나왔다"는 문장으로 시작되었다.

오늘날 의사들은 렙틴이 경보 시스템과 동일한 역할을 수행하는 호르몬이라고 간주한다. 신체에게 허기진 때가 언제인지를 알려주기 때문이다. 에너지 저장량이 감소하면, 렙틴 수준이 내려가며 스위치가 켜져 공복감을 느끼게 된다. 이때 음식물을 섭취하면 공복감이 사라지며 렙틴 경보가 안정 모드로 복귀한다. 그러나 음식물을 전혀 섭취하지 않으면, 렙틴이 위험 수준(낮은 수준)에 계속 머무르며 다른 시상하부 호르몬들을 방해한다. 그러면 생식과 대사가 늦어지고, 면역계가 약화된다. "렙틴 수준이 내려가면 생식·대사·면역 반응들이 모두 약화되는 것은 바로 이 때문입니다. 그와 관련된 생물학적 과정들(아기 낳기, 세균 무찌르기, 체온 높이기)이 에너지를 소모하므로, 이를 약화시킴으로써 에너지 낭비의 소지를 없애려 하는 것이죠"라고 프리드먼은 설명했다.

끼니를 거른 여성들이 월경을 멈추고, 임신을 못 하고, 병에 걸리기 쉬운 것도 바로 이 렙틴 때문이다. 렙틴 부족으로 인해 다른 호르몬들에 이상이 생기면, 팔에 털이 많이 나고 뼈가 약하고 푸석푸석해지는데, 이 두 가지 현상은 신경성식욕부진anorexia nervosa 환자들에게 흔히 나타난다. 의사들은 오랫동안 이러한 위험을 알고 있었지만, 렙틴이 그런 문제를 촉발하는 핵심 원인으로 밝혀진 것은 최근의 일이다.

또한 많은 사람들이 체중 감량에 어려움을 겪는 것도 렙틴 때문이라고 할 수 있다. 그것은 오랫동안 전해져 내려온 '기준점 이론set point theory'을 호르몬적 관점에서 해석한 것이다. 대부분의 사람들은 통상 체중(설사 날씬한 체형이 아니더라도 자신에게 적당하다고 느끼는 체중)을 유지하는 경향이 있다. 그러므로 음식 섭취량이 줄어 지방 축적량이 감소하면, 렙틴 수준이 떨어져 식욕을 촉진함으로써 통상 체중을 회복하게 된다. 그런데 반가운 소식은, 렙틴이 양방향으로 작용한다는 것이다. 즉, 자기 자신만의 내적 화학 장치에 몸을 맡긴다면, 폭식한 후에 렙틴 수준이 올라가 식욕을 억제해주므로 통상 체중으로 쉽게 돌아갈 수 있다.

한걸음 더 나아가, 느리고 점진적인 다이어트는 (아마도 렙틴 수준의 재설정을 통해) 기준점을 낮춤으로써, 지속 가능한 체중 감량을 가능케 한다고 한다. 만약 이게 사실이라면, 렙틴이 다이어트하는 사람들의 공복감을 덜어줌으로써 체중 감량을 도와줄 수 있을 것이다. 그러나 이것도 어쩌면 희망 사항인지도 모른다. 체중에 신경 쓰는 사람이나 블록버스터를 꿈꾸는 제약사들에게는 미안한 일이지만, 렙틴 주사는 렙틴을 전혀 분비하지 못하는 극소수 사람들에게만 효능을 발휘하기 때문이다. 이는 아마도, 우리가 음식을 먹는 이유가 매우 다양하기 때문인 것 같다. (우리는 종종 배가 고프지 않아도 음식을 먹곤 한다.) 게다가 공복감, 포만감, 칼로리 연소 속도를 조절하는 호르몬은 렙틴 하나만이 아니다.

::

POMC 환자인 네이트는 렙틴이 결핍된 게 아니라, 시상하부의 렙틴 수용체에 결함이 있는 케이스다. 그러나 '렙틴 결핍'과 '렙틴 수용체 결함'의 결과는 똑같으므로, 환자는 끊임없이 배고픔을 느낀다. 차이가 하나 있다면, 네이트는 렙틴을 아무리 투여해도 전혀 도움이 안

된다는 것이다. 그에게 렙틴을 투여하는 것은, 새는 호스의 엉뚱한 곳을 덕트 테이프로 감싸는 것이나 마찬가지다.

네이트는 렙틴의 연쇄반응 결함 때문에 일련의 내분비계 문제에 봉착한다. 블랜치 그레이의 시대에 네이트와 같은 결함을 갖고 태어난 어린이들은 유아기를 넘기지 못했다. 그러나 그는 부신 결함 때문에 코르티손 정제를 하루에 세 번씩 먹고, 갑상샘 결함 때문에 갑상샘호르몬제를 하루에 한 번씩 복용한다. 렙틴 경로가 작동하지 않아 사춘기를 스스로 경험할 수 없으므로, 때가 되면 성호르몬이 필요하게 될 것이다.

네이트와 같은 환자들을 연구한 덕분에 과학자들은 배고픔의 생리학을 크게 발전시킬 수 있었다. 그러나 아직은 초보 단계를 벗어나지 못했음을 인정해야 한다. 현재 제시되고 있는 단서들은 장차 식욕과 에너지에 관한 연구의 틀을 형성하게 될 것이다. 내분비학자들은 감염병 전문가, 면역학자, 신경과학자, 심지어 환경 전문가들과 손을 잡고 있다. 예컨대 소화관에 서식하는 수조 마리의 미생물들(이들을 마이크로바이옴microbiome이라고 한다)은 화학물질을 뿜어내는데, 이것이 호르몬(식욕 조절)과 신체(칼로리 연소)의 작용을 교란할 수 있다. 따라서 어떤 세균들은 체중 증가에, 어떤 세균들은 체중 감소에 관여할 수 있다. 어떤 연구자들은 항생제가 체중을 증가시킨다고 제안했다. 항생제가 체중을 감소시키는 데 관여하는 세균들을 몰살할 수 있기 때문이라고 한다. 그러나 이와 정반대 주장을 한 연구자들도 있다. 그러므로 '항생제가 체중에 미치는 영향'에 대해 결론을 내리는 것은 시기상

조이며, 프로바이오틱 음료를 이용해 '좋은 세균'을 보충할 수 있는지도 미지수다.

소화관에 관한 통찰은 렙틴에 관한 통찰과 연결되어, 인간의 배고픔을 완전히 이해할 수 있을 것으로 기대된다. 어떤 연구자들은 물과 음식물에 유입된 공기 오염, 산업용 화합물, 살충제가 인체를 해치는 과정에 초점을 맞추고 있다. 그런 독소들 중 일부는 마치 컴퓨터 해커들처럼 호르몬 스위치를 켜서 시스템을 교란시키는 것으로 생각된다. 그러나 과학자들은 아직까지도 자신들의 생각을 증명하지 못하고 있다.

한때 '음식이 들어가는 물리적 공간을 줄인다'고만 생각되었던 비만대사수술bariatric surgery이 이제는 공복호르몬을 변경함으로써 체중을 줄이는 것으로 간주되고 있다. 이러한 원리를 이용해 체중 감량제(살 빼는 약)를 고안한다면 위험한 수술을 대체할 수 있겠지만, 이에 앞서 '부작용을 지닌 약물이 수술보다 안전한가?'라는 의문을 해결해야 한다.

비만 연구의 선구자인 컬럼비아대학교의 루디 레이벨은 공복 신호를 세포 수준에서 이해하려고 노력하고 있다. 그는 여러 가지 호르몬들이 뇌세포 사이에서 공복 신호를 보내는 메커니즘을 이해하기 위해 다양한 실험을 수행하고 있다. 그의 궁극적인 목표는, 인체가 음식물 섭취를 제어하는 과정을 제대로 이해하는 것이다. "현시점에서 가장 필요한 것은, 고성능 영상화 장치를 이용해 정교한 임상시험을 수행하는 것입니다"라고 그는 말했다. "과학 기술의 비약적인 발달을 감안할 때 그렇게 될 날이 머지않은 듯합니다. 그때가 되면, 내분비계의 작동 방식과 '내분비계가 뇌와 소화관에 작용하는 메커니즘'을 훨씬 더 잘 이해할 수 있을 것입니다"라고 그는 덧붙였다.

'일부 사람들이 과식을 한다'는 명백한 사실을 부인할 수 없지만, 인체가 그처럼 비효율적인 칼로리 연소기이자 굶주린 기계인 이유는 도대체 뭘까? 자세한 자초지종은 아직 모르지만, 그들의 신체 내에서 모종의 사건이 진행되고 있다는 느낌을 지울 수 없다. 그 사건이 호르몬을 변경해 비만이라는 유행병의 원인을 제공하는지도 모른다. 혹은 이와 반대로, 엄청나게 늘어난 식사량이 호르몬 교란을 초래하는지도 모른다. 인간의 식욕을 연구하는 것은 매우 까다로운 일이다. 그 이유는 인간이 빈 서판clean slate(백지상태) 상태로 세상에 태어나는 게 아니기 때문이다. 이는 '닭이 먼저냐, 달걀이 먼저냐'라는 해묵은 문제와 똑같다. 우리는 선천적으로 보유한 화합물의 조합 때문에 체중 증가의 소인을 갖게 되었을까, 아니면 후천적인 식습관 때문에 지방을 선호하는 생리학을 획득했을까? 어머니가 임신 중에 섭취한 음식물이나 노출된 화합물이, 자녀의 과잉열량 처리 방식이나 정크푸드 섭취 여부에 영향을 미친 건 아닐까? 오늘날 넘쳐나는 비만유발성obesogenic♦ 오염 물질의 늪에서 허우적거리다 보니 비만에 취약해진 건 아닐까? 또는 휴일이나 행사 때마다 먹방 파티를 벌이는 무절제한 생활 방식이 비만을 초래한 건 아닐까?

네이트는 현재 여덟 살로, 플로리다 주 올란도에서 한 시간 거리에

♦ '인간을 살찌게 하는'이라는 뜻을 가진 새로운 용어다.

있는 해변 마을인 뉴스머나의 게이티드커뮤니티◆에서 어머니 스니젝과 함께 생활하고 있다. 짧고 통통한 다리에 둥글넙적한 몸매를 갖고 있는 네이트의 체질량 지수는 비만 기준치를 훨씬 상회한다. 어머니는 홈스쿨링을 하며 아들의 학습 진도를 직접 관리하고, 식사의 칼로리와 빈도를 신중하게 체크하며, 돌발적인 과식을 방지하기 위해 아들에게서 한시도 눈을 떼지 않는다. 네이트는 그럼에도 불구하고 매사에 낙관적인 태도를 유지하고 있는데, 이는 아들에게 스트레스를 주지 않기 위해 세심히 배려하는 어머니의 노력 덕분이다.

스니젝은 네이트와 유사한 증세를 보이는 환자 세 명을 인터넷에서 만났다. 그들은 한 제약사가 개발한 신약의 임상시험에 참가하고 있는데, 그 약물의 기능은 렙틴 수용체의 스위치를 켜는 것이다. 그러나 네이트에게 그 약물은 그림의 떡이다. 약물의 연령 제한이 열여덟 살 이상이어서, 자그마치 10년을 기다려야 임상시험에 참가할 수 있기 때문이다. 한 환자는 스니젝에게 이렇게 자랑했다고 한다. "나는 4개월 만에 몸무게가 11킬로그램이나 줄었어요. 내 인생에서 포만감을 느껴본 건 이번이 처음이에요. 음식의 참맛도 비로소 알게 되었어요. 지금껏 음식이 그렇게 맛있었던 적이 없었어요."

스니젝이 좌절감을 느끼는 것은 당연하다. 그녀는 내 앞에서 이렇게 푸념했다. "그 빌어먹을 놈의 약이 진작에 나왔더라면 좋았을 텐데

◆ 자동차와 보행자의 유입을 엄격히 제한하고 보안성을 향상시킨 주거 지역을 말한다. 게이트 및 울타리를 설치했으며, 경비원을 고용하고 있는 곳도 있다.

말이에요."

　그녀는 아들을 데리고 가능한 한 모든 연구에 참여하려고 노력한다. 식욕 억제제에 대한 임상시험이 됐든, 호르몬의 교란 원인을 분석하는 연구가 됐든. "나는 네이트의 몸 속에 해답이 있다고 생각해요"라고 그녀는 말했다. 네이트는 네 살 때, 메릴랜드 주 베데스타에 있는 미 국립보건원에 일주일 동안 머물렀었다. 그 당시 '네이트가 의사들에게 제공한 정보'가 '의사들이 네이트에게 제공한 도움'보다 훨씬 더 많았을 거라는 게 그녀의 생각이다. 그러나 그처럼 밑지는 장사였음에도 불구하고, 그녀는 네이트가 내분비학의 미래를 위해 옳은 일을 했다고 믿고 있다.

　비만은 21세기 내분비학의 최전선에 서 있다. 연구자들은 체중 증가라는 토픽에서 벗어나, '세포와 행동의 관련성'이라는 궁극적인 관심사에 초점을 맞추고 있다. 그것(세포와 행동의 관련성)은 20세기 호르몬 과학의 개척자들이 그토록 끈질기게 파고들었음에도 불구하고 해결하지 못한 주제였다. 렙틴 유전자를 발견한 프리드먼은 "우리는 '뭔가를 마음대로 조절하고 싶다'는 헛된 욕망을 품고 있습니다"라고 말했다. "비만의 경우만 해도 그렇습니다. 우리는 식사량을 줄이면 체중을 줄일 수 있다는 환상을 품고 있습니다. 그러나 이건 하나만 알고 둘은 모르는 소리입니다. 행동의 밑바탕에는 식욕, 성욕, 수면욕 등을 충족시키고자 하는 기본적 충동이 도사리고 있으며, 그 충동의 밑바탕에는 호르몬이 깔려 있습니다. 그러나 우리는 '기본적 충동이 얼마나 강력한지', '그런 충동을 의식적으로 조절하는 게 얼마나 어려운지' 완전히 파악하지 못하고 있습니다. 그도 그럴 것이, 인간의 모든 행동을 조절하는 것은 여러 가지 호르몬이며, 그 호르몬들의 작용은 서로 복잡미묘하게 얽히고설켜 있기 때문입니다."

　크레이지 호르몬

나오는 말

호르몬 연구가 시작된 지 거의 20년 후, 그리고 내분비연구협회가 설립된 지 거의 5년 후인 1921년, 인간의 뇌를 수집하던 신경외과의 하비 쿠싱은 '이제 시작 단계인 호르몬 연구 분야의 상태를 점검해볼 좋은 기회인 듯하다'고 생각하며 이렇게 말문을 열었다. "최근 뇌하수체가 발견됨에 따라 수많은 논문들이 봇물 터지듯 발표되었고, 뒤이어 내분비학자들이 등장하게 되었다." 쿠싱은 유명한 일화를 많이 남겼지만, 늘 자신만만했으므로 겸손에 관한 일화는 단 하나도 없다. 그는 서두에서 내분비학의 가치를 높이 평가하며, 자신을 그 분야의 아버지로 추켜세웠다. 그리고 자신을 배의 선장에 비유하며 다음과 같이 말했다. "어떤 선원들은 신대륙을 발견하고, 어떤 선원들은 식민지를 건설하고, 어떤 선원들은 복음을 전파하며, 어떤 선원들은 이윤을 추구하기 위해 무역풍 앞에서 돛을 높이 올린다. 후세의 사가史家들은 분명히 언급해야 한다. 무수한 연구자들이 큰 뜻을 품고 임무 완수에 매진했음을 말이다."

쿠싱은 헌신적인 동료들이 달성한 업적(예: 갑상샘호르몬을 이용해 갑상샘의 결함을 치료함, 부신의 결함이 애디슨병을 초래한다는 사실을 밝힘)을 치하하며, 그 과정에서 과오가 있었음을 솔직히 인정했다. 그로부터 몇 년 후, 의도는 좋지만 헛다리 짚은 의사들이 두 명의 살인범을 위한 법정 증언에서 "솔방울샘이 그들을 살인범으로 만들었다"고 주장했을 때, 그는 전혀 놀라지 않았을 것이다. 쿠싱은 현장에 있지 않았지만, 종교적인 열정이 전 세계적인 뇌하수체 수집운동을 일으키는 가운데, '귀중한 성장호르몬' 방울이 키 작은 어린이들을 위해 사용될 것임을 충분히 예측할 수 있었을 것이다. 그는 정밀성을 금과옥조로 여기는 사람이었으므로 (그가 당대 최고의 뇌외과의로 명성을 날린 것은 바로 이 때문이었다) 오염된 배치batch를 초래할 수 있는 허술한 실험 기법을 지적할 수도 있었을 것이다.

쿠싱은 '젊음의 호르몬'과 '정력강화 호르몬'을 선전하며 터무니없는 혼합물을 판매하는 행상꾼을 간파하고 격노했으므로, 그의 영혼이 오늘날 떠돌아다닌다면 로티Low-T에 관한 상업 광고나 옥시토신을 빙자한 '사랑의 묘약'을 용납하지 않을 것이다. 그러나 아무리 날고 기는 그였지만 방사면역측정법의 등장까지 예측하지는 못했을 것이다. 이 측정법은 호르몬의 용량을 10만분의 1그램 수준까지 측정함으로써 호르몬 의학을 주먹구구에서 정밀 의학의 수준으로 격상시켰다. 또한 그가 예측하지 못했을 것으로 생각되는 것은, '소화관 속에 세균들이 상주한다'는 사실과 '하찮은 지방세포가 명망 높은 뇌하수체와 나란히 호르몬을 생성한다'는 사실이다.

호르몬에 관한 이야기는 상호관련성에 관한 이야기로 귀결된다. 나는 이 책에서 먼저 인체 내의 분비샘들을 둘러본 다음, 호르몬을 전문적으로 만드는 세포 덩어리를 집중적으로 다뤘다. 그러나 쿠싱은 한걸음 더 나아가, '배와 뇌가 연결되어 있으며 호르몬들이 서로 부딪쳐 이리저리 튕겨나간다'는 놀라운 사실을 밝혀냈다. 오늘날 과학자들은 깨닫기 시작하고 있다. 모든 사람들이 하나의 작은 연못이며, 그 안에는 호르몬의 경로를 바꾸는 화합물들이 가득 들어 있다는 것을.

"우리는 엉성한 해도海圖 한 장을 들고 안개가 자욱한 내분비학의 바다를 항해하고 있다." 쿠싱은 100년 전 보스턴에서 열린 미국의학협회 모임에서 의사들에게 이렇게 말했다. "우리는 방향을 잃고 정처 없이 헤매기 쉽다. 왜냐하면 대부분의 의사들은 항해술을 잘 모를 뿐만 아니라 목적지를 어렴풋이 아는 상태에서 항해를 떠나기 때문이다."

21세기의 항해자들(쿠싱은 이들을 '식민지 건설에 열심인 사람들'이라고 불렀다)은 그런 대로 초점을 잘 맞추고 있다. 수정처럼 투명하지는 않지만, 그럼에도 불구하고 가시거리는 비교적 양호하다. 그들은 호르몬 생성 유전자를 찾아내고, '매우 작지만 강력한 화합물'들이 행사하는 미시적(현미경으로만 관찰할 수 있는) 영향력을 가시화하는 데 필요한 기법들을 개발하고 있다.

독자들은 이 책에서 배운 호르몬의 역사를 안내자로 삼아, 약물과 정보에 대한 안목 있는 소비자가 될 것이다. 즉, 건강한 회의주의라는 예방주사를 접종받아, 희망과 과장 광고가 범람하는 바다를 항해하며 항로를 유지하는 데 필요한 경성 과학hardcore science을 터득했다. 장담컨대, 여러분은 앞으로 생을 살아가는 동안 사람을 갈망하거나 우울하거나 배고프게 만드는 화학적 예인선chemical tug을 제대로 평가할 수 있

을 것이다. 화학적 예인선이란 호르몬을 의미하며, 다른 말로 '인간됨
의 화학'이라고도 한다.

크레이지 호르몬

감사의 말

내가 이 책을 집필한 과정은 호르몬이 작동하는 과정과 매우 비슷했다. 내 말은 호르몬이 기분변화를 유발한다는 것을 뜻하는 게 아니라, 호르몬이 단독으로 작용하는 경우는 거의 없다는 것을 의미한다. 일반적으로 한 호르몬은 다른 호르몬들에 의존한다. 즉, 호르몬들은 서로 안내하고 주의를 환기하며, 때로는 흥분을 가라앉힐 때가 되었다는 신호를 보낸다. 나 역시 전문가, 친구, 가족에게 의지하며 이 책을 썼다. 그들은 나를 안내하고 은근슬쩍 팔꿈치로 찌르며, 때로는 긴장을 풀 필요가 있다는 신호를 보냈다.

내게 정보를 제공해준 많은 전문가들의 이름은 참고문헌에 자세히 적어놓았다. 몇몇 의사들은 나에게 도움을 주기 위해 항상 대기 중이었다. 예일대학교 산부인과에서 임상을 가르치는 메리 제인 민킨 박사는 폐경에 대한 조언을, 베일러 의과대학에서 남성생식의학을 가르치고 수술을 담당하는 알렉산더 파스투자크 박사는 테스토스테론에 대한 조언을 전담했다. 다트머스칼리지 가이젤 의과대학에서 생리학과 신경생물학을 가르치는 레슬리 헨더슨 박사, 보스턴메디컬센터에서 트랜스젠더 의학 및 수술 팀을 이끄는 조슈아 세이퍼 박사는 가장 적절한 단어를 사용하도록 도와줬다.

늘 그렇듯, 구하기 힘든 자료들을 찾아준 도서관 사서들에게 감사드린다. 뉴욕의학아카데미 도서관에서 역사 부문을 담당하는 알린 섀너, 예일 쿠싱/휘트니 의학도서관에서 의학사 부문을 지휘하는 멜리사 그래피, 컬럼비아대학교 메디컬센터 오거스터스 C. 롱 보건과학도서관에서 기록 및 특별자료를 총괄하는 스티븐 E. 노박이 그들이다. 뉴욕의학아카데미의 월터 린턴과 츠 첸 리는 온라인으로 구할 수 없는 과학 논문을 찾아 이메일로 보내줬다.

자신의 자료원과 소중한 자료를 기꺼이 공유하는 관대한 연구자와 작가들이 있음을 알게 될 때마다 마음이 훈훈해진다. 역사가 겸 작가로 텍사스대학교 오스틴 캠퍼스에서 독일 역사를 가르치는 존 호버만, 성장호르몬 문제가 발생했을 때 맨 처음 보도한 용감무쌍한 리포터 에밀리 그린, 피임약 개발자들과의 인터뷰 테이프를 공유해 준《피임약》의 저자 조너선 에이그에게 감사드린다.

하워드와 조지아나 존스 부부의 자녀인 래리 존스, 하워드 존스 3세 박사, 조지아나 클링엔스미스 박사는 나를 가정으로 초대해, 부모님에 대한 정보를 공유해주는 친절을 베풀었다. 엘라나 앨로와 벤 앨로는 나와 함께 어머니 로슬린 앨로에 대해 이야기를 나눴다.

바쁜 스케줄 속에서도 시간을 쪼개 원고를 읽고 솔직한 피드백을 제공해준 친구들에게 진심으로 감사드린다. 나와 함께 뉴헤이븐을 누비는 친구들은 애너 라이스만, 리사 샌더스, 존 딜런, 그리고 새로운 멤버 마조리 로전탈이다. 우리는 시더허스트에서 만날 때마다 커피를 마시며 세 시간 동안 품평회를 열었다. 뉴욕에서 나를 기다리는 삼총사는 주디스 매틀로프, 게이티 오렌스테인, 애비 엘린이다. 나는 그들에게 시도 때도 없이 이메일로 원고를 보내 검토를 부탁하고, 뉴욕에서 만날 때마다 오랫동안 난상 토론을 벌였다. 셰리 핑크, 엘리스 래키, 아나벨라 호흐쉴트, 제시카 프리드먼도 현명한 논평을 통해 이 책이 만들어지는 데 기여했다. 어퍼웨스트사이드의 작가 삼인방 마리리, 존 라이너, 앨리스 코헨과 함께하는 오후 시간은 늘 즐거웠다. 오프에드프로젝트OpEd Project에서 전문적 식견을 기꺼이 공유해준 동료와 보조 멘토들에게 감사드린다. 그들은 매우 총명했다. 책을 꼼꼼히 읽고 창의적인 조언을 해준 캐더린 맥거치와 제시카 페브너에게도 감사드린다.

물론 계속 불어나고 있는 인비저블인스티튜트의 '가시적인' 멤버들도 한 달에 한 번씩 나와 만나 조언과 격려를 아끼지 않았다.

청중들 앞에서 자신의 견해를 제시할 수 있는 기회를 갖게 되면, 생각을 정리하고 책을 쓰는 데 많은 보탬이 된다. 나를 연사로 초청해준 뉴욕의학아카데미, 특히 부원장 겸 의학/공중보건학 도서관장 리사 오설리번과 이벤트/프로젝트 코디네이터 에밀리 미랭커에게 감사드린다. 브라운대학교 부설 인문학연구소의 제이 바루크 박사에게도 감사드린다. 예일대학교 부설 의료인문학프로그램이 출범했을 때 나는 의대생이었는데, 이제는 이사회장인 애너 라이스만 박사(나의 친구이기도 하다)를 위해 이사로 활동하고 있어서 감개 무량하다. 그녀는 내게 강연할 기회를 줬는데, 그 시점은 공교롭게도 한 장章의 마감을 앞

두고 전전긍긍할 때였다. 데드라인에 쫓기는 것만큼 나를 긴장하게 만드는 일은 없다.

많은 분들의 헌신적인 뒷받침과 격려 덕분에, 호르몬의 역사에 관한 연설과 집필을 계속할 수 있었다. 마거리트 홀로웨이, 캐시 슈프로, 해리엣 워싱턴, 로렌 샌들러, 로리 니호프, 리지 라이스, 조안나 라딘, 웬디 패리스, 앨리스 티쉬, 토미 티쉬, 더그 케이건, 애디나 케이건, 제인 보르디에게 감사드린다. 예일 의대의 명예교수 톰 더피 박사는 존스홉킨스 시절의 경험담을 내게 들려줬다. 예일대학교의 내분비/두경부 병리학과장 만주 프라사드 박사는 초고를 읽고, 문학적·의학적으로 현명한 통찰을 제공했다. 조안나 라모스-보이어와 버니지아 슈거 하셀은 나에게 동기를 부여했다. 마크 쉰버그와 리사 알버츠는 나와 함께 볼티모어의 이곳저곳을 순회하며 내 말을 경청했다. 런던에 사는 친구 제시카 볼드윈은 배터시 공원으로 득달 같이 달려와, 숨어 있는 동상을 찾아줬다. 왜냐하면 가능한 한 빨리 사진을 촬영해야 했기 때문이다. 메모리얼슬론케터링 암센터에서 장기추적 프로그램long-term follow-up program을 지휘하는 처크 스클라 박사와 예일대학교의 소아과 명예교수 마이론 제넨 박사는 내분비학계의 커다란 이슈들을 짚어줬다.

나는 학생들에게서도 많이 배웠다. 나를 컬럼비아대학교 저널리즘대학원 학생들에게 소개해준 탈리 우드워드에게 감사드린다. 그들은 나에게 영감을 끊임없이 제공했다. 앤드루 에어굿은 나에게 학부생들과 작업할 기회를 제공했다. 나는 'English 121' 강좌를 수강하는 학생들과 대화를 나누며, 핵심 문장, 생략, 서술 체계, 키워드, '불필요한 의학 용어 제거' 등에 관해 많은 도움을 받았다. 학생들의 열정에는 전염성이 있어서, 그들과의 대화는 나에게 에너지를 불어넣었다.

작가로서 선망의 대상인 조이 해리스에게 영원한 빚을 졌다. 그녀는 유능한 에이전트인 동시에 훌륭한 사람이며 좋은 친구이기도 하다. W. W. 노턴에 소속된 나의 팀은 시종일관 물심양면으로 나를 도왔다. 시인 겸 소설가 겸 회고록 집필가인 질 비알로스키는 나의 저서 두 권의 편집을 모두 담당했다. 그녀는 나만의 목소리를 내도록 도와줬으며, 내가 길을 잃고 헤매기 시작할 때마다 《크레이지 호르몬》의 올바른 방향을 잡아줬다. W. W. 노턴의 팀원 에이미 메데이로스(프로젝트 편집자), 잉수 리우(표지 아트 디렉터), 로렌 아바테(생산 관리) 모두에게 감사드린다. 드루 엘리자베스 웨이트먼은 탁월한 편집 실무자로서, 내가 폭탄 같은 질문을 쏟아낼 때마다 즉시 명랑하게 반응했다. 얄미울 정도로 똑똑한 교열 담당자 알레그라 휴스턴은 내 원고를 미세하게 조정해줬다.

우리는 곤경에 처할 때까지 어머니의 진가를 알지 못한다. 나는 이 책을 쓰는 동안, 작업 중일 때 어머니가 전화를 하면 신경질적 반응을 보이며 바로 끊어버리곤 했다. 그러나 나는 어땠나? 내가 아쉬울 때, 어머니의 바쁜 스케줄에 아랑곳하지 않고 그분의 관심을 독차지할 요량으로 달려가지 않았던가! 어머니께 감사드린다. 돌아가신 아버지 로버트 V. P. 허터 박사는 나의 단어, 의학 데이터, 과학적 진실, '정확하고 정직하고 공감 어린 의학 커뮤니케이션'에 큰 관심을 기울였다.

당신이 나를 자랑스럽게 여겼으리라 생각하고 싶다. 나의 형제 앤드루, 에디는 자신감이 흔들릴 때마다 늘 든든한 버팀목이 되어줬다.

나의 아이들 잭, 조이, 마서, 엘리자는 나의 모든 것이다. 아이들은 청하지도 않은 편집 조언을 줬다. (내가 '호르몬'과 '흥분'을 갖고서 말장난을 좀 했더니, 그들은 "감사의 글에서 빼는 게 좋겠어요"라고 직언을 했다.) 물론, 남편 스튜어트도 나의 모든 것이다. 부부관계를 비롯해 모든 인간관계를 좌우하는 것은 화학이다.

1장

블랜치 그레이의 삶과 죽음: "Trying to Steal the Fat Bride: Resurrectionists Twice Baffled in Attempts to Rob The Grave," New York Times, October 20, 1883; "The Fat Girl's Funeral: Her Remains Deposited in a Capacious Grave at Mt. Olivet," Baltimore Sun, October 29, 1883; "More than a Better Half," New York Times, September 26, 1883; "The Fattest of Brides Dead," Baltimore Sun, October 27, 1883; "Her Fat Killed Her," Chicago Daily Tribune, October 27, 1883; "Poor Moses: How the Late Fat Girl's Husband was Scared," San Francisco Chronicle, November 19, 1883; "Sudden Death of a 'Fat Woman,'" Weekly Irish Times, November 17, 1883; and "A Ponderous Bride," *Baltimore Sun*, October 1, 1883.

내분비학의 초기 발달사 개관: V. C. Medvei's thorough A History of Endocrinology (Lancaster, U.K.: MTP Press), 1984.

19 시체 도둑들: "Trying to Steal the Fat Bride: Resurrectionists Twice Baffled in Attempts to Rob the Grave," *New York Times*, October 20, 1883.

21 관음증 쇼: Robert Bogdan, *Freak Show: Presenting Human Oddities for Amusement and Profit* (Chicago: University of Chicago Press, 1998); Rachel Adams, *Sideshow U.S.A.: Freaks and the American Cultural Imagination* (Chicago: University of Chicago Press, 2001).

21 다방면에 걸친 과학자들의 호기심을 자극했다: Aimee Medeiros, Heightened Expectations (Tuscaloosa: University of Alabama Press, 2016).

22 검사한 결과 (…) 종양이 밝혀졌다: Fielding H. Garrison, "Ductless Glands, Property of W. W. Norton & Company Internal Secretions and Hormonic Equilibrium",

Popular Science Monthly 85, no. 36 (December 1914): 531–540.

22 **열 살짜리 발달 지체아**: J. Lindholm and P. Laurberg, "Hypothyroidism and Thyroid Substitution: Historical Aspects," *Journal of Thyroid Research* 2011 (March 2011): 1–10.

22 **박물관 (…) 먼로호텔**: Steve Cuozzo, "$wells Take Bowery," New York Post, December 26, 2012.

23 **지방질 기형**: "More Than a Better Half," *New York Times*, September 26, 1883.

24 **기형아 숙소**: "The Fat Bride," *Australian Town and Country Journal*, January 12, 1884.

25 **절명했음을 알아차렸다**: "The Fat Bride," *Manawatu Times*, January 28, 1884, available at: http://paperspast.natlib.govt.nz/cgi-bin/paperspast?a=d&d=MT18840128.2.20.

25 **길가의 군중**: "The Fat Girl's Funeral: Her Remains Deposited in a Capacious Grave at Mt. Olivet," *Baltimore Sun*, October 29, 1883.

29 **생리학을 모르는 내과의사**: Roy Porter, *The Greatest Benefit to Mankind: A Medical History of Humanity* (New York: W. W. Norton, 1997), 305.

32 **두 마리는 활발하게 어울리고**: Homer P. Rush, "A Biographical Sketch of Arnold Adolf Berthold: An Early Experimenter with Ductless Glands," *Annals of Medical History* 1 (1929): 208–214; Arnold Adolph Berthold, "The Transplantation of Testes," translated by D. P. Quiring, *Bulletin of the History of Medicine* 16, no. 4 (1944): 399–401.

33 **통찰을 (…) 기고했다**: Rush, "A Biographical Sketch."

33 **컬럼버스가 아메리카를 발견한 후**: Albert Q. Maisel, *The Hormone Quest* (New York: Random House, 1965).

33 **토머스 블리자드 컬링**: Lindholm and Laurberg, "Hypothyroidism and Thyroid Substitution."

33 **토머스 애디슨**: Henry Dale, "Thomas Addison: Pioneer of Endocrinology," *British Medical Journal* 2, no. 4623 (1949): 347–352.

34 **조지 올리버**: Ibid.

34 **아드레날린으로 명명되었다**: Michael J. Aminoff, *Brown-Séquard: An Improbable Genius Who Transformed Medicine* (New York: Oxford University Press, 2011); Porter, *The Greatest Gift to Mankind*, 564; John Henderson, *A Life of Ernest Starling* (New York: Oxford University Press, 2005).

2장

갈색 반려견 사건: Peter Mason, *The Brown Dog Affair: The Story of a Monument that Divided a Nation* (London: Two Sevens, 1997); Henderson, *A Life of Ernest Starling*; Hilda Kean, "An Exploration of the Sculptures of Greyfriars Bobby, Edinburgh, Scotland, and the Brown Dog, Battersea, South London, England," Journal of Human−Animal Studies 11, no. 4 (2003): 353−73; J. H. Baron, "The Brown Dog of University College," British Medical Journal 2, no. 4991 (1956): 547−48; David Grimm, *Citizen Canine: Our Evolving Relationship with Cats and Dogs* (New York: Public Affairs, 2014); Coral Lansbury, *The Old Brown Dog: Women, Workers, and Vivisectionists in Edwardian England* (Madison: University of Wisconsin Press, 1985).

1900년대 초반의 내분비학: Medvei, *A History of Endocrinology*; Merriley Elaine Borell, "Origins of the Hormone Concept: Internal Secretions and the Physiological Research 1895−1905," PhD thesis in the history of science, Yale University, 1976.

40 그곳을 피하는 게 좋다: Mason, *The Bown Dog Affair*, 25.

42 우려감이 수 세기 동안 누적되어: Grimm, *Citizen Canine*, 48.

42 이중잣대를 들이대서는 안 된다: Mason, *The Brown Dog Affair*, 45.

43 저건 갈색 반려견이라는 동상을 흉내 내는 겁니다: Ibid. 48.

45 작위 수여 제의를 거절했다: Diana Long Hall, "The Critic and the Advocate: Contrasting British Views on the State of Endocrinology in the Early 1920s," *Journal of the History of Biology* 9, no. 2 (1976): 269−285.

45 베일리스는 스탈링의 여동생 거트루드와 결혼했다: Henderson, *A Life of Ernest Starling*.

45 스탈링은 돈을 보고 결혼했다: Rom Harré, *Pavlov' Dogs and Schrödinger' Cat: Scenes from the Living Laboratory* (Oxford: Oxford University Press, 2009).

46 그들의 의도는, 그 혼합물을 주입하는 것이었다: Ibid.

47 화학적 반사: Irvin Modlin and Mark Kidd, "Ernest Starling and the Discovery of Secretin," *Journal of Clinical Gastroenterology* 32, no. 3 (2001): 187−192.

47 새로운 아이디어를 발표했다: Barry H. Hirst, "Secretin and the Exposition of Hormonal Control," *Journal of Physiology* 560, no. 2 (2004): 339.

48 따라서 심히 의심스럽다: W. M. Bayliss and Ernest H. Starling, "Preliminary Communication on the Causation of the So−Called 'Peripheral Reflex Secretion' of the Pancreas," *Lancet* 159, no. 4099 (1902): 813.

48 물론 그들이 옳다: Modlin and Kidd, "Ernest Starling and the Discovery of Secretin."

49 분비를 유도하지 않는다: W. M. Bayliss and Ernest H. Starling, "On the Causation of the so-called 'Peripheral Reflex Secretion' of the Pancreas (Preliminary Communication)," *Proceedings of the Royal Society* B69 (1902): 352–353.

49 폐경 후 (…) 저하됨: Jukka H. Meurman, Laura Tarkkila, Aila Tiitinen, "The Menopause and Oral Health," *Matiritas* 63, no. 1 (2009): 56–62.

49 하나의 학문 분야를 만들었다: Modlin and Kidd, "Ernest Starling and the Discovery of Secretin."

49 과학자들은 (…) 알고 있다: Hirst, "Secretin and the Exposition of Hormonal Control."

50 세크레틴이 전해질을 조절한다: Jessica Y. S. Chu et al., "Secretin as a neurohypophysial factor regulating body water homeostasis," *PNAS* 106, no. 37 (2009): 15961–15966.

50 화학적 교감: Bayliss and Starling, "On the Causation."

53 이중적: Lizzy Lind af Hageby and Leisa Katherina Schartau, Shambles of Science: Extracts from the Diary of Two Students of Physiology (London: Ernest Bell, 1903).

54 길 잃은 반려견이라고 치자: Ibid.

55 비열하고 비도덕적이고 혐오스러운 행위: Mason, *The Brown Dog Affair*, 11.

56 남 앞에 나서기를 꺼리는 베일리스: Details of the trial are taken from "Bayliss v. Coleridge," *British Medical Journal* 2, no. 2237 (1903): 1298–1300; "Bayliss v. Coleridge (Continued)," *British Medical Journal* 2, no. 2238 (1903): 1361–1371; and "Was It Torture? The Ladies and the Dogs, Doctors and the Experiments," *Daily News*, November 18, 1903.

57 개는 신뢰한다: "He Liveth Best Who Loveth Best, All Things Both Great and Small," *Daily News*, November 19, 1903.

57 교활하고 부끄러운 짓: Mason, *The Brown Dog Affair*, 19–20.

57 절대로 용납할 수 없다: "The Vivisection Case," *Globe and Traveller*, November 18, 1903.

58 일주일에 한 번씩 네 번 강연: Ernest H. Starling, *The Croonian Lectures on the Chemical Correlation of the Functions of the Body*, Royal College of Physicians, 1905, available at: https://archive.org/details/b2497626x.

58 화학 전령: Ibid.

59 두 명의 친구들을 찾아갔다: Medvei, *A History of Endocrinology*, 27; Hirst, "Secretin and the Exposition of Hormonal Control."

60 오토코이드: Sir Humphry Rolleston, "The History of Endocrinology," *British Medical Journal* 1, no. 3984 (1937): 1033–1036.

60 칼론: Ibid.

60 고환과 난소에 대한 언급을 회피했는데: Henderson, *A Life of Ernest Starling*.

62 지식이 확장되면: Starling, *The Croonian Lectures*, 35.

62 마치 동화와 같았다: Henderson, *A Life of Ernest Starling*, 153.

62 분노가 들끓고 있음을 증명하는 무언의 메시지: "Battersea Has a Brown Dog," editorial, *New York Times*, January 8, 1908.

62 3월 10일: Marjorie F. M. Martin, "The Brown Dog of University College," *British Medical Journal* 2, no. 4993 (1956): 661.

63 반려견 동상이나 그 비슷한 것: "Battersea Loses Famous Dog Statue," *New York Times*, March 13, 1910.

63 제2의 갈색 반려견 동상: Hilda Kean, "The 'Smooth Cool Men of Science' The Feminist and Social Response to Vivisection," *History Workshop Journal*, no. 40 (1995): 16–38.

3장

하비 쿠싱의 전기: Michael Bliss, Harvey Cushing: A Life in Surgery (New York: Oxford University Press, 2005); Aaron Cohen-Gadol and Dennis D. Spencer, The Legacy of Harvey Cushing (New York: Thieme Medical Publishers, 2007), which includes images from Cushing's operations (the photos are on display at Yale).

하비 쿠싱의 서신: Harvey Williams Cushing Papers, MS 160, Manuscripts and Archives, at Sterling Memorial Library, Yale University.

인터뷰: Dr. Dennis Spencer, Harvey and Kate Cushing Professor of Neurosurgery, Yale University; Dr. Christopher John Wahl, orthopedic surgeon at Orthopedic Physicians Associates, Seattle, WA; Dr. Tara Bruce, obstetrician gynecologist, Houston, TX; Dr. Gil Solitaire, retired neuropathologist; Terry Dagradi, photographer and coordinator at the Cushing Center, Yale University.

67   수십 년 동안: Bliss, *Harvey Cushing*, 166.

72   사망률을 기록했다: Ibid., 274.

72   쿠싱의 수술 기법: Dr. Dennis Spencer, author interview.

74   박사님의 첫사랑이자 유일한 참사랑: Bliss, *Harvey Cushing*, 481.

75   세계 최초로 동종간(인간 대 인간) 뇌하수체 이식: Courtney Pendleton et al., "Harvey Cushing' Attempt at the First Human Pituitary Transplantation," *Nature Reviews Endocrinology* 6, no. 1 (2010): 48-52.

75   신문들은 그 실험을 '획기적인 과학 성과'라고 대서특필했다: "Part of Brain Replaced: That of Dead Infant Put in Cincinnati Man' Head, First of its Kind," *Baltimore Sun*, March 26, 1912; "Given Baby's Brain," *Washington Post*, March 26, 1912; "Brain of Still-Born Infant Used to Restore Man's Brain," *Atlanta Constitution*, March 27, 1912.

76   개에게 뇌하수체 후엽 조각을 먹이자: Harvey Cushing, "Medical Classic: The Functions of the Pituitary Body," *American Journal of the Medical Sciences* 281, no. 2 (1981): 70-78.

77   두개골을 측정해: Harvey Cushing, "The Basophil Adenomas of the Pituitary Body and Their Clinical Manifestations (Pituitary Basophilism)," *Bulletin of the Johns Hopkins Hospital* 1, no. 3 (1932): 137-83; Harvey Cushing, *The Pituitary and Its Disorders: Clinical States Produced by Disorders of the Hypophysis Cerebri* (Philadelphia: J. B. Lippincott, 1912).

77   50달러의 뒷돈을 주고: Wouter W. de Herder, "Acromegalic Gigantism, Physicians and Body Snatching. Past or Present?" *Pituitary* 15 (2012): 312-318.

78   남녀들의 사례: Cushing, The Pituitary and Its Disorders.

80   '못난이들'이라는 제목의 기사: "Uglies," *Time*, May 2, 1927.

81   그 불행한 여성: John F. Fulton, *Harvey Cushing: A Biography* (Springfield, IL: Charles C. Thomas, 1946), 304.

83   오늘날 우리는 쿠싱이 옳았음을 알고 있다: "Pituitary Tumors Treatment (PDQ) Patient Version," National Cancer Institute, 2016, http://www.cancer.gov/types/pituitary/patient/pituitary-treatment-pdq.

83   메이요 클리닉의 한 의사: V. C. Medvei, "The History of Cushing's Disease: A Controversial Tale," *Journal of the Royal Society of Medicine* 84, no. 6 (1991): 363-366.

84   뇌하수체 종양 반대 클럽: Ibid.

84 인상주의적 추측의 유혹: Cushing, "The Basophil Adenomas of the Pituitary Body."
47

85 하루에 1만 자: Fulton, *Harvey Cushing*.

85 유리병에 담긴 뇌: Dr. Gil Solitaire, author interview.

85 학년마다 몇 명씩은: Dr. Christopher John Wahl, author interview.

89 왈은 (…) 논문을 썼고: Christopher John Wahl, "The Harvey Cushing Brain Tumor
Registry: Changing Scientific and Philosophic Paradigms and the Study of the
Preservation of Archives," medical school thesis in neurosurgery, Yale University,
1996.

93 2017년 여름: personal interviews with Dr. Maya Lodish and Dr. Cynthia Tsay,
March 1, 2018. Also Cynthia Tsay et al., "Harvey Cushing Treated the First Known
Patient with Carney Complex," *Journal of the Endocrine Society* 1, no. 10 (2017):
1312–1321.

4장

살인 사건과 공판에 관한 기록: Simon Baatz, *For the Thrill of It: Leopold, Loeb, and the
Murder that Shocked Chicago* (New York: Harper, 2008); Hal Higdon, *Leopold and
Loeb: The Crime of the Century* (Champaign, IL: University of Illinois Press, 1999)

공판절차: Famous Trials, a website of the University of Missouri–Kansas City School of
Law (http://famous-trials.com/leopoldandloeb); archives of Northwestern University
Library (http://exhibits.library.northwestern.edu/archives/exhibits/leoloeb/index.
html).

1920년대의 내분비학 개관: Julia Ellen Rechter, "The Glands of Destiny: A History of
Popular, Medical and Scientific Views of Sex Hormones in 1920s America," PhD thesis,
University of California Berkeley, 1997.

루이스 버먼의 배경: Christer Nordlund, "Endocrinology and Expectations in 1930s
America," British Journal for the History of Science 40, no. 1 (2007): 83–104.

99 네 편의 영화에 (…) 영감을 제공했다: Kathleen Drowne and Patrick Huber, *The 1920s*
(Westport, CT: Greenwood, 2004), 25.

100 내분비계 치료를 선전하는 안내서들: "redulity About Medicines," *Manchester
Guardian*, October 8, 1925; Elizabeth Siegel Watkins, *The Estrogen Elixir: A*

History of Hormone Replacement Therapy in America (Baltimore:Johns Hopkins University Press, 2007).

100 뇌하수체는 (⋯) 호르몬을 분비하는 것으로 밝혀졌다: H. Maurice Goodman, "Essays on APS Classical Papers: Discovery of Luteinizing Hormone of the Anterior Pituitary Gland,"*American Journal of Physiology, Endocrinology and Metabolism* 287 (2004): E818−829.

101 우리가 기형을 보는 즉시: R. G. Hoskins, "The Functions of the Endocrine Organs," *Scientific Monthly* 18, no. 3 (1924): 257−272.

101 오스만 제국에서는: Richard J. Wassersug and Tucker Lieberman, "Contemporary Castration: Why the Modern Day Eunuch Remains Invisible," *British Medical Journal* 341 (2010): c4509.

102 신경의 작용: Walter Cannon, *Bodily Changes in Pain, Hunger, Fear, and Rage* (Charleston, SC: Nabu Press, 2010), 64.

103 희생자라고 할 수 있다: Elizabeth M. Heath, "lands as Cause of Many Crimes," *New York Times*, December 4, 1921.

103 축적된 정보들: Louis Berman, "sycho-endocrinology," *Science* 67, no. 1729 (1928): 195.

104 친애하는 랍비 벤 에즈라: Louis Berman to Ezra Pound, "Ezra Pound Papers 1885−1976," 1925−1926, Yale Collection of American Literature, Beinecke Rare Book and Manuscript Library, YCAL MSS 43.

105 부신기능항진: Louis Berman, *The Glands Regulating Personality: A Study of Internal Secretion in Relation to the Types of Human Nature*, 2nd ed. (New York: Macmillan, 1928), 165.

105 공격적이고 군림하는 성격이 되며: Ibid., 171.

105 이상적인 보통사람: Louis Berman, *New Creations in Human Beings* (New York: Doubleday, Doran, 1938), 18.

105 우리는 (⋯) 원하는 이상형: "6-Foot Men Held a Gland Possibility," *New York Times*, December 16, 1931.

105 1920년대에: Drowne and Huber, *The 1920s*, 25.

107 버먼뿐만이 아니었다: Watkins, The Estrogen Elixir, 140; G. W. Carnrick and Co., *Organotherapy in General Practice* (Baltimore: The Lord Baltimore Press, 1924).

107 우리는 분비샘으로 이루어진 존재다: Chandak Sengoopta, *The Most Secret Quintessence of Life: Sex, Glands, and Hormones* 1850−1950 (Chicago: University

크레이지 호르몬

of Chicago Press, 2006), 70.

107 티록신, 부갑상샘호르몬: Louis Berman, "Crime and the Endocrine Glands," *American Journal of Psychiatry* 89, no. 2 (1932): 215–238.

108 상당한 회의적 관점에서 바라봐야 한다: Francis Birrell, "Book Review: *The Glands Regulating Personality* by Louis Berman," *International Journal of Ethics* 32, no. 4 (1922): 450–451.

108 희망을 버무린 것: Elmer L. Severinghaus, "Review," *American Sociological Review* 4, no. 1 (1939): 144–145.

108 명쾌하게 설명함: Margaret Sanger, The Pivot of Civilization (New York: Brentano's, 1922), 236.

108 모든 진실의 밑바탕에는, (…) 사람들의 노력이 깔려 있다: H. L. Mencken, "Turning the Leaves with G.S.V.: A Trumpeter of Science," *American Monthly* 17, no. 6 (1925).

109 환상과 사실을 뒤섞은 잡탕밥: Benjamin Harrow, *Glands in Health and Disease* (New York: E. P. Dutton, 1922).

109 제2차 국제우생학회: Charles Benedict Davenport, "Research in Eugenics," in Charles B. Davenport et al., eds., *Scientific Papers of the Second International Congress of Eugenics*, vol. 1: Eugenics, Genetics, and the Family (1923): 25.

109 새들러 박사는 (…) 역설했다: William S. Sadler, "ndocrines, Defective Germ-Plasm, and Hereditary Defectiveness," in ibid., 349.

109 벅 대 벨: Buck v. Bell, 274 U.S. 200 (1927), available at: https://supreme.justia.com/cases/federal/us/274/200/case.html.

110 기대해도 좋을 것 같다: Berman, *The Glands Regulating Personality*, 28.

110 기독교도 (…) 죽었다: Louis Berman, *The Religion Called Behaviorism* (New York: Boni and Liveright, 1927), 41.

111 싱싱교도소에서 (…) 3년짜리 연구: Berman, "Crime and the Endocrine Glands" W. H. Howell, "Crime and Disturbed Endocrine Function," *Science* 76, no. 1974 (1932): 8–9.

111 그 결과를 발표하고: Berman, "Crime and the Endocrine Glands."

111 모든 범죄자들은 (…) 검사받아야 한다: Ibid., 233.

112 대사측정기: Frank Berry Sanborn, ed., Basal Metabolism, *Its Determination and Application* (Boston: Sanborn, 1922), 104.

113 이 방법은 몇 년 전에: Berman, "Crime and the Endocrine Glands," 10.

114 어린 아이들처럼 감정에 치우치는 특징: "Excerpts from the Psychiatric ('Alienist'

Testimony in the Leopold Loeb Hearing," http://famous-trials .com / leopoldandloeb/1752-psychiatrictestimony.

115 해럴드 헐버트: The trial proceedings can be accessed in the Clarence Darrow Digital Collection, University of Minnesota Law Library, http:// moses.law.umn. edu/darrow/trials.php?tid=1.

116 보먼-헐버트 보고서: Karl Bowman and Harold S. Hulbert, "Nathan Leopold Psychiatric Statement,"available at http://exhibits.library.northwestern.edu / archives/exhibits/leoloeb/leopold_psych_statement.pdf and in "oeb-Leopold Case: Psychiatrists'Report for the Defense," *Journal of Criminal Law and Criminology* 15, no. 3 (1925): 360-378. "Loeb-Leopold Murder of Franks in Chicago May 21, 1924," ibid., 347-359, gives the chronology of events.

117 제3의 눈: Gert-Jan Lokhorst, "escartes and the Pineal Gland," in The Stanford Encyclopedia of Philosophy (2015), https://plato.stanford.edu/entries/pineal-gland/; Mark S. Morrisson, "'Their Pineal Glands Aglow': Theosophical Physiology in 'lysses'" *James Joyce Quarterly* 46, no. 3-4 (2008), 509-27.

117 개인들의 일상적인 자제력이 상실된다: Edward Tenner, "The Original Natural Born Killers,"Nautilus, September 11, 2014.

118 소위 세기의 재판: Higdon, *Leopold and Loeb*, 164.

118 적용될 수 있는 가치: Judge Caverly' decision and sentence available at: http:// famous-trials.com / leopoldandloeb/1747-judgedecision.

5장

1920년대와 1930년대의 호르몬 연구에 대한 배경 정보: Nordlund, "Endocrinology and Expectations in 1930s America," Rechter, "The Glands of Destiny"; Sengoopta, *The Most Secret Quintessence of Life*.

슈타이나흐에 대한 세부 사항: Eugen Steinach, *Sex and Life: Forty Years of Biological Experiments* (New York: Viking, 1940); Chandak Sengoopta, "Tales from the Vienna Labs: The Eugen Steinach- Harry Benjamin Correspondence," Newsletter of the Friends of the Rare Book Room, New York Academy of Medicine, no. 2 (Spring, 2000): 1-2, 5-9.

존 브링클리에 대한 세부 정보: R. Alton Lee, *The Bizarre Careers of John R. Brinkley* (Lexington: University Press of Kentucky, 2002); Pope Brock, *Charlatan: America's Most*

Dangerous Huckster, the Man Who Pursued Him, and the Age of Flimflam (New York: Broadway Books, 2009).

샤를 에두아르 브라운-세카르에 대한 세부 사항: Aminoff, *Brown- Séquard*.

124 그가 입회하지 않은 가운데: Michael A. Kozminski and David A. Bloom, "A Brief History of Rejuvenation Operations," *Journal of Urology* 187, no. 3 (2012): 1130 – 1134.

125 미심쩍은 수술: "Paris Scientist Tells of Gland Experiments," Los Angeles Times, June 5, 1923; "New Ponce De Leon Coming," Baltimore Sun, September 16, 1923; "Gland Treatment Spreads in America," *New York Times*, April 8, 1923.

126 그중 상당수는: Hans Lisser to Dr. Cushing, July 19, 1921, in Yale University Medical School archives, HC Reprints X, no. 156.

126 '자격을 갖춘 과학자'로 간주되었다: See https://www.nobelprize.org/nomination/archive/show_people.php?id=8765.

126 수 세기 동안 입에 오르내리던 이론: Kozminski and Bloom, "A Brief History of Rejuvenation Operations." The rationale for Steinach's procedure is also provided in E. Steinach, "Biological Methods Against the Process of Old Age," *Medical Journal and Record* 125, no. 2345 (1927): 78 – 81, 161 – 164.

127 판타스틱한 실험: Steinach, *Sex and Life*, 49.

127 행위임에 틀림없다: Ibid., 49 – 50.

127 오늘의 치료법: "Elixir of Life: The Brown-Sequard Discovery," Aroha and *Ohinemu News and Upper Thames Advocate*, September 25, 1889.

128 창의력과 성욕이 되살아나: Chandak Sengoopta, "Glandular Politics: Experimental Biology, Clinical Medicine, and Homosexual Emancipation in Fin-de-Siècle Central Europe," Isis 89, no. 3 (1998): 445 – 73; Chandak Sengoopta, "'Dr Steinach coming to make old young!': Sex Glands, Vasectomy and the Quest for Rejuvenation in the Roaring Twenties," *Endeavour* 27, no. 3 (2003): 122 – 126.

128 기억력이 향상되고: Steinach and Loebel, *Sex and Life*, 173.

129 자기계발 책들이 날개 돋친 듯 팔렸고: Drowne and Huber, The 1920s; Michael Pettit, "Becoming Glandular: Endocrinology, Mass Culture, and Experimental Lives in the Interwar Age," *American Historical Review* 118, no. 4 (2013): 1052 – 1076.

129 시류에 편승한 기술: Pettit, "Becoming Glandular," 5. 77

130 슈타이나흐가 처음부터 블록버스터급 회춘 기법을 고안하려고 작정한 것은 아니었다: Laura Davidow Hirschbein, "The Glandular Solution: Sex, Masculinity, and Aging in the 1920s," *Journal of the History of Sexuality* 9, no. 3 (2000): 277–304.

130 개구리의 성생활: Sengoopta, *The Most Secret Quintessence of Life*, 57.

131, 132 믿기 어렵다, 내가 실제로 본 것은: Steinach and Loebel, *Sex and Life*, 16.

133 모든 복잡한 생리 현상들: Ibid., 3.

133 모든 사람들이 (…) 잘 알고 있는 사실이 있다: Ibid., 39.

133 고환은 어디에 달려 있든 제구실을 톡톡히 하는 것으로: Per Södersten et al., "Eugen Steinach: The First Neuroendocrinologist," *Endocrinology* 155, no. 3 (2014): 688–695.

134 모든 수컷들이: Steinach and Loebel, *Sex and Life*, 30.

135 주저없이: Ibid., 32.

136 난소가 달린 수컷 (…) 똑같이 행동했다: Ibid., 64.

136 에로틱화했다: Steinach titles a chapter of Sex and Life "Experiments in Explanation and Erotization," and writes, "I have coined the expression 'erotization of the central nervous system' or 'erotization'" (30).

137 가장 중요한 결정: Ibid., 71.

137 칼 크라우스: Christopher Turner, "Vasectomania, and Other Cures for Sloth," *Cabinet*, no. 29: Spring 2008.

138 진정한 동성애: Sengoopta, *The Most Secret Quintessence of Life*, 80.

139 인접한 조직이 과도하게 활성화된다: Kozminski and Bloom, "A Brief History of Rejuvenation Operations."

139 그의 환자는 W. 안톤: Stephen Lock, "'O That I Were Young Again': Yeats and the Steinach Operation," *British Medical Journal* (Clinical Research Edition) 287, no. 6409 (1983): 1964–1968.

141 전반적인 건강 상태가 놀랍도록 향상: Steinach and Loebel, *Sex and Life*, 178.

141 신문기자들이 그런 기삿거리를 놓칠 리 만무했다: "Gland Treatment Spreads in America," New York Times, April 8, 1923; "New Ponce De Leon Coming," *Baltimore Sun*, September 16, 1923.

142 호되게 당한 바: Van Buren Thorne, "The Craze for Rejuvenation," *New York Times*, June 4, 1922.

142 간교한 말장난: Morris Fishbein, *Fads and Quackery in Healing: An Analysis of the Foibles of the Healing Cults, With Essays on Various Other Peculiar Notions in the*

Health Field (New York: Covici, Friede, 1932).

143 나는 어떻게 20년이나 젊어졌나?: Angus McLaren, Reproduction by Design (Chicago: University of Chicago Press, 2012), 85 - 86; Van Buren Thorne, "Dr. Steinach and Rejuvenation," *New York Times*, June 26, 1921.

144 아내와의 불화: McLaren, Reproduction by Design, 86.

145 호르몬에 기반한 갱년기 치료제 시장이 창조되었다: Södersten et al., "Eugen Steinach."

145 진지하게 과학을 연구: E. C. Hamblen, "Clinical Experience with Follicular and Hypophyseal Hormones," Endocrinology 15, no. 3 (1931): 184-194; Michael J. O'Dowd and Elliot E. Phillips, "Hormones and the Menstrual Cycle," *The History of Obstetrics and Gynaecology* (New York: Pantheon, 1994), 255-275.

6장

광범위한 인터뷰: Dr. Howard W. Jones, Jr., his children, and his colleagues, including the Joneses' longtime assistant Nancy Garcia; Mary F. Davies, president of the Jones Foundation; Dr. Edward Wallach, professor emeritus of gynecology and obstetrics, Johns Hopkins University School of Medicine; Dr. Alan DeCherney, senior investigator in reproductive endocrinology and science, National Institutes of Health; Dr. Claude Migeon, pediatric endocrinologist, Johns Hopkins University School of Medicine; and Dr. Robert Blizzard, professor emeritus of pediatric endocrinology, University of Virginia.

기록물 열람: Dr. Jones's personal archive, which includes photographs, correspondence, publications, and unpublished memoirs; the papers of Arthur Hertig, the Harvard professor of pathology whose lab provided the placenta that led to Georgeanna Jones's discovery (kindly made available by his son Andrew Hertig).

151 재회했다는 점: Howard W. Jones, Jr., life story, Jones archive.

152 최근 출간된 《성性과 내분비》라는 책: Edgar Allen, ed., *Sex and Internal Secretions: A Survey of Recent Research* (Baltimore: Williams and Wilkins, 1932).

155 A-Z 검사는 임신 진단법으로 군림했다: Henry W. Louria and Maxwell Rosenzweig, "The Aschheim-Zondek Hormone Test for Pregnancy," *Journal of the American Medical Association* 91, no. 25 (1928): 1988; "Aschheim and Zondek's Test for Pregnancy," *British Medical Journal* (1929): 232C; "The Zondek- Ascheim Test

for Pregnancy," *Canadian Medical Association Journal* 22, no. 2 (1930): 251–253; George H. Morrison, "Zondek and Aschheim Test for Pregnancy," *Lancet* 215, no. 5551 (1930): 161–162.

157 얼 엥글: Howard W. Jones, Jr., "Chorionic Gonadotropin: A Narrative of Its Identification and Origin and the Role of Georgeanna Seegar Jones," *Obstetrical and Gynecological Survey* 62, no. 1 (2007): 1–3.

157 태반에도: Ibid.

158 모든 장비들을 손수 제작하는 재주꾼: Michael Rogers, "The Double-Edged Helix," Rolling Stone, March 25, 1976; Rebecca Skloot, *The Immortal Life of Henrietta Lacks* (New York: Crown Publishers, 2010); Jane Maienschein, Marie Glitz, Garland E. Allen, eds., *Centennial History of the Carnegie Institution of Washington*, vol. 5 (Cambridge, UK: Cambridge University Press, 2005), 143.

159 세포들은 원심력에 의해 유리벽 쪽으로 밀려났고: Andrew Artenstein, ed., Vaccines: A Biography (New York: Springer, 2010), 152.

159 이산화탄소: Duncan Wilson, *Tissue Culture in Science and Society: The Public Life of a Biological Technique in Twentieth-Century Britain* (London: Palgrave Macmillan, 2011), 60.

161 뇌하수체가 아니라: Jones, "Chorionic Gonadotropin."

161 단문은 (…) 실렸다: George Gey, G. Emory Seegar, and Louis M. Hellman, "The Production of a Gonadotrophic Substance (Prolan) by Placental Cells in Tissue Culture," Science 88, no. 2283 (1938): 306–307. For a history of the experiment, see Jones, "Chorionic Gonadotropin."

162 조지아나는 가장 중요한 내빈이다: Dr. Howard W. Jones, Jr., author interview.

164 두고두고 가슴에 남는다고 했다: Frances Neal to Howard W. Jones, Jr., condolence card, 2005, Jones archive.

7장

간성환자 및 보호자와의 인터뷰: Bo Laurent, who shared her medical records with me; Dr. Arlene Baratz, physician and medical advisor to the Androgen Insensitivity Support Group; Dr. Katie Baratz, psychiatrist; Georgiann Davis, assistant professor of sociology, University of Nevada; several other people who talked about how intersexuality affected their lives, as well as with endocrinologists who cared for intersex patients both in the

1950s and today.

진료 기록(성명이 삭제됨): the care of intersex children at Columbia University in the 1930s and 1940s; the papers of John Money at the Kinsey Institute; notes from meetings about intersex children in the personal archives of Dr. Howard W. Jones, Jr.

전문가 인터뷰: Dr. Claude Migeon and Dr. Howard W. Jones, Jr., of Johns Hopkins; David Sandberg, PhD, clinical psychologist, University of Michigan; the historians Dr. Sandra Eder, assistant professor, University of California, Berkeley; Dr. Elizabeth Reis, professor, Macaulay Honors College, City University of New York; Dr. Katrina Karkazis, senior research scholar, Center for Biomedical Ethics, Stanford University.

기타 배경 정보: Alice Dreger, *Hermaphrodites and the Medical Invention of Sex* (Cambridge, MA: Harvard University Press: 1998); Alice Dreger, *Intersex in the Age of Ethics* (Hagerstown, MD: University Publishing Group, 1999); Katrina Karkazis, Fixing Sex: *Intersex, Medical Authority, and Lived Experience* (Durham, NC: Duke University Press, 2008); Elizabeth Reis, *Bodies in Doubt: An American History of Intersex* (Baltimore: Johns Hopkins University Press, 2009); Sandra Eder, "The Birth of Gender: Clinical Encounters with Hermaphroditic Children at Johns Hopkins (1940–1956)," PhD thesis in the history of medicine, Johns Hopkins University, 2011; Suzanne J. Kessler, *Lessons from the Intersexed* (New Brunswick, NJ: Rutgers University Press: 2002); Georgiann Davis, *Contesting Intersex: The Dubious Diagnosis* (New York: New York University Press, 2015); Hida Viloria, *Born Both: An Intersex Life* (New York: Hachette, 2017); Thea Hillman, Intersex (for lack of a better word) (San Francisco: Manic D Press, 2008); and Cheryl Chase, "Hermaphrodites with Attitude: Mapping the Emergence of Intersex Political Activism," GLQ: A Journal of Lesbian and Gay Studies 4, no. 2 (1998): 189–211.

177 지난 10년 동안 (…) 목도했다: Howard W. Jones, Jr., and Lawson Wilkins, "Gynecological Operations in 94 patients with Intersexuality: Implications Concerning the Endocrine Theory of Sexual Differentiation," *American Journal of Obstetrics and Gynecology* 82, no. 5 (1961): 1142–1153.

178 헤르마프로디토스: Howard W. Jones, Jr., and William Wallace Scott, Hermaphroditism, *Genital Anomalies and Related Endocrine Disorders* (Baltimore: Williams and Wilkins, 1958); Anne Fausto-Sterling, "The Five Sexes," *Sciences* 33, no. 2 (1993): 20–24.

179 오늘날에는 모호생식기 사례: M. Blackless et al., "How Sexually Dimorphic Are We? Review and Synthesis," *American Journal of Human Biology* 12, no. 2 (2000): 151–166; Gerald Callahan, *Between XX and XY: Intersexuality and the Myth of Two Sexes* (Chicago: Chicago Review Press, 2009); Diane K. Wherrett, "Approach to the Infant with a Suspected Disorder of Sex Development," *Pediatric Clinics of North America* 62, no. 4 (2015):983–999.

180 항뮐러관호르몬: N. Josso, "Professor Alfred Jost: The Builder of Modern Sex Differentiation," Sexual Development 2, no. 2 (2008): 55–63.

181 여성성이 단순한 디폴트 값이 아님: Rebecca Jordan-Young, Brain Storm: The Flaws in the Science of Sex Difference (Cambridge, MA: Harvard University Press, 2010), 25.

181 여성이 수동적 과정에 의해 만들어진다: H. H. Yao, "The Pathway to Femaleness: Current Knowledge on Embryonic Development of the Ovary," *Molecular and Cellular Endocrinology* 230, no. 1–2 (2005): 87–93.

183 코르티손이 (…) 도움이 된다는 증거: Howard W. Jones, Jr., and Georgeanna E. S. Jones, "The Gynecological Aspects of Adrenal Hyperplasia and Allied Disorders," *American Journal of Obstetrics and Gynecology* 68, no. 5 (1954): 1330–1365.

183 치료적 역작: Paul Gyorgy et al., "Inter-University Round Table Conference by the Medical Faculties of the University of Pennsylvania and Johns Hopkins University: Psychological Aspects of the Sexual Orientation of the Child with Particular Reference to the Problem of Intersexuality," *Journal of Pediatrics* 47, no. 6 (1955): 771–790.

183 존 머니: Secondary sources include Terry Goldie, The Man Who Invented Gender: Engaging Ideas of John Money (Vancouver: UBC Press, 2014); Karkazis, Fixing Sex; and John Money, "Intersexual Problems," in Kenneth Ryan and Robert Kistner, eds., Clinical Obstetrics and Gynecology (Baltimore: Harper & Row, 1973).

183 성교학: Iain Morland, "Pervert or Sexual Libertarian? Meet John Money, 'the father of f*ology,'" Salon, January 4, 2014; also see Lisa Downing, Iain Morland, and Nikki Sullivan, *Fuckology* (Chicago: Chicago University Press: 2015).

184 걸출한 동성애자들이 수도 없이 많았음: Richard Green and John Money, "Effeminacy in Prepubertal Boys," Pediatrics 27, no. 286 (1961): 286–291.

184 널리 알려진 재판: Testimony of Dr. John William Money in Joseph Acanfora III v.

크레이지 호르몬

Board of Education of Montgomery County, Montgomery County Public Schools, U.S. District Court for the District of Maryland – 359 F. Supp. 843 (1973).

184 자칭 '섹스 전문가': "New Sexual Lifestyles: A symposium on emerging behavior patterns from open marriage to group sex," *Playboy*, September 1973.

185 일곱 가지 기준: Howard W. Jones, Jr., "Hermaphroditism," Progress in Gynecology 3 (1957): 35–49; Lawson Wilkins et al., "Masculinization of the Female Fetus Associated with Administration of Oral and Intramuscular Progestins During Gestation: Non-Adrenal Female Pseudohermaphrodism," *Journal of Clinical Endocrinology and Metabolism* 18, no. 6 (1958): 559–585.

186 성역할이란: John Money et al., "An Examination of Some Basic Sexual Concepts: The Evidence of Human Hermaphroditism," Bulletin of the Johns Hopkins Hospital 97, no. 4 (1955): 301–319.

187 양육하는 방식이 중요하다는 점을: Karkazis, *Fixing Sex*.

188 의심의 여지가 없다: Dr. Joan Hampson, minutes from an American Urological Association meeting, 1956, Jones archive.

188 생식기수술 관행을 비판했고: Associated Press, "Pressure Mounts to Curtail Surgery on Intersex Children," *New York Times*, July 25, 2017.

189 대담한 논문은 이례적으로: "bold articles were unusual": Reis, *Bodies in Doubt*, 177. 117 "I thought he was smart": Dr. Milton Diamond, author interview.

189 준열한 과학 논문: Milton Diamond and H. Keith Sigmundson, "Sex Reassignment at Birth: A Long Term Review and Clinical Implications," *Archives of Pediatrics and Adolescent Medicine* 151, no. 3 (1997): 298–304.

189 《롤링스톤》에 실린 칼럼: John Colapinto, "The true story of John/Joan," Rolling Stone 775(1997): 54–73, 97; John Colapinto, *As Nature Made Him: The Boy who Was Raised as a Girl* (New York: Harper Perennial, 2000).

190 다각적 분석: Karkazis, *Fixing Sex*, 47.

192 섹슈얼리티와 생식기 해부학에 관한 서적들을 탐독: C. H. Phoenix et al., "Organizing Action of Prenatally Administered Testosterone Propionate on the Tis-sues Mediating Mating Behavior in the Female Guinea Pig," *Endocrinology* 65, no. 3 (1959): 369–382.

192 DES: Randi Hutter Epstein, *Get Me Out: A History of Childbirth from the Garden of Eden to the Sperm Bank* (New York: W. W. Norton, 2010).

194 1993년 브라운대학교의 교수 앤 파우스토-스털링: 121 In 1993, Anne Fausto-Sterling:

Fausto-Sterling, "The Five Sexes."

194 남녀한몸이라는 딱지를 떼는 것: J. M. Morris, "Intersexuality," *Journal of the American Medical Association* 163, no. 7 (1957): 538 – 42; Robert B. Edgerton, "Pokot Intersexuality: An East African Example of the Resolution of Sexual Incongruity," *American Anthropologist* 66, no. 6 (1964): 1288 –1299; John Money, "Psychologic Evaluation of the Child with Intersex Problems," *Pediatrics* 36, no. 1 (1965): 51 – 55; Cheryl Chase, "Letters from Readers," *The Sciences* 33, no. 3 (1993).

196 허심탄회하게 대화하라고 권고한다: Jennifer E. Dayner et al., "Medical Treatment of Intersex: Parental Perspectives," *Journal of Urology* 172, no. 4 (2004): 1762 –1765.

197 스위스와 독일의 연구자들: Jürg C. Streuli et al., "Shaping Parents: Impact of Contrasting Professional Counseling on Parents' Decision Making for Children with Disorders of Sex Development," *Journal of Sexual Medicine* 10, no. 8 (2013): 1953 –1960.

198 감소한 것은 사실이지만: Bo Laurent, author interview.

8장

광범위한 인터뷰: Dr. Al and Barbara Balaban, along with newspaper clippings which they generously shared with me; Dr. Robert Blizzard, professor emeritus of pediatric endocrinology, University of Virginia; Dr. Albert Parlow, professor of hormone biochemistry, LA BioMed; Dr. Michael Aminoff, director of the Parkinson's Disease and Movement Disorders Clinic, University of California San Francisco; Carol Hintz, the widow of Dr. Raymond Hintz.

성장호르몬 치료의 역사: Stephen Hall, *Size Matters: How Height Affects the Health, Happiness, and Success of Boys* — *and the Men They Become* (New York: Houghton Mifflin Harcourt, 2006); Susan Cohen and Christine Cosgrove, *Normal at Any Cost: Tall Girls, Short Boys, and the Medical Industry's Quest to Manipulate Height* (New York: Jeremy P. Tarcher/Penguin, 2009); Aimee Medeiros, *Heightened Expectations* (Tuscaloosa: University of Alabama Press, 2016), based on her PhD thesis in the history of health sciences, University of California San Francisco, 2012, which I consulted.

에드나 소벨 박사에 대한 정보: Aurelia Minutia and Jennifer Yee.

205 인류학자들의 이론에 따르면: Ron G. Rosenfeld, "Endocrine Control of Growth," in

Noël Cameron and Barry Bogin, eds., *Human Growth and Development*, 2nd ed. (New York: Elsevier, 2012).

207 호르몬이 왜소증을 치료할 수 있을 거라고 예측했다: Melvin Grumbach, "Herbert McLean Evans, Revolutionary in Modern Endocrinology: A Tale of Great Expectations," *Journal of Clinical Endocrinology and Metabolism* 55, no. 6 (1982): 1240–1247.

207 오스카 리들 박사: "Scientist Predicts Pituitary Treatment Will Overcome the 'Inferiority Complex,'" *New York Times*, August 2, 1937.

207 지옥 같은 왜소증 환자의 삶: Medeiros, "Heightened Expectations" (PhD thesis), 152.

207 미성숙과 불안감: Sheila Rothman and David Rothman, *The Pursuit of Perfection: The Promise and Perils of Medical Enhancement* (New York: Pantheon, 2003), 173.

208 내분비학과 정신분석학을 종합하면: Ibid., 174.

209 성장호르몬에 관한 최신 뉴스: "Hormone to Aid Growth Isolated, But It Is Too Costly for Wide Use," *New York Times*, March 8, 1944; "What Scientists Are Doing," New York Herald Tribune, March 19, 1944; Choh Hao Li and Herbert Evans, "The Isolation of Pituitary Growth Hormone," Science 99, no. 2566 (1944): 183–184.

209 왜소증을 치료할 수 있다는 기사: Earl Ubell, "Hormone Makes Dwarf Grow: May Also Offer Clues in Cancer, Obesity, Aging," New York Herald Tribune, March 29, 1958; Earl Ubell, "Hormones Now May Be Tailor-Made," *New York Herald Tribune*, May 10, 1959.

211 테스토스테론이 키를 늘리지 않는다: Edna Sobel et al., "The Use of Methyltestosterone to Stimulate Growth: Relative Influence on Skeletal Maturation and Linear Growth," *Journal of Clinical Endocrinology and Metabolism* 16, no. 2 (1956): 241–248.

217 에반스-리의 연구: Li and Evans, "The Isolation of Pituitary Growth Hormone."

218 모리스 라벤 박사: M. S. Raben, "Letters to the Editor: Treatment of a Pituitary Dwarf with Human Growth Hormone," *Journal of Clinical Endocrinology and Metabolism* 18, no. 8 (1958): 901–903.

219 호르몬이 난쟁이의 키를 늘리다: Earl Ubell, "Hormone Makes Dwarf Grow," New York Herald Tribune, March 29, 1958.

219 농구선수들을 탁월하게 만드는 건 아니다: Alton L. Blakeslee, "Stimulant Found in Pituitary Powder: Growth Hormone Isolated: Found Capable of Inducing Added

Height in Children Dwarfed by Natural Causes," *Pittsburgh Post-Gazette*, March 29, 1958.

223 2리터들이 우유병 하나: Dr. Salvatore Raiti, author interview.

229 대의명분을 알림과 동시에: Rothman and Rothman, *The Pursuit of Perfection*, 171.

230 정글전이나 마찬가지죠: Podine Schoenberger, "Pilot Honored by Pathologists," *New Orleans Times-Picayune*, March 26, 1968.

230 NPA에서는 관련 지침도 제정했다: Ibid.

230 자연스럽고 안전한 선택: Robert Blizzard, "History of Growth Hormone Therapy," Indian Journal of Pediatrics 79, no. 1 (2012): 87−91.

231 "왜소증 종식 가능": Medeiros, "Heightened Expectations" (PhD thesis), 166.

9장

갑상샘의 역사적 배경: Dr. Thomas Foley, professor of pediatric endocrinology, University of Pittsburgh.

로절린 앨로의 삶: Rosalyn Yalow, Nobel Laureate: Her Life and Work in Medicine (New York: Basic Books, 1998) by a former student turned colleague and family friend, Dr. Eugene Straus.

인터뷰: several of Dr. Yalow's colleagues, as well as her children.

홈비디오: home video clips of Yalow, events in her honor, and memorial events.

237 최선을 다하고: Straus, *Rosalyn Yalow*, 46.

238 남학생들이 우르르 전쟁에 나가는 바람에: Ibid., 34.

239 더 넓은 세계로 이끌었어요: Mildred Dresselhaus, home video of a memorial service, Yalow archive.

240 수위가 사용하던 골방을 연구실로 개조했다: "Rosalyn Yalow and Solomon Berson," Chemical Heritage Foundation, August 13, 2015, https://www.sciencehistory.org/historical-profile/rosalyn-yalow-and-solomon-a-berson.

243 두 사람의 논문이 1956년에 출판된 직후: S. A. Berson and R. S. Yalow et al., "Insulin-131 Metabolism in Human Subjects: Demonstration of Insulin Binding Globulin in the Circulation of Insulin-Treated Subjects," *Journal of Clinical Investigation* 35 (1956): 170−190.

246 1960년 《임상연구저널》에 기고한 논문: Rosalyn S. Yalow and Solomon A. Berson,

"Immunoassay of Endogenous Plasma Insulin in Man," *Journal of Clinical Investigation* 39, no.7 (1960): 1157-1175.

248 그까짓 거, 어렵지 않다: Ruth H. Howes, "Rosalyn Sussman Yalow (1921-2011)," *American Physical Society Sites: Forum on Physics and Society*, 2015.

248 새로운 아이디어가 처음에는 퇴짜를 맞지만: Endocrine Society Staff, "In Memoriam: Dr. Rosalyn Yalow, PhD, 1921-2011," *Molecular Endocrinology* 26, no. 5 (2012): 713-714.

248 2011년 5월 30일 여든아홉 살을 일기로 세상을 떠났다: Denise Gellene, "Rosalyn S. Yalow, Nobel Medical Physicist, Dies at 89," *New York Times*, June 1, 2011.

10장

자세한 배경 정보: Jennifer Cooke, *Cannibals, Cows and the CJD Catastrophe* (Sydney: Random House Australia, 1998); Susan Cohen and Christine Cosgrove, *Normal at Any Cost: Tall Girls, Short Boys, and the Medical Industry's Quest to Manipulate Height* (New York: Jeremy P. Tarcher/Penguin, 2009). 두 번째 책은 성장호르몬을 다루며, 키가 너무 큰 소녀들의 성장을 멈추기 위해 에스트로겐을 투여한 역사도 제공하고 있다.

성장호르몬 환자, FDA 당국자, CJD의 지극과 생물학을 잘 아는 의사들과의 인터뷰: Carol Hintz (the widow of Dr. Raymond Hintz); Dr. Michael Aminoff; Dr. Robert Blizzard; Dr. Albert Parlow; Dr. Robert Rohwer, associate professor of neurology, University of Maryland; Dr. Paul Brown, senior investigator, National Institutes of Health; Dr. Alan Dickinson, founder of the neuropathogen unit, University of Edinburgh; Dr. Judith Fradkin, director of the division of diabetes, endocrinology, and metabolic diseases, National Institutes of Health.

저널리스트 에밀리 그린은 영국의 성장호르몬-CJD에 관한 기사와 자료를 공유해줬고, 나의 제자 니콜라스 스미스가 프랑스어 신문기사를 영어로 번역해줬다.

253 조이 로드리게스: Thomas Koch et al., "Creutzfeldt-Jakob Disease in a Young Adult with Idiopathic Hypopituitarism: Possible Relation to the Administration of Cadaveric Human Growth Hormone," *New England Journal of Medicine* 313, no. 12 (1985): 731-733.

254 고생할 필요가 뭐 있나요: Cooke, Cannibals, Cows and the CJD Catastrophe, 110.

262 새로운 정보는 마치 두 번의 천둥 번개처럼: Paul Brown, "Reflections on a Half-

Century in the Field of Transmissible Spongiform Encephalopathy," Folia Neuropathologica 47, no. 2 (2009): 95–103.

263 애도하지 않는 것은 제넨텍밖에 없었다: Paul Brown et al., "Potential Epidemic of Creutzfeldt-Jakob Disease from Human Growth Hormone Therapy," *New England Journal of Medicine* 313, no. 12 (1985): 728–731; Paul Brown, "Human Growth Hormone Therapy and Creutzfeldt-Jakob Disease: A Drama in Three Acts," *Pediatrics* 81 (1988): 85–92; Paul Brown, "Iatrogenic Creutzfeldt- Jakob Disease," *Neurology* 67, no. 3 (2006): 389–393.

266 1년에 한 번씩 새로운 소식: David Davis, "Growing Pains," LA Weekly, March 21, 1997.

268 팔로의 우려가 사실이었던 것으로 드러났다: Joseph Y. Abrams et al., "Lower Risk of Creutzfeldt-Jakob Disease in Pituitary Growth Hormone Recipients Initiating Treatment after 1977," *Journal of Clinical Endocrinology and Metabolism* 96, no. 10 (2011): E1666– 69; Genevra Pittman, "Purified Growth Hormone Not Tied to Brain Disease," Reuters Health, August 19, 2011.

269 사망한 것으로 확인된 사람: Dr. Larry Schonberger, Centers for Disease Control, email to author, October 24, 2017, and Christine Pearson, CDC spokesperson, email to author, October 5, 2017. The 33 deaths include one case related to hormone made by a pharmaceutical firm. Other potential cases have been reported, including the 2013 death of a child denied treatment by the U.S. government program because he didn't meet the height criteria who was given hormones from Europe, reported in Brian S. Appleby et al., "Iatrogenic Creutzfeldt-Jakob Disease from Commercial Cadaveric Human Growth Hormone," *Emerging Infectious Diseases* 19, no. 4 (2013): 682–684.

269 영국의 경우 (…) 78명이 사망했으며: Dr. Peter Rudge, email to author, October 4, 2017. Property of W. W. Norton & Company. See also P. Rudge et al., "Iatrogenic CJD Due to Pituitary-Derived Growth Hormone with Genetically Determined Incubation Times of Up to 40 Years," *Brain* 138, no. 11 (2015): 3386–3399.

269 영국 법원은 환자들의 손을 들어주며: Emily Green, "A Wonder Drug That Carried the Seeds of Death," *Los Angeles Times*, May 21, 2000.

269 프랑스의 가족들: Several articles have been written about the French lawsuits. See Angelique Chrisafis, "French Doctors on Trial for CJD Deaths after Hormone 'Misuse,'" Guardian, February 6, 2008; Barbara Casassus, "INSERM Doubts

Criminality in Growth Hormone Case," Science 307, no. 5716 (2005): 1711, and "Acquittals in CJD Trial Divide French Scientists," Science 323, no. 5913 (2009): 446; Pierre-Antoine Souchard and Verena Von Derschau, "6 Acquitted in French Trial over Hormone Deaths," Associated Press, in San Diego Union-Tribune, January 14, 2009.

11장

폐경 관련 인터뷰에 응한 연구자와 임상의들: Mary Jane Minkin, clinical professor of obstetrics, gynecology, and reproductive services, Yale University; Dr. Lila Nachtigall, professor of obstetrics and gynecology, New York University; Dr. Hugh Taylor, chief of obstetrics and gynecology, Yale University; Dr. Nanette Santoro, professor of obstetrics and gynecology, University of Colorado School of Medicine; Cindy Pearson, executive director of the Women's Health Network.

273 《폐경: 평가, 치료, 건강상 문제》라는 책의 공저자: Charles B. Hammond et al., *Menopause: Evaluation, Treatment, and Health Concerns — Proceedings of a National Institutes of Health Symposium Held in Bethesda, Maryland, April 21–22, 1988* (New York: Alan R. Liss, 1989).

275 생물학적 변화: Helen E. Fisher, "Mighty Menopause," *New York Times*, October 21, 1992.

276 수십 년 동안 증상을 겪는다: F. Kronenberg, "Menopausal Hot Flashes: A Review of Physiology and Biosociocultural Perspective on Methods of Assessment," *Journal of Nutrition* 140, no. 7 (2010): 1380s–1385s.

277 시트콤의 소재로 사용되었다: Elizabeth Siegel Watkins, *The Estrogen Elixir: A History of Hormone Replacement Therapy in America* (Baltimore: Johns Hopkins University Press, 2007).

278 NIH의 지원하에 수행된 몇 건의 연구에서는: Ibid., 244; Nancy Krieger et al., "Hormone Replacement Therapy, Cancer, Controversies, and Women's Health: Historical, Epidemiological, Biological, Clinical, and Advocacy Perspectives," *Journal of Epidemiology and Community Health* 59, no. 9 (2005): 740–748; Watkins, *The Estrogen Elixir*, 244; A. Heyman et al., "Alzheimer's Disease: A Study of Epidemiological Aspects," Annals of Neurology 15, no. 4 (1984): 335–341; M. X.

Tang et al., "Effect of Oestrogen During Menopause on Risk and Age at Onset of Alzheimer's Disease," Lancet 348, no. 9025 (1996): 429–432.

278 연구 결과가 하나 둘씩 나오기 시작했다: Margaret Morganroth Gullette, "What, Menopause Again?" Ms., July 1993, 34; Nancy Fugate Woods, "Menopause: Models, Medicine, and Midlife," Frontiers 19, no. 1 (1998): 5–19.

278 로버트 프리드먼 박사: Dr. Robert Freedman, author interview; Robert R. Freedman, "Biochemical, Metabolic, and Vascular Mechanisms in Menopausal Hot Flashes," Fertility and Sterility 70, no. 2 (1998): 332–337, and "Menopausal Hot Flashes: Mechanisms, Endocrinology, Treatment," Journal of Steroid Biochemistry and Molecular Biology 142 (2014): 115–120. See also Denise Grady, "Hot Flashes: Exploring the Mystery of Women's Thermal Chaos," New York Times, September 3, 2002.

281 서로 어떻게 관련되어 있는지는 아직 밝혀지지 않았다: Kronenberg, "Menopausal Hot Flashes."

282 범고래도 안면홍조를 경험한다: Lauren Brent, author interview; Lauren Brent et al., "Ecological Knowledge, Leadership, and the Evolution of Menopause in Killer Whales," editorial comment, Obstetrical and Gynecological Survey 70, no. 11 (2015): 701–702.

283 뇌를 적출했어요: Naomi Rance, author interview; Naomi E. Rance et al., "Modulation of Body Temperature and LH Secretion by Hypothalamic KNDy (kisspeptin, neurokinin B and dynorphin) Neurons: A Novel Hypothesis on the Mechanism of Hot Flushes," Frontiers in Neuroendocrinology 34, no. 3 (2013): 211– 27; N. E. Rance et al., "Postmenopausal Hypertrophy of Neurons Expressing the Estrogen Receptor Gene in the Human Hypothalamus," Journal of Clinical Endocrinology and Metabolism 71, no. 1 (1990): 79–85.

283 총 여섯 개의 뇌를 더 수집했다: N. E. Rance and W. S. Young III, "Hypertrophy and Increased Gene Expression of Neurons Containing Neurokinin-B and Substance-P Messenger Ribonucleic Acids in the Hypothalami of Postmenopausal Women," Endocrinology 128, no. 5 (1991): 2239–2247. For a review of the Rance research, see Ty William Abel and Naomi Ellen Rance, "Stereologic Study of the Hypothalamic Infundibular Nucleus in Young and Older Women," Journal of Comparative Neurology 424, no. 4 (2000): 679–688.

284 뉴로키닌 B를 주입: Channa Jayasena et al., "Neurokinin B Administration Induces

Hot Flushes in Women," *Scientific Reports* 5, no. 8466 (2015).

284 뉴로키닌 B를 차단해 (…) 비호르몬요법: Julia K. Prague et al., "Neurokinin 3 Receptor Antagonism as a Novel Treatment for Menopausal Hot Flushes: A Phase 2, Randomised, Double- Blind, Placebo- Controlled Trial," Lancet 389, no. 10081 (May 2017): 1809 – 20. Articles on the potential new non-Property of W. W. Norton & Company hormone drug include Megan Cully, "Neurokinin 3 Receptor Antagonist Revival Heats Up with Astellas Acquisition," Nature Reviews Drug Discovery 16, no. 6 (2017): 377.

285 한 무리의 연구자들: Heyman et al., "Alzheimer's Disease"; V. W. Henderson et al., "Estrogen Replacement Therapy in Older Women: Comparisons Between Alzheimer's Disease Cases and Nondemented Control Subjects," *Archives of Neurology* 51, no. 9 (1994): 896 –900; Tang et al., "Effect of Oestrogen."

286 상류층 백인: Randall S. Stafford et al., "The Declining Impact of Race and Insurance Status on Hormone Replacement Therapy," *Menopause* 5, no. 3 (1998): 140 –144; Watkins, *The Estrogen Elixir*.

286 흑인 여성들의 (…) 백인 여성의 40퍼센트에 불과: Kate M. Brett and Jennifer H. Madans, "Differences in Use of Postmenopausal Hormone Replacement Therapy by Black and White Women," *Menopause* 4, no. 2 (1997): 66 –76.

286 병원 진료 3만여 건: Stafford et al., "The Declining Impact of Race and Insurance Status."

287 2004년 이틀간 개최된 한 토론회: Krieger et al., "Hormone Replacement Therapy, Cancer, Controversies, and Women's Health."

287 어떤 여성도 쇠락하는 삶의 공포에서 벗어날 수 없다: Robert Wilson, *Feminine Forever* (New York: Pocket Books, 1968), 52.

288 뒷돈을 제공한 (…) 다음 제약사 세 곳: Krieger et al., "Hormone Replacement Therapy, Cancer, Controversies, and Women's Health"; Judith Houck, *Hot and Bothered: Women, Medicine, and Menopause in Modern America* (Cambridge, MA: Harvard University Press, 2006).

290 2800만 건이었던 (…) 반 토막 나고 말았다: Krieger et al., "Hormone Replacement Therapy, Cancer, Controversies, and Women's Health."

290 PEPI: The Writing Group for the PEPI Trial, "Effects of estrogen or estrogen / progestin regimens on heart disease risk factors in postmenopausalwomen: The Postmenopausal Estrogen /Progestin Interventions (PEPI) Trial," Journal of the

American Medical Association 273, no. 3 (1995): 199-208.

290 광범위한 연구: Meir J. Stampfer et al., "Postmenopausal Estrogen Therapy and Cardiovascular Disease," *New England Journal of Medicine* 325, no. 11 (1991): 756-762.

291 희소식의 물결에 파묻혀버렸다: Watkins, The Estrogen Elixir.

292 많은 여성들이 놀라고 두려워하고 격분했다: R. D. Langer, "The Evidence Base for HRT: What Can We Believe?" *Climacteric* 20, no. 2 (2017): 91-96.

292 우리의 목표: Dr. JoAnn Manson, author interview.

293 거의 절반이 줄었고: Krieger et al., "Hormone Replacement Therapy, Cancer, Controversies, and Women's Health."

293 사망률에 차이가 없는 것: J. E. Manson et al. for the WHI Investigators, "Menopausal Hormone Therapy and Long-Term All-Cause and Cause-Specific Mortality: The Women's Health Initiative Randomized Trials," *Journal of the American Medical Association* 318, no. 10 (2017): 927-938.

293 맨슨은 로이터와의 인터뷰에서: Lisa Rapaport, "Menopause Hormone Not Linked to Premature Death," Reuters Health, September 12, 2017.

295 약물이 오염되는 바람에: Nanette Santoro et al., "Compounded Bioidentical Hormones in Endocrinology Practice: An Endocrine Society Scientific Statement," *Journal of Clinical Endocrinology and Metabolism* 101, no. 4 (2016): 1318-1343.

295 《모어》라는 잡지의 기자: Cathryn Jakobson Ramin, "The Hormone Hoax Thousands Fall For," More, October 2013, 134-144, 156.

295 북미폐경학회: North American Menopause Society, "The 2017 Hormone Therapy Position Statement of the North American Menopause Society," *Menopause* 24, no. 7 (2017): 728-753.

12장

이 장을 집필하는 데 가장 많은 도움이 된 책: John Hoberman, Testosterone Dreams: Rejuvenation, Aphrodisia, Doping (California: University of California Press, 2005). 테스토스테론 분야의 연구자 및 임상의들과의 인터뷰: Dr. Alexander Pastuszak; Dr. Shalender Bhasin, director of the research program in men's health, Brigham and Women's Hospital; Dr. Joel Finkelstein, professor of medicine, Massachusetts General Hospital and Harvard Medical School; Dr. Mark Schoenberg, professor and university chair of urology, Montefiore Medical Center and Albert Einstein College of Medicine; Dr. Elizabeth Barrett- Connor, professor of Family Medicine and Public Health, University of California, San Diego; Dr. Frank Lowe, professor of urology, Albert Einstein College of Medicine; Dr. Martin Miner, co-director of the Men's Health Center, Miriam Hospital, Providence, RI, and associate professor of family medicine, Brown University; Dr. Michael Werner, medical director of the Maze Health Clinic; Dr. Thomas Perls, director of the New England Centenarian Study and professor of medicine, Boston University; Dr. Paul Turek, urologist and founder of the Turek Clinics; Hershel Raff, PhD, professor of medicine, surgery, and physiology and director of endocrine research, Medical College of Wisconsin; Dr. Elizabeth Wilson, professor of pediatrics, biochemistry, and biophysics, University of North Carolina; and Dr. James Dupree, assistant professor of urology, University of Michigan.

역사적 배경: Historical background comes from Arlene Weintraub, Selling the Fountain of Youth: How the Anti- Aging Industry Made a Disease Out of Getting Old —And Made Billions (New York: Basic Books; 2010).

303 실험견들이 성관계를 하고 있었다: Frank A. Beach, "Locks and Beagles," American Psychologist 24, no. 11 (1969): 971-989; Benjamin D. Sachs, "In Memoriam: Frank Ambrose Beach," Psychobiology 16, no. 4 (1988): 312-314.

305 남성성은 화학적이며: Paul de Kruif, The Male Hormone (New York: Harcourt, Brace, 1945), 107.

305 난센스라고 맹비난했다: W. O. Thompson, "Uses and Abuses of the Male Sex Hormone," Journal of the American Medical Association 132, no. 4 (1946): 185- 188; Blakeslee, "Stimulant Found in Pituitary Powder."

305 만약 내 가설이 검증된다면: Beach, "Locks and Beagles."

306 논란은 오늘날에도 전혀 수그러들지 않고 있다: Andrea Busnelli et al., "'Forever Young' — Testosterone Replacement Therapy: A Blockbuster Drug Despite Flabby Evidence and Broken Promises," Human Reproduction 32, no. 4 (2017): 719-724.

307 프레드 코크 박사: Alvaro Morales, "The Long and Tortuous History of the Discovery of Testosterone and Its Clinical Application," Journal of Sexual Medicine 10, no. 4 (2013): 1178-1183.

307 좀 더 이해할 때까지 이름을 붙여서는 안 될 것 같다: T. F. Gallagher and Fred C. Koch, "The Testicular Hormone," Journal of Biological Chemistry 84, no. 2 (1929):

495-500.

309 성장호르몬이라고 부르는 것: Claudia Dreifus, "A Conversation with —Anne Fausto-Sterling; Exploring What Makes Us Male or Female," *New York Times*, January 2, 2001; Anne Fausto-Sterling, *Sexing the Body* (New York: Basic Books, 2000).

310 그들의 연구는 너무나 획기적이어서: "Science Finds Way to Produce Male Hormone Synthetically," New York Herald Tribune, September 16, 1935; "Chemist Produces Potent Hormone," *New York Times*, September 16, 1935; "Testosterone," Time, September 23, 1935.

310 테스토스테론만 있으면: "Testosterone," Time.

312 소비자에게 직접 호소하는 광고: Sarita Metzger and Arthur L. Burnett, "Impact of Recent FDA Ruling on Testosterone Replacement Therapy (TRT)," Translational Andrology and Urology 5, no. 6 (2016): 921-926. For an example of the news reports, see Julie Revelant, "10 Warning Signs of Low Testosterone Men Should Never Ignore," *Fox News Health*, July 18, 2016, http://www.foxnews.com/health/2016/07/18/10-warning-signs-low-testosterone-men-should-never-ignore.html.

313 로티라는 증후군이 덩달아 유행했다: August Werner, "The Male Climacteric," Journal of the American Medical Association 112, no. 15 (1939): 1441-1443.

314 그건 쓰레기 같은 매뉴얼이었습니다: Dr. John Morley, author interview.

314 《미국내과학회지》에 기고한 에세이에서: Stephen R. Braun, "Promoting 'Low T': A Medical Writer's Perspective," *JAMA Internal Medicine* 173, no. 15 (2013): 1458-1460.

315 윤리적 문제가 자신의 입지를 옥죄기 시작해: Stephen Braun, author interview.

315 이 모든 전술들: C. Lee Ventola, "Direct-to-Consumer Pharmaceutical Advertising: Therapeutic or Toxic?" Pharmacy and Therapeutics 36, no. 10 (2011): 669-84; Samantha Huo et al., "Treatment of Men for 'Low Testosterone': A Systematic Review," *PLOS ONE* 11, no. 9 (2016): e0162480.

315 법률에 마법을 걸어 적용을 유예: Hoberman, Testosterone Dreams, 120.

316 약품 설명서를 동봉: Metzger and Burnett, "Impact of Recent FDA Ruling."

316 비슷한 지침을 발표했다: Shalender Bhasin et al., "Testosterone Therapy in Men with Androgen Deficiency Syndromes: An Endocrine Society Clinical Practice Guideline," *Journal of Clinical Endocrinology and Metabolism* 95, no. 6 (2010): 2536-2359; Frederick Wu et al., "Identification of Late-Onset Hypogonadism in

Middle-Aged and Elderly Men," *New England Journal of Medicine* 363, no. 2 (2010): 123-135; G. R. Dohle et al., "Guidelines on Male Hypogonadism," European Association of Urology, 2014, http://uroweb.org/wp-content/uploads/18-Male-Hypogonadism_LR1.pdf.

316 FDA의 지침에도 불구하고: Joseph Scott Gabrielsen et al., "Trends in Testosterone Prescription and Public Health Concerns," Urologic Clinics of North America 43, no. 2 (2016): 261-271; Katherine Margo and Robert Winn, "Testosterone Treatments: Why, When, and How?" *American Family Physician* 73, no. 9 (2006): 1591-1598.

316 어수선하고 통제 불가능한 개념: L. M. Schwartz and S. Woloshin, "Low 'T' as in 'Template': How to Sell Disease," *JAMA Internal Medicine* 173, no. 15 (2013): 1460-1462.

316 테스토스테론 수치는 하루 종일 요동을 치는데: W. J. Bremner et al., "Loss of Circadian Rhythmicity in Blood Testosterone Levels with Aging in Normal Men," Journal of Clinical Endocrinology and Metabolism 56, no. 6 (1983): 1278-1281.

317 테스토스테론은 근육량을 증가시킨다: Fred Sattler et al., "Testosterone and Growth Hormone Improve Body Composition and Muscle Performance in Older Men," Journal of Clinical Endocrinology and Metabolism 94, no. 6(2009): 1991-2001.

317 모든 외인성 테스토스테론: Dr. Alexander Pastuszak, author interview.

317 믿을 만한 남성용 피임약이라는 뜻은 아니다: A. M. Matsumoto, "Effects of Chronic Testosterone Administration in Normal Men: Safety and Efficacy of High Dosage Testosterone and Parallel Dose-Dependent Suppression of Luteinizing Hormone, Follicle-Stimulating Hormone, and Sperm Production," *Journal of Clinical Endocrinology and Metabolism* 70, no. 1 (1990): 282-287.

317 복부지방이 적다: L. Frederiksen et al., "Testosterone Therapy Decreases Subcutaneous Fat and Adiponectin in Aging Men," European Journal of Endocrinology 166, no. 3 (2012): 469-476.

318 심혈관문제: Shehzad Basaria et al., "Adverse Events Associated with Testosterone Administration," *New England Journal of Medicine* 363, no. 2 (2010): 109- 22; Shehzad Basaria et al., "Effects of Testosterone Administration for 3 Years on Subclinical Atherosclerosis Progression in Older Men with Low or Low- Normal Testosterone Levels: A Randomized Clinical Trial," *Journal of the American Medical Association* 314, no. 6(2015): 570-581.

318 지금껏 수행된 연구들은 대부분: P. J. Snyder et al., "Effects of Testosterone Treatment in Older Men," *New England Journal of Medicine* 374, no. 7 (2016): 611–624.

318 정상적 수치를 가진 남성이 테스토스테론을 투여하면: Felicitas Buena et al., "Sexual Function Does Not Change when Serum Testosterone Levels Are Pharmacologically Varied within the Normal Male Range," *Fertility and Sterility* 59, no. 5 (1993): 1118–1123; Christina Wang et al., "Transdermal Testosterone Gel Improves Sexual Function, Mood, Muscle Strength, and Body Composition Parameters in Hypogonadal Men," *Journal of Clinical Endocrinology and Metabolism* 85, no. 8 (2000): 2839–2853.

318 아무런 효과가 없는 듯하다: Dr. Shalender Bhasin, author interview.

319 암컷을 밝히는 성향이 증가하지 않았다: Darius Paduch et al., "Testosterone Replacement in Androgen-Deficient Men With Ejaculatory Dysfunction: A Randomized Controlled Trial," *Journal of Clinical Endocrinology and Metabolism* 100, no. 8 (2015): 2956–2962; Snyder et al., "Effects of Testosterone Treatment in Older Men."

319 위약을 투여한 남성보다 (…) 향상되지 않았다: S. M. Resnick et al., "Testosterone Treatment and Cognitive Function in Older Men With Low Testosterone and Age-Associated Memory Impairment," Journal of the American Medical Association 317, no. 7 (2017): 717–727.

319 조엘 핀켈스타인 박사: Joel S. Finkelstein et al., "Gonadal Steroids and Body Composition, Strength, and Sexual Function in Men," *New England Journal of Medicine* 369, no. 11 (2013): 1011–1022.

319 호르몬검사를위한조합(PATH): Partnership for the Accurate Testing of Hormones, "PATH Fact Sheet: The Importance of Accurate Hormone Tests," *Endocrine Society*, Washington DC, 2017.

320 1900년대 초의 관념으로 거슬러 올라가는데: Eder, "The Birth of Gender," 83.

320 동일한 논리로: Dr. Mohit Khera, author interview. Mohit Khera et al., "Adult-Onset Hypogonadism," Mayo Clinic Proceedings 91, no. 7 (2016): 908–926. Mohit Khera, "Male Hormones and Men's Quality of Life," *Current Opinion in Urology* 26, no. 2 (2016): 152-157.

322 로티 산업에 맹공을 퍼붓는 논문들: Natasha Singer, "Selling That New-Man Feeling," *New York Times*, November 23, 2013; Sky Chadde, "How the Low T Industry Is Cashing in on Dubious, and Perhaps Dangerous, Science," *Dallas*

Observer, November 12, 2014; Sarah Varney, "Testosterone, The Biggest Men's Health Craze Since Viagra, May Be Risky," *Shots: Health News from NPR*, April 28, 2014, http://www.npr.org/sections/health-shots/2014/04/28/305658501/prescription- testosterone-the-biggest-men-s-health-craze-since-viagra-may-be-ris.

324 **인증을 받은 내분비 전문의가 되려면:** Rona Schwarzberg, educational advisor at the American Academy of Anti-Aging Medicine, author interview. https://www.a4m.com/certification-in-metabolic-and-nutritional-medicine.html.

325 **자본가들은 (…) 일궈냈다:** Weintraub, *Selling the Fountain of Youth*.

325 **두 가지 상반된 견해:** Adriane Fugh-Berman, "Should Family Physicians Screen for Testosterone Deficiency in Men? No: Screening May Be Harmful, and Benefits Are Unproven" *American Family Physician* 91, no.4 (2015): 227-228; J. J. Heidelbaugh, "Should Family Physicians Screen for Testosterone Deficiency in Men? Yes: Screening for Testosterone Deficiency Is Worthwhile for Most Older Men," *American Family Physician* 91, no. 4 (2015): 220-221.

325 **5000여 명의 남성들:** Arlene Weintraub, "What's Next for the Thousands of Angry Men Suing Over Testosterone?," Forbes online, April 6, 2015, http://www.forbes.com/sites/arleneweintraub/2015/04/06/whats-next-for-the-thousands-of-angry-men-suing-over-testosterone/#7cd2401f4833; Arlene Weintraub, "AbbVie Challenges Fairness of Upcom ing Testosterone Trials," Forbes online, August 17, 2015, https://www.forbes.com/sites/arleneweintraub/2015/08/17/abbvie-challenges- fairness-of-upcoming-testosterone-trials/2b39e0113901; Arlene Weintraub, "Testosterone Suits Soar Past 2,500 as Legal Milestone Looms for AbbVie," Forbes online, October 30, 2015, http://www.forbes.com/sites/arleneweintraub/2015/10/30/testosterone-suits-soar-past-2500-as-legal-milestone-looms-for-abbvie/57c9501b1199; Arlene Weintraub, "Why All Those Testosterone Ads Constitute Disease Mongering," Forbes online, March 24, 2015, http://www.forbes.com/sites/arleneweintraub/2015/03/24/why-all-those-testosterone-ads-constitute-disease-mongering/#629d9d585853.

326 **7월 24일, 한 연방판사:** Lisa Schencker, "AbbVie Must Pay $150 Million over Testosterone Drug, Jury Decides," *Chicago Tribune*, July 24, 2017, http://www.chicagotribune.com/business/ct-abbvie-androgel-decision-0725-biz-20170724-story.html.

328 소스라치게 놀라 뒤로 나자빠질 뻔했다: Dr. Peter Klopfer, author interview.

13장

이 장의 기반을 이룬 인터뷰: Dr. Peter Klopfer, professor emeritus of biology, Duke University; Dr. Cort Pedersen, professor of psychiatry and neurobiology, University of North Carolina; and Dr. Robert Froemke, associate professor of neuroscience, New York University.

그밖의 인터뷰: Gideon Nave, PhD, assistant professor of marketing, Wharton School, University of Pennsylvania(통계자료에 대한 조언); Dr. Steve Chang, assistant professor of psychology and neurobiology, Yale University(원숭이와 옥시토신 연구); Dr. Jennifer Bartz, associate professor of psychology, McGill University(옥시토신과 자폐증), Dr. Michael Platt, professor of anthropology, University of Pennsylvania; Dr. James Higham, principal investigator in primate reproductive ecology and evolution, New York University.

334 전혀 내키지 않는다: John G. Simmons, "Henry Dale: Discovering the First Neurotransmitter," chapter in *Doctors and Discoveries: Lives that Created Today's Medicine* (Boston: Houghton Mifflin Harcourt, 2002), 238–427.

336 압력 상승 원리: Sir Henry Dale, "On Some Physiological Aspects of Ergot," Journal of Physiology 34, no. 3 (1906):163–206.

336 유즙분비의 상관관계: Mavis Gunther, "The Posterior Pituitary and Labour," letter to the editor, British Medical Journal 1948, no. 1: 567.

338 피터 클로퍼는 염소를 이용한 연구에서: Peter H. Klopfer, "Mother Love: What Turns It On? Studies of Maternal Arousal and Attachment in Ungulates May Have Implications for Man," American Scientist 59, no. 4 (1971): 404–407.

339 모자관계 연구를 마음껏 확장할 수 있었다: David Gubernick and Peter H. Klopfer, eds., Parental Care in Mammals (New York: Plenum Press, 1981).

339 풍선 모양의 기묘한 장치: Klopfer, "Mother Love."

340 케임브리지대학교의 한 연구팀: E. B. Keverne et al., "Vaginal Stimulation: An Important Determinant of Maternal Bonding in Sheep," Science 219, no. 4580 (1983): 81–83.

341 옥시토신 전문가: M. L. Boccia et al., "Immunohistochemical Localization of

크레이지 호르몬

Oxytocin Receptors in Human Brain," *Neuroscience* 253 (2013):155–164; Cort Pedersen et al., "Intranasal Oxytocin Blocks Alcohol Withdrawal in Human Subjects," *Alcoholism: Clinical and Experimental Research* 37, no. 3 (2013): 484–489; Cort A. Pedersen, Oxytocin in Maternal, *Sexual and Social Behaviors* (New York: New York Academy of Sciences, 1992).

341 젖꼭지를 노출하기까지 했다: Dr. Cort Pedersen, author interview.

341 추가 실험이 행해졌다: C. A. Pedersen et al., "Oxytocin Antiserum Delays Onset of Ovarian Steroid-Induced Maternal Behavior," *Neuropeptides* 6, no.2 (1985): 175–182; E. van Leengoed, E. Kerker, and H. H. Swanson, "Inhibition of Postpartum Maternal Behavior in the Rat by Injecting an Oxytocin Antagonist into the Cerebral Ventricles," *Journal of Endocrinology* 112, no. 2(1987): 275–282.

342 쌀쌀맞은 태도를 보였다: Pedersen, Oxytocin in Maternal, *Sexual and Social Behaviors*.

342 성기능을 실제로 향상시키지는 않는다: D. M. Witt et al., "Enhanced Social Interactions in Rats Following Chronic, Centrally Infused Oxytocin," Pharmacology Biochemistry and Behavior 43, no. 3 (1992): 855–861.

342 수 카터 소장: C. S. Carter and L. L. Getz, "Monogamy and the Prairie Vole," Scientific American 268, no. 6 (1993): 100–106.

343 스탠퍼드대학교의 과학자들: M. S. Carmichael et al., "Plasma Oxytocin Increases in the Human Sexual Response," *Journal of Clinical Endocrinology and Metabolism* 64, no. 1 (1987): 27–31.

343 옥시토신이 편안한 느낌을 줌으로써: C. S. Carter, *Hormones and Sexual Behavior* (Stroudsburg, PA: Dowden, Hutchinson & Ross, 1974).

343 다른 연구에서는: A. S. McNeilly et al., "Release of Oxytocin and Prolactin in Response to Suckling," *British Medical Journal* (Clinical Research Edition) 286, no. 6361 (1983): 257–259.

343 정말로 극적이어서: M. M. Kosfeld et al., "Oxytocin Increases Trust in Humans," *Nature* 435, no. 7042 (2005): 673–676.

344 도덕적 분자: P. J. Zak, *The Moral Molecule: How Trust Works* (New York: Plume, 2013); V. Noot, *35 Tips for a Happy Brain: How to Boost Your Oxytocin, Dopamine, Endorphins, and Serotonin* (CreateSpace, 2015).

345 책은 한때 자신의 블로그에: J. Zak, "Why Love Sometimes Sucks," Huffington Post, December 5, 2012, http://www.huffingtonpost.com/paul-j-zak/why-love-

sometimes-sucks_b_1504253.html.

346 아직 근거가 부족하다: Ed Yong, "The Weak Science Behind the Wrongly Named Moral Molecule," Atlantic, November 13, 2015.

346 멋진 스토리는 없다: Gideon Nave, author interview.

347 애처롭기 짝이 없습니다: Hans Lisser to Dr. Cushing, July 19, 1921.

348 신중한 옥시토신 연구: B. J. Marlin et al., "Oxytocin Enables Maternal Behaviour by Balancing Cortical Inhibition," *Nature* 520, no. 7548 (2015):499-504; Helen Shen, "Neuroscience: The Hard Science of Oxytocin," Nature 522, no. 7557 (2015): 410-412; Marina Eliava et al., "A New Population of Parvocellular Oxytocin Neurons Controlling Magnocellular Neuron Activity and Inflammatory Pain Processing," *Neuron* 89, no. 6 (2016):1291-1304.

348 정확한 위치를 겨냥함으로써: Michael Numan and Larry J. Young, "Neural Mechanisms of Mother-Infant Bonding and Pair Bonding: Similarities, Differences, and Broader Implications," *Hormones and Behavior* 77(2016): 98-112; Shen, "Neuroscience: The Hard Science of Oxytocin."

348 프롬케의 연구는 두 가지 연구에 기반하고 있는데: McNeilly et al., "Release of Oxytocin and Prolactin in Response to Suckling."

14장

이 장의 기반을 이룬 인터뷰: Mel Wymore를 비롯한 트랜스젠더 공동체 사람들; Dr. Joshua Safer; Dr. Anisha Patel; Dr. Susan Boulware; Leslie Henderson, PhD; Dr. Jack Turban.

초기 트랜스젠더 치료법에 대한 조언: Dr. Howard W. Jones, Jr.; Claude Migeon.

배경지식: Joanne Meyerowitz, How Sex Changed: A History of Transsexuality in the United States (Cambridge, MA: Harvard University Press, 2004); Jenny Boylan, She's Not There: A Life in Two Genders (New York: Broadway Books, 2013); Amy Ellis Nutt, Becoming Nicole: The Transformation of an American Family (New York: Random House, 2015); Julia Serrano, Whipping Girl: A Transsexual Woman on Sexism and the Scapegoating of Femininity (Berkeley, CA: Seal Press: 2007); Pagan Kennedy, The First Man-Made Man (New York: Bloomsbury, 2007); Christine Jorgensen, Christine Jorgensen: A Personal Autobiography (New York: Bantam, 1968); Andrew Solomon, "Transgender," chapter 11 in Far From the Tree (New York: Scribner, 2012), 599-676.

크레이지 호르몬

354 전 세계 사람들 중 0.3~0.6퍼센트: Sari L. Reisner et al., "Global Health Burden and Needs of Transgender Populations: A Review," *Lancet* 388, no. 10042 (2016): 412–436.

354 미국에는 140만 명 이상의 트랜스젠더 성인: https://williamsinstitute.law.ucla.edu/wp-content/uploads/How-Many-Adults-Identify-as-Transgender-in-the-United-States.pdf.

354 일련의 매체들: As well as the books mentioned above: Deirdre W. McCloskey, *Crossing: A Memoir* (Chicago: University of Chicago Press, 1999); Max Wolf Valerio, The Testosterone Files (Berkeley, CA: Seal Press: 2006); Jamison Green, *Becoming a Visible Man* (Nashville: Vanderbilt University Press, 2004). Documentaries include *Gender Revolution: A Journey with Katie Couric*, National Geographic, 2017. Articles include Rachel Rabkin Peachman, "Raising a Transgender Child," *New York Times Magazine*, January 31, 2017, and Hannah Rosin, ""A Boy"s Life,"" *Atlantic*, November 2008. See also Jill Soloway"s television series *Transparent*.

354 20세기 초 성형수술이 등장해: Felix Abraham, "Genitalumwandlungen an zwei männlichen Transvestiten," *Zeitschrift für Sexualwissenschaft und Sexualpolitik* 18 (1931): 223–226, describes operations at the Institute for Sexual Science, founded by Magnus Hirchfield, and described in Meyerowitz, *How Sex Changed*. The story of Danish painter Lili Elbe was told in the 2015 film *The Danish Girl*.

354 그때와 오늘날 사이에 큰 차이가 있다면: Wylie C. Hembree et al., "Endocrine Treatment of Gender-Dysphoric/Gender-Incongruent Persons: An Endocrine Society Clinical Practice Guideline," *Journal of Clinical Endocrinology and Metabolism* 102, no. 11 (2017): 3869–3903.

355 전직 미군 병사, 금발 미녀가 되다: *New York Daily News,* December 1, 1952.

356 여성으로 전환할 수 있지 않을까: Jorgensen, Christine Jorgensen, 72.

357 1면 기사에서는: "Surgery Makes Him a Woman," *Chicago Daily Tribune,* December 1, 1952.

358 어느 쪽을 더 좋아했냐 뭐 이런 이야기죠?: United Press, "My Dear, Did You Hear About My Operation?" *Austin Statesman*, December 2, 1952.

358 급부상했으며: Jorgensen, *Christine Jorgensen*, 218.

358 트랜스섹스 현상: Dr. Harry Benjamin, The Transsexual Phenomenon (New York: Julian Press, 1966).

359 통념은 폐기되어야 한다: Harry Benjamin, introduction to Jorgensen, *Christine Jorgensen*, x.

360 머니의 핵심 원칙 중 하나: see chapter 7, p. 114.

360 오늘날 과학자들은: Leslie Henderson, PhD, and Dr. Joshua Safer, author interviews. See also Margaret M. McCarthy and A. P. Arnold, "Reframing Sexual Differentiation of the Brain," *Nature Neuroscience* 14, no. 6(2011): 677–683; S. A. Berenbaum and A. M. Beltz, "Sexual Differentiation of Human Behavior: Effects of Prenatal and Pubertal Organizational Hormones," *Frontiers in Neuroendocrinology* 32, no. 2 (2011): 183–200; I. Savic, A. Garcia-Falgueras, and D. F. Swaab, "Sexual Differentiation of the Human Brain in Relation to Gender Identity and Sexual Orientation," Progress in Brain Research 186 (2010): 41-62; and Elke Stefanie Smith et al., "The Transsexual Brain —A Review of Findings on the Neural Basis of Transsexualism," *Neuroscience and Biobehavioral Reviews* 59 (2015): 251–266.

360 1959년 발표된 고전적 연구: Charles Phoenix et al., "Organizing Action of Prenatally Administered Testosterone Propionate on the Tissues Mediating Mating Behavior in the Female Guinea Pig," Endocrinology 65 (1959): 369–382, reprinted in Hormonal Behavior 55, no. 5 (2009): 566.

361 일반인들은 물론 심지어 일부 과학자들도: Leslie Henderson, PhD, author interview.

361 설치류를 이용한 후속 연구: For a thorough recent review see Margaret M. McCarthy, "Multifaceted Origins of Sex Differences in the Brain," *Philosophical Transactions of the Royal Society* B 371, no. 1688 (2016).

362 분명해 보인다: Dr. Joshua Safer, author interview.

368 의사들은 호르몬의 다른 부작용에도 주의를 기울인다: Ibid. On the influence of hormone treatment on serotonin receptors, which may influence depression, see G. S. Kranz et al., "High-Dose Testosterone Treatment Increases Serotonin Transporter Binding in Transgender People," *Biological Psychiatry* 78, no. 8 (2015): 525–533. On the impact of hormone therapy on transgender patients, see Cécile A. Unger, ""Hormone Therapy for Transgender Patients,"" *Translational Andrology and Urology* 5, no. 6 (2016): 877–884.

368 가장 최근(2017년 가을)에 발표된 내분비학회 지침: Hembree et al., "Endocrine Treatment of Gender-Dysphoric/Gender-Incongruent Persons."

371 40퍼센트 이상: Ibid.; Ann P. Haas, PhD, et al., "Suicide Attempts Among Transgender and Gender Non-Conforming Adults," Williams Institute, https://

williamsinstitute.law.ucla.edu/wp-content/uploads/AFSP-Williams-Suicide-
Report-Final.pdf.

15장

이 장의 기반을 이룬 광범위한 인터뷰: Karen Snizek
전문가들과의 인터뷰: Dr. Rudolph L. Leibel, professor of pediatrics and medicine at the
Institute of Human Nutrition, Columbia University College of Physicians and Surgeons;
Dr. Jeffrey M. Friedman, director of the Starr Center for Human Genetics, Rockefeller
University; Sir Stephen O'Rahilly, Professor of Clinical Biochemistry and Medicine,
University of Cambridge, and his colleague I. Sadaf Farooqi, a specialist in metablism
and medicine, who are at the forefront of drug research; Dr. Gerald Schulman, professor
of cellular and molecular physiology, Yale University; Dr. Frank Greenway, medical
director of the outpatient clinic, Pennington Biomedical Research, Baton Rouge, LA;
Dr. Jennifer Miller of the University of Florida.

377 시궁쥐는 구토를 하지 않으므로: Ruth B. S. Harris, "Is Leptin the Parabiotic 'Satiety'
     Factor? Past and Present Interpretations," *Appetite* 61, no. 1 (2013): 111–118. For
     further information on rats and vomiting see Charles C. Horn et al., "Why Can't
     Rodents Vomit? A Comparative Behavioral, Anatomical, and Physiological Study,"
     PLOS One, April 10, 2013.
378 놀랍도록 단순하지만 지금 봐도 엽기적인: G. R. Hervey, "The Effects of Lesions in the
     Hypothalamus in Parabiotic Rats," Journal of Physiology 145, no. 2 (1959): 336–
     352; G. R. Hervey, "Control of Appetite: Personal and Departmental
     Recollections," *Appetite* 61, no. 1 (2013): 100–110.
379 포만감 호르몬 사냥: Ellen Rupel Shell, The Hungry Gene: The Inside Story of the
     Obesity Epidemic (New York: Grove Press, 2003); "Douglas Coleman: Obituary,"
     Daily Telegraph, April 17, 2014.
380 콜레스토키닌: E. Straus and R. S. Yalow, "Cholecystokinin in the Brains of Obese
     and Nonobese Mice," *Science* 203, no. 4375 (1979): 68–69.
380 오류를 증명했다: B. S. Schneider et al., "Brain Cholecystokinin and Nutritional
     Status in Rats and Mice," Journal of Clinical Investigation 64, no. 5 (1979): 1348–
     1356.

381 1994년 콜먼의 연구에서 영감을 얻은: Y. Zhang et al., "Positional Cloning of the Mouse Obese Gene and Its Human Homologue," *Nature* 372, no. 6505 (1994): 425-432.

381 전혀 뜻밖이었어요: Dr. Rudy Leibel, author interview.

382 센세이션을 일으킨 것은: Tom Wilkie, "Genes, Not Greed, Make You Fat," *Independent,* December 1, 1994; Natalie Angier, "Researchers Link Obesity in Humans to Flaw in a Gene," *New York Times*, December 1, 1994.

383 렙틴 수준이 내려가면: Dr. Jeffrey Friedman, author interview.

385 네이트와 같은 환자들을 연구한 덕분에: L. G. Hersoug et al., "A Proposed Potential Role for Increasing Atmospheric CO2 as a Promoter of Weight Gain and Obesity," *Nutrition and Diabetes* 2, no. 3 (2012): e31.

385 손을 잡고 있다: Anthony P. Coll et al., "The Hormonal Control of Food Intake," *Cell* 129, no. 2 (2007): 251-262.

385 어떤 세균들은 체중 증가에: Dorien Reijnders et al., "Effects of Gut Microbiota Manipulation by Antibiotics on Host Metabolism in Obese Humans: A Randomized Double-Blind Placebo-Controlled Trial," *Cell Metabolism* 24, no. 1 (2016): 63-74.

386 인간의 배고픔을 완전히 이해: Ilseung Cho and Martin J. Blaser, "The Human Microbiome: At the Interface of Health and Disease," *Nature Reviews Genetics* 13, no. 4 (2012): 260-270; Torsten P. M. Scheithauer et al., "Causality of Small and Large Intestinal Microbiota in Weight Regulation and Insulin Resistance," *Molecular Metabolism* 5, no. 9 (2016): 759-770.

386 공기 오염: Y. Wei et al., "Chronic Exposure to Air Pollution Particles Increases the Risk of Obesity and Metabolic Syndrome: Findings from a Natural Experiment in Beijing," *FASEB Journal* 30, no. 6 (2016): 2115-2122.

386 산업용 화학물: G. Muscogiuri et al., "Obesogenic Endocrine Disruptors and Obesity: Myths and Truths," Archives of Toxicology, October 3, 2017, https://doi.org/10.1007/s00204-017-2071-1; K. A. Thayer, J. J.Heindel, J. R. Bucher, and M. A. Gallo, "Role of Environmental Chemicals in Diabetes and Obesity: A National Toxicology Program Workshop Review," *Environmental Health Perspectives* 120 (2012): 779-789.

386 비만대사수술: Valentina Tremaroli et al., "Roux-en-Y Gastric Bypass and Vertical Banded Gastroplasty Induce Long-Term Changes on the Human Gut Microbiome

Contributing to Fat Mass Regulation," Cell Metabolism 22, no. 2 (2015): 228 –
238.

387 비효율적인 칼로리 연소기: Wendee Holtcamp, "Obesogens: An Environmental Link
to Obesity," *Environmental Health Perspectives* 120, no. 2(2012): a62 – a68; David
Epstein, "Do These Chemicals Make Me Look Fat?" ProPublica, October 11,
2013; Jerrold Heindel, "Endocrine Disruptors and the Obesity Epidemic,"
Toxicological Sciences 76, no. 2 (2003):247 – 249.

387 비만이라는 유행병의 원인을 제공: Yann C. Klimentidis et al., "Canaries in the Coal
Mine: A Cross-Species Analysis of the Plurality of Obesity Epidemics," *Proceedings
of the Royal Society B: Biological Sciences*, 2010, doi:10.1098/rspb.2010.1890.

인명 한/영 대조표

G. 에모리 시거G. Emory Seegar

H. L. 멩켄H. L. Mencken

T. F. 갤러거T. F. Gallagher

W. 안톤Anton W.

갈레노스Galen

거트루드 스탈링Gertrude Starling

기디언 네이브Gideon Nave

길 솔리테어Gil Solitaire

나오미 랜스Naomi Rance

낸시 가르시아Nancy Garcia

네이션 레오폴드Nathan Leopold

네이트Nate

노먼 헤어Norman Haire

더글러스 콜먼Douglas Coleman

던컨 존스Duncan Jones

데니스 스펜서Dennis Spencer

데이비드 데이비스David Davis

데이비드 모제스David Moses

래리 새뮤얼Larry Samuel

래리 영Larry Young

러디어드 키플링Rudyard Kipling

레너드 올드리지Leonard Wooldridge

레뮤얼 클라이드 맥기Lemuel Clyde McGee

레슬리 헨더슨Leslie Henderson

레오폴드 루지치카Leopold Ruzicka

레이몬드 힌츠Raymond Hintz

레이사 카테리나 샤르타우Leisa Katherina
　　　　　　　Schartau

로랑 클레르Laurent Clerc

로버트 브라우닝Robert Browning

로버트 블리자드Robert Blizzard

로버트 에드워즈Robert Edwards

로버트 윌슨Robert Wilson

로버트 프룀케Robert Froemke

로버트 프리드먼Robert Freedman

로베르트 리히텐슈테른Robert Lichtenstern

로베르트 코흐Robert Koch

로비 미첼Roby Mitchell

로이 G. 호스킨스Roy G. Hoskins

로절린 앨로Rosalyn Yalow

로지 베번Rosie Bevan

론 로텐버그 Ron Rothenberg

루디 레이벨Rudy Leibel

루이스 버먼Louis Berman

루이스 캐럴Lewis Carroll

루이스 헬먼Louis Hellman

루이자 우드워드Louisa Woodward
루이즈 아이젠하르트Louise Eisenhardt
뤽 몽타니에Luc Montagnier
리베카 조던-영Rebecca Jordan-Young
리쉬 린드 아프 하게뷔Lizzy Lind af Hageby
리자 슈워츠Lisa Schwartz
리처드 로엡Richard Loeb
리하르트 바그너Richard Wagner
린다 러브레이스Linda Lovelace
릴리 엘베Lili Elbe
마거릿 가이Margaret Gey
마거릿 맥길리브레이Margaret MacGillivray
마거릿 생어Margaret Sanger
마릴린 먼로Marilyn Monroe
마야 로디시Maya Lodish
마이클 블리스Michael Bliss
마이클 아미노프Michael Aminoff
마이클 페티트 Michael Pettit
메리 제인 민킨Mary Jane Minkin
메흐멧 오즈 Mehmet Oz Sarah Ferguson
멜 와이모어Mel Wymore
모리스 라벤Maurice Raben
모히트 케라Mohit Khera
밀드레드 드레셀하우스Mildred Dresselhaus
밀턴 다이아몬드는Milton Diamond
바버라 발라반Barbara Balaban
바버라 월터스Barbara Walters
바우터 데 헤르더Wouter de Herder
반 뷰렌 손Van Buren Thorne
베르나르 맥파덴Bernarr Macfadden
베른하르트 존데크Bernhard Zondek
벤자민 해로Benjamin Harrow
보 로랑Bo Laurent

보니 그레이스 설리번Bonnie Grace Sullivan
보니와 클라이드Bonnie and Clyde
보비 프랭크스Bobby Franks
브라이언 아서 설리번Brian Arthur Sullivan
브루스 슈나이더Bruce Schneider
블랜치 그레이Blanche Grey
빈센트 디 비뇨Vincent du Vigneaud
살바도레 라이티Salvatore Raiti
샤를 에두아르 브라운-세카르Charles
Édouard Brown-Séquard
샬렌더 바신 Shalender Bhasin
세라 레이Sarah Lay
세라 퍼거슨Sarah Ferguson
세르게 보로노프Serge Voronoff
셰릴 체이스Cheryl Chase
셰일라와 데이비드 로스먼Sheila and David
Rothman
솔로몬 버슨Solomon Berson
수 카터Sue Carter
수잔 소머즈Suzanne Somers
스탠리 모티머 주니어Stanley Mortimer Jr.,
스티븐 브라운Stephen Braun
스티븐 월러신Steven Woloshin
스티븐 콜러리지Stephen Coleridge
스티븐 콜베어Stephen Colbert
신시아 차이Cynthia Tsay
아놀트 베르톨트Arnold Berthold
아돌프 맥길커디Adolf MacGillicuddy
아돌프 부테난트Adolf Butenandt
아서 허티그Arthur Hertig
알 발라반Al Balaban
알 슈바르츠Al Schwartz
알 카포네Al Capon

알렉산더 R. 토드Alexander R. Todd
알렉산더 파스투자크Alexander Pastuszak
알린 바라츠Arlene Baratz
알린 웨인트라웁Arlene Weintraub
알톤 블레이크슬리Alton Blakeslee
알프레드 빌헬르미Alfred Wilhelmi
알프레드 히치콕Alfred Hitchcock
애런 앨로Aaron Yalow
앤 파우스토-스털링Anne Fausto-Sterling
앨런 디킨슨Alan Dickinson
앨버트 Q. 마이셀Albert Q. Maisel
앨버트 팔로Albert Parlow
앨프리드 윌슨 Alfred Wilson
앨프리드 조스트Alfred Jost
앨프리드 킨제이Alfred Kinsey
어니스트 스탈링Ernest Starling
어윈 모들린Irvin Modlin
얼 엥글Earl Engle
에드거 앨런Edgar Allen
에드나 소벨Edna Sobel
에드워드 도이시Edward Doisy
에드워드 셰퍼Edward Schäfer
에른스트 라크뵈르Ernst Laqueur
에른스트 페어Ernst Fehr
에밀 노박Emil Novak
에이드리언 퓨-버먼Adriane Fugh-Berman
에이브러햄 링컨Abraham Lincoln
에즈라 파운드Ezra Pound
엘리자베스 라이스Elizabeth Reis
오손 웰스Orson Welles
오스카 리들Oscar Riddle
오스카 와일드Oscar Wilde
오이겐 슈타이나흐Eugen Steinach

올리버 웬델 홈스 주니어Oliver Wendell Holmes, Jr.
요하네스 페터 뮐러Johannes Peter Müller
월터 캐넌Walter Cannon
윌리엄 B. 하디 경Sir William B. Hardy
윌리엄 S. 페일리 William S. Paley
윌리엄 T. 베시William T. Vesey
윌리엄 버틀러 예이츠William Butler Yeats
윌리엄 베일리스William Bayliss
윌리엄 브루크너William Bruckner
윌리엄 빈센트 애스터William Vincent Astor
윌리엄 새들러William Sadler
윌리엄 오슬러William Osler
윌리엄 홀스테드 William Halsted
유진 스트라우스Eugene Straus
이반 파블로프Ivan Pavlov
장-클로드 좁Jean-Claude Job
제랄딘 제임스Geraldine James
제롬 K. 제롬Jerome K. Jerome
제이크 샤피로Jake Shapiro
제임스 루스벨트James Roosevelt
제임스 조이스James Joyce
제임스 휘트니 포스터James Whitney Foster
제프리 발라반Jeffrey Balaban
제프리 프리드먼Jeffrey Friedman
젤마 아슈하임Selmar Aschheim
조슈아 세이퍼Joshua Safer
조앤 맨슨JoAnn Manson
조엘 핀켈스타인Joel Finkelstein
조엘 하이델보Joel Heidelbaugh
조이 로드리게스Joey Rodriguez
조지 R. 허비Geoerge R. Hervey
조지 스넬George Snell

크레이지 호르몬

조지 오토 가이George Otto Gey

조지 올리버George Oliver

조지 요르겐센George Jorgensen

조지아나 시거 존스Georgeanna Seegar Jones

존 F. 케네디John F. Kennedy

존 R. 케이벌리John R. Caverly

존 딜린저John Dillinger

존 머니John Money

존 몰리John Morley

존 브링클리John Brinkley

존 스코프스John Scopes

존 콜라핀토John Colapinto

존 햄슨Joan Hampson

존 헤이 휘트니John Hay Whitney

존 호버만John Hoberman

지그문트 프로이트Sigmund Freud

찰스 데이븐포트Charles Davenport

찰스 로저스Charles Rogers

찰스 번Charles Byrne

찰스 베스트Charles Best

찰스 아틀라스Charles Atlas

초 하오 리Choh Hao Li

카렌 스니젝Karen Snizek

카트리나 카르카지스Katrina Karkazis

칼 보먼Karl Bowman

칼 크라우스Karl Kraus

캐더린 설리번Cathleen Sullivan

캐롤 힌츠Carol Hintz

케이트 크롬웰Kate Cromwell

케이틀린 제너Caitlyn Jenner

코트 페더슨Cort Pedersen

크리스 왈Chris Wahl

크리스티안 함부르거Christian Hamburger

크리스틴 요르겐센Christine Jorgensen

클래런스 대로Clarence Darrow

클로드 베르나르Claude Bernard

타라 브루스Tara Bruce

테리 다그라디Terry Dagradi

토마스 하디Thomas Hardy

토머스 블리자드 컬링Thomas Blizard Curling

토머스 애디슨Thomas Addison

토머스 폴리Thomas Foley

트루디 펠드먼Trudi Feldman

페터 슈미트Peter Schmidt

폰세 데 레온Ponce de Leon

폴 드 크루이프Paul de Kruif

폴 리비어Paul Revere

폴 브라운Paul Brown

폴 잭Paul Zak

프랭크 릴리Frank Lillie

프랭크 비치Frank Beach

프랭클린 델라노 루스벨트Franklin Delano Roosevelt

프레더릭 밴팅Frederick Banting

프레드 말러Fred Mahler

프레드 코크Fred Koch

프루든스 홀Prudence Hall

플로렌스 나이팅게일Florence Nightingale

플로렌스 울드리지Florence Wooldridge

플로렌스 하셀틴Florence Haseltine

피에르 마리Pierre Marie

피터 클로퍼Peter Klopfer

필립 헤네먼Philip Henneman

하비 쿠싱Harvey Cushing

하워드 W. 존스 주니어Howard W. Jones, Jr.

한니발 렉터Hannibal Lecter

한스 리서Hans Lisser
할 히그돈Hal Higdon
해럴드 헐버트 Harold Hulbert
해리 벤저민Harry Benjamin
허버트 에반스 박사Hebert Evans

헨리 데일Henry Dale
헨리에타 랙스Henrietta Lacks
헬레나 블라바츠키Helena Blavatsky
헬렌 E. 피셔Helen E. Fisher

G. W. 카닉 컴퍼니Carnrick Company

가이즈병원Guy's Hospital

갈색반려견협회Brown Dog Society

건강수명연구소California HealthSpan Institute

국립뇌하수체기구National Pituitary Agency(NPA)

국립범죄예방연구소National Crime Prevention Institute

나오미베리당뇨병센터Naomi Berrie Diabetes Center

내분비연구협회Association for the Study of Internal Secretions

내분비학회Endocrine Society

뇌하수체를위한조종사들Pilot for Pituitaries

뉴욕내분비학회New York Endocrinological Society

뉴욕의학아카데미New York Academy of Medicine

메이요클리닉Mayo Clinic

미국가정의학회American Academy of Family Physicians

미국과학진흥협회American Association for the Advancement of Science(AAAS)

미국국립당뇨·소화·신장병연구소National Institute of Diabetes and Digestive and Kidney Diseases(NIDDKD)

미국국립보건원National Institute of Health(NIH)

미국남성과학회American Society of Andrology

미국병리학회College of American Pathologists(CAP)

미국산부인과학회American Gynecological Society

미국생식의학회American Society for Reproductive Medicine

미국여성과학자협회American Women in Science

미국의사회American Medical Association

미국의학전문가연합회American Board of Medical Specialties(ABMS)
미국임상내분비학회American Association of Clinical Endocrinologists
미국치료학회American Therapeutic Society
미들섹스병원Middlesex Hospital
북미폐경학회North American Menopause Society
북아메리카간성협회Intersex Society of North America(ISNA)
브리검여성병원Brigham and Women's Hospital
샌디에이고 차저스San Diego Chargers
생식의학센터Center for Reproductive Medicine
생의학윤리센터Center for Biomedical Ethics
서부심리학회Western Psychological Association
성정체성클리닉Gender Identity Clinic
세계남성과학회International Society of Andrology
세계성개혁연맹World League for Sexual Reform
세계트랜스젠더건강전문가협회World Professional Association for Transgender Health
소아내분비학회Pediatric Endocrine Society
알버트아인슈타인병원Albert Einstein Hospital
약국배합인증위원회Pharmacy Compounding Accreditation
여성건강연구회Society for Women's Health Research(SWHR)
영국의학연구위원회Medical Research Council(MRC)
예스인스티튜트Yes Institute
옥시토신/사회인지센터Center for Oxytocin and Social Cognition
웰컴생리학연구소Wellcome Physiological Research Laboratory
윌슨재단Wilson Foundation
유니버시티칼리지런던University College London
유럽내분비학회European Society of Endocrinology
유럽비뇨기학회European Association of Urology
유럽소아내분비학회European Society of Pediatric Endocrinology
인간성장재단Human Growth Foundation
인구연구센터Center for Population Research
재향군인관리국Veterans Administration(VA)
잭슨연구소Jackson Laboratory
전국생체실험반대협회장National Anti-Vivisection Society

크레이지 호르몬

정확한호르몬검사를위한조합Partnership for the Accurate Testing of Hormones(PATH)

제너럴 일렉트릭General Electric Company

채링크로스병원Charing Cross Hospital

컬럼비아장로회병원Columbia Presbyterian Hospital

콜레주드프랑스Collège de France

쿠싱뇌종양보관소Cushing brain Tumor Registry

쿠싱센터Cushing Center

킨제이연구소Kinsey Institute

킹스칼리지런던King's College London(KCL)

태평양성및사회연구소Pacific Center for Sex and Society

트랜스젠더의학연구소Transgender Medicine Research Group

항노화의학아카데미American Academy of Anti-Aging Medicine(A4M)

헌터칼리지Hunter College

홀마크Hallmark

《건강, 질병과 분비샘Glands in Health and Disease》

〈고환 호르몬The Testicular Hormone〉

〈고환의 이식Transplantation der Holden〉

《과학의 도살장: 두 생리학도의 일지에서 발췌Shambles of Science: Extracts from the Diary of Two Students of Physiology》

《국제 윤리학저널International Journal of Ethics》

《남녀한몸증Hermaphroditism》

《남성호르몬The Male Hormone》에서

《뇌하수체와 관련된 신체와 장애The Pituitary Body and Its Disorders》

《뉴잉글랜드의학저널A New England Journal of Medicine(NEJM)》

〈닥터 킬데어Dr. Kildare〉

《더사이언시즈The Sciences》

《도금시대: 오늘날 이야기The Gilded Age: A Tale of Today》

《도덕적 분자The Moral Molecule》

《레오폴드와 로엡: 세기의 범죄Leopold and Loeb: The Crime of the Century》

《몸의 성감별Sexing the Body》

《뮐러 해부학/생리학 기록Mueller's Archives of Anatomy and Physiology》

《미국 정신과학저널American Journal of Psychiatry》

《미국내과학회지JAMA Internal Medicine》

《미국사회학리뷰American Sociological Review》

《미국의학협회지Journal of the American Medical Association(JAMA)》

《미국정신건강의학저널American Journal of Psychiatry》

《미국정신건강의학저널American Journal of Psychiatry》

Emotional Excitement

〈콜베어 보고서The Colbert Report〉

《트랜스섹스 현상Transsexual Phenomenon》

《폐경: 평가, 치료, 건강상 문제Menopause: Evaluation, Treatment and Health Concerns》

〈프리즌 브레이크Prison Break〉

《행복한 뇌를 위한 35가지 팁35 Tips for a Happy Brain》

《행태주의라는 종교The Religion Called Behaviorism》

《호르몬 탐색The Hormone Quest》

크레이지 호르몬